装修预算一本通

理想·宅 | 主编

人民邮电出版社
北京

图书在版编目（CIP）数据

装修预算一本通 / 理想·宅主编. -- 北京 : 人民邮电出版社, 2019.9
ISBN 978-7-115-50684-9

Ⅰ. ①装… Ⅱ. ①理… Ⅲ. ①住宅－室内装修－建筑预算定额 Ⅳ. ①TU723.3

中国版本图书馆CIP数据核字(2019)第019535号

内容提要

本书以装修（室内装修，也称家装）预算的基础知识为起点，对装修预算进行了多方面、多角度的讲解，探讨了装修预算的规划、审核的技巧。内容包括装修预算规划、装修预算基本知识、不同类型建材的预算、不同施工工程的预算、不同家居风格的预算、不同家居空间的预算、不同类型软装饰的预算等，并在最后附上了装修常用的预算表。本书旨在培养读者在装修预算方面的综合能力。

本书既可作为装修业主学习有关装修预算知识的参考用书，也可作为家装行业从业人员的参考材料。

◆ 主　　编　理想·宅
　责任编辑　刘　佳
　责任印制　马振武
◆ 人民邮电出版社出版发行　　北京市丰台区成寿寺路 11 号
　邮编　100164　　电子邮件　315@ptpress.com.cn
　网址　https://www.ptpress.com.cn
　北京盛通印刷股份有限公司印刷
◆ 开本：700×1000　1/16
　印张：17.25　　　　　　2019 年 9 月第 1 版
　字数：295 千字　　　　　2025年 1 月北京第 15 次印刷

定价：52.00 元

读者服务热线：(010)81055256　印装质量热线：(010)81055316
反盗版热线：(010)81055315
广告经营许可证：京东市监广登字 20170147 号

前言

装修预算是整个室内装修工程的重要组成部分，它直接与业主的切身利益相关。如何在有限的资金范围内达到满意的装修效果是很多业主关心的问题。然而，众多的事实告诉我们想要控制好装修预算并不容易，由于许多业主对装修预算认识不够，以及很多施工方为了自己的利益而采用一些手段增加预算金额等现象的存在，使得装修预算超支的情况经常发生。

本书从业主的角度出发，以"如何在装修工程中合理地省钱和不被骗"为出发点来编写，以装修预算的规划、审核为主要内容，采用项目模式组织内容，项目的分类方式经过编辑组对大量实际案例的汇总并综合多方面因素而得出。本书主要涵盖了8方面的内容，从装修预算的规划和基本知识开始，扩展到不同类型建材、不同施工工程、不同家居风格、不同软装饰的预算等方面，并在最后附以装修常用预算表，力求全面地讲解装修预算知识。

通过这些项目的学习和训练，读者不仅能够掌握装修预算的基本知识，而且能够掌握预算表的审核和制订方法，达到家装行业人员的水平。

由于编者水平和经验有限，书中难免有欠妥和疏漏之处，恳请读者批评指正。

编　者

2019年1月

目录

第一章　装修预算规划

第二章　装修预算的基本知识

第三章　不同类型建材的预算

第四章　不同施工工程的预算

第五章　不同家居风格的预算

第六章　不同家居空间的预算

第七章　不同类型软装饰的预算

第八章　装修常用预算表

第一章

装修预算规划

装修预算的组成比较复杂，在甄别预算报价时，不能浮于表面的数据，而应对其构成进行深入了解，这样才能够避免各种陷阱。对于不同的房屋来说，预算的规划不尽相同，业主应将钱花在“刀刃”上。本章将通过22个任务，分别介绍装修预算的具体组成、不同情况下的预算分配方式、装饰公司和施工队的区别、装修预算的估算方式、避免受骗的注意事项、装修合同的签订及注意事项、付款方式及注意事项等。

本章要点

- 了解装修预算的概念和具体组成
- 了解不同情况下的预算分配方法
- 了解装饰公司和施工队
- 了解装修合同的签订程序
- 了解装修支出计划

在进行家庭装修时，大多数业主都存在这样的困扰：尽管前期进行了广泛的调研，并进行了比较，但最终费用仍然超出了预算。很多业主很可能会因为资金不足而草草收工，对新居的期待程度也会减弱很多。即使在前期与施工方讨价还价后得到了较为满意的预算报价，但实际开工后却又有许多暗藏的陷阱，最终导致或预算超支，或施工质量打折扣。

这些情况的发生，主要是因为业主对装修费用的构成缺乏系统的了解，只关心表面的数据，而缺乏对数据深层次的理解；且在与装饰公司打交道的过程中，缺乏一定的技巧。

一 装修预算的概念和具体组成

（一）了解装修预算的概念

装修预算是指家庭装饰装修工程所消耗的人工、材料以及其他相关费用。家庭装修工程的预算包括直接费用与间接费用两大部分。

（二）了解装修预算的具体组成

1. 直接费用

直接费用是装修工程直接消耗于施工上的费用（见图1-1），一般根据设计图纸将全部工程量（m^2，m）乘以该工程的各项单位价格得出费用数据。

- 人工费用，指工人的基本工资，即满足工人的日常生活和劳务支出的费用。
- 材料费用，指各种装饰材料成品、半成品及配套用品费用。
- 其他费用，此项费用的内容需根据具体情况而设定，包括但不限于高层建筑的电梯使用费、增加的劳务费等。

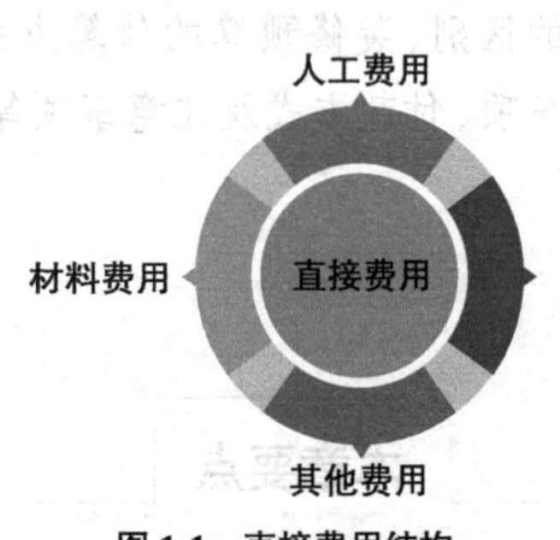

图 1-1　直接费用结构

2. 间接费用

间接费是装修工程为组织设计施工而间接消耗的费用，为组织人员和材料而付出的费用、计划利润、税金三部分（见图1-2），这三部分费

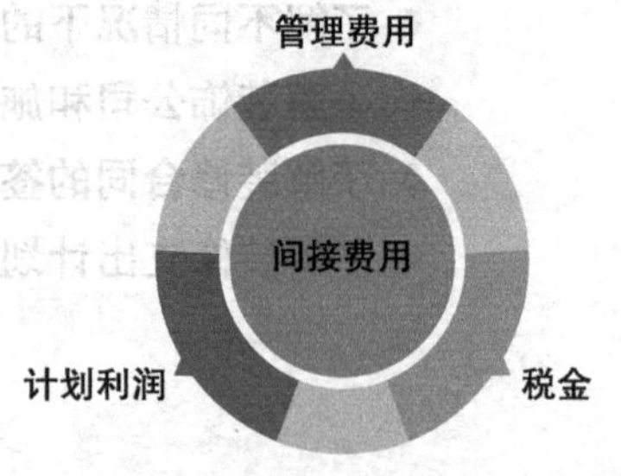

图 1-2　间接费用结构

用是不可替代的。

- 管理费用，指用于组织和管理施工行为所需要的费用，包括装饰公司的日常开销、经营成本、项目负责人员工资、工作人员工资、设计人员工资、辅助人员工资等。目前管理费用的取费标准按不同装饰公司的资质等级来设定，一般为直接费用的5%~10%。
- 计划利润，一般为直接费用的5%~8%。
- 税金，为直接费用、管理费用、计划利润总和的3.4%~3.8%。

3. 预算报价计算步骤

装修预算总价=直接费用+管理费用+计划利润+税金。其他费用如设计费、垃圾清运费、增补工程费等按实际发生计算。具体步骤如表1-1所示。

表1-1　装修报价的计算步骤

步骤	计算方式
1	A：直接费用各项之和
2	B：管理费用=直接费用×（5%~10%）
3	C：计划利润=直接费用×（5%~8%）
4	D：合计=A+B+C
5	E：税金=D×（3.4%~3.8%）
6	F：总价=D+E

二　调查装修市场

（一）调查装修市场的必要性

进行市场调查是制订具体家庭装修计划的基础。市场调查可以自己进行，也可以委托专业市场调查公司进行。主要调查内容为各种材料、人工费用的价格。

（二）市场调查的步骤

1. 了解调查目的

根据市场调查目标，在调查方案中列出本次市场调查的具体目的。例如，本次市场调查的目的是了解瓷砖材料的价格、特性及质量等方面的情况。

2. 确定调查内容

调查内容是收集资料的依据，是为实现调查目标服务的，可根据市场调查的目的确定具体的调查内容。

调查内容的确定要全面、具体、条理清晰、简练，但要避免面面俱到、内容过多、过于复杂，避免把与调查目的无关的内容列入其中。

3. 抽取样本

调查样本要在调查对象中抽取，由于调查对象分布范围较广，所以应制订一个抽样方案，以保证抽取的样本能反映总体情况。

比如，抽取板材类材料的样本时，可事先确定要使用板材的名称及花色，这样可有目的地抽取样本，避免做无用功。

三 根据房屋新旧程度制定整体预算比例

（一）根据房屋状况分配预算

在为房屋制定装修预算时，可根据其新旧程度的不同予以一定程度的区别对待，新建设的楼房在户型、门窗等基础建设方面是比较完善的，需要改动的部分非常少，所以重点应放在格局规划和后期软装上；而二手房通常房龄较老，想要住得安全又舒适，就应该在基础建设上多花心思。图1-3所示为房屋状况预算分配参考比例。

图 1-3　房屋状况预算分配参考比例

（二）新房重点为格局规划和软装布置

1. 格局好才能住得舒服

有了好的格局就能保证室内动线、通风和采光的顺畅，对于新房，建议将装修重点放在格局规划上。格局规划就是对室内整体动线及采光和通风的一次总体性整改，例如家居通风可分为主动规划和被动规划两类，如图1-4所示。

2. 预留一半预算给软装

对家居进行装饰，舒适性是首要的，然后才考虑美观性。格局通畅以后，一个居住环境的基本舒适性就有了保障。如果预算不多，建议减少墙面部分的不必要造型，只需简单地刷漆或粘贴壁纸即可，而在后期软装布置上多花心思。这样做不仅可以同时满足舒适性和美观性，还能为以后可能的变化预留出充足的空间。

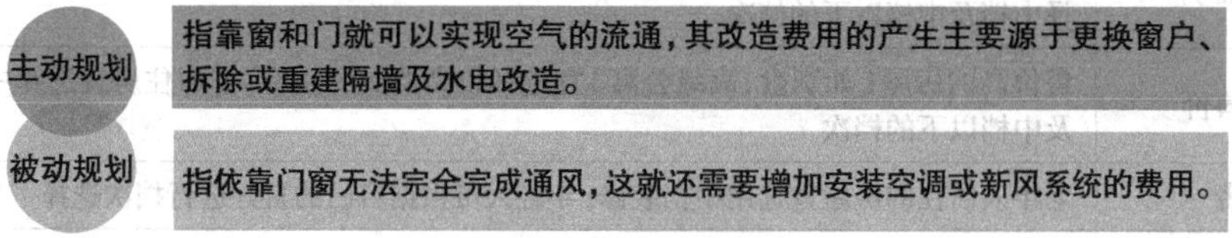

主动规划	指靠窗和门就可以实现空气的流通，其改造费用的产生主要源于更换窗户、拆除或重建隔墙及水电改造。
被动规划	指依靠门窗无法完全完成通风，这就还需要增加安装空调或新风系统的费用。

图 1-4 家居通风

（三）老房重点为基础建设

1. 不要轻视拆除费用

这里所说的老房指房龄在15年以上的房屋。老房的电线、水管通常会出现比较严重的老化现象，门窗、地板、厨卫的砖也都会出现不同程度的问题。如果对格局不满意，还需要对墙的布局进行整改。这些项目都需要先进行拆除而后重建，拆除的部分主要产生的是人工费用和垃圾清运费，房屋的结构不同，收费也会有一些变化，但通常都不会太少。

2. 拆除后的重建应重点对待

拆除工程多了以后，会或多或少地影响房屋的结构，所以建议为后期的补建项目多分配一些预算，经过一次拆除后房屋已经无法再次经得起折腾，所以比起新房来说，考虑后期材料的质量尤为重要。

3. 装饰性布置可慢慢添置

基础建设完成后，如果已经支出了大部分预算，那么对后期的软装布置就可以放松一些，先满足生活的基本需求，对于一些装饰性物品我们则可以慢慢添置。

四 装修档次的选择

家庭装饰装修主要包括：对房屋的地、墙、顶做饰面处理，对门窗、水电进行改造，对厨房电器、卫浴、灯具等设施进行更换，配套家具的制作，以及后期软装饰的搭配等内容。装修档次的决定因素除了以上内容外，还需要考虑居住者及环境的特点，在具体选择时，可参照表1-2。

表 1-2　装修档次的决定因素

因素	内容
经济能力	建议普通工薪阶层选择中档及中档以下档次的装修，负担较小；经济富裕的人群可选择较高档次的装修，但并非绝对，也可根据自己的喜好选择其他档次
房屋面积	若房屋面积超过120m²，则建议选择较高档次的装修；若房屋面积较小，则建议选择中档及中档以下的档次
住房售价	售价高的房屋（如别墅、高级公寓）宜选择较高档次的装修；普通住房宜选择中档及中档以下的档次
居住者	老年人居住的房屋宜选用中档装修；年轻人可根据自己的喜好进行档次选择
居住年限	长久居住不准备换房的，宜选用高档装修；面临乔迁或准备乔迁的，则可选简单装修
家具档次	所选择的大件家具和主体软装饰应当与装修档次相匹配
装修材料供应	若当地装修材料品种齐全、质量好，则可选择高档装修；虽然现在我们可网购材料，但高档材料的购买还是有限制的，若高档材料品种不齐全，则建议选择中档及中档以下的材料
装修施工技术	如果当地施工技术水平较高或高级的装饰公司（如一级资质的装饰公司）较多，则可选择高档装修；如果施工技术水平达不到，则即使选择高档次装修，也难以实现理想效果，这时，建议选择中档及中档以下的档次
居住环境	可参考平均居住及装修水平，选择适合自己的装修档次

五　不同档次装修的预算分配

针对不同档次的装修，在制定预算时，可以将所有的硬装项目包括在内，以“××元/m²×平米数”的方法估算预算的总价，具体分配金额可参考表1-3。

表 1-3　不同档次装修的预算分配

装修档次	硬装估算价格（元/m²）	费用分配	计算举例
简单装修	400~500	制造安装工程约70%，主材约30%	一套面积为60m²的二室一厅居室，装修预算为2万~3万元
普通装修	700~800	制造安装工程约70%，主材约30%	一套面积为80m²的二室二厅居室，装修预算为5万~6万元
中档装修	1000~1400	制造安装工程约65%，主材约35%	一套面积为100m²的三室二厅居室，装修预算为10万~14万元
高档装修	1800~2000	制造安装工程约55%，主材约45%	一套面积为150~250m²的居室，装修预算为35万~80万元

六　不同户型的预算分配

房产商为了满足不同人群的居住需求，开发了非常多的户型，如一室一厅、两室一厅、三室一厅、三室两厅等，将这些户型按照面积归纳可分为：MINI户型、小户型、中户型、大户型及别墅等。不同的户型，在选择装修档次和预算分配时，建议因地制宜。例如，若房间只有40m²，则选择简单装修是比较合适的，因为这样的房屋面积，即使选择高档装修，也很难实现装修效果，即使实现了也会让人感觉不协调。不同户型的预算分配如表1-4所示。

表1-4　不同户型的预算分配

户型类型	面积	装修档次建议	硬装估算价格（万元）	整体预算估价（万元）
MINI户型	40m²以下	简单装修	1.6~2	5~8
小户型	40~90m²	简单装修、普通装修	2~8	6~14
中户型	90~130m²	普通装修、中档装修、高档装修	6~18	15~25
大户型	130~200m²	高档装修	23~26	33~46
别墅	200m²以上	高档装修	≥36	≥46

七　不同空间的预算分配

（一）不同空间的预算分配

1. 分配原则

（1）客厅为重，卧室为轻

在大部分的户型中，客厅所占据的面积都是比较大的，且客厅是家庭中的主要活动空间，也是“脸面”，因此不妨对客厅的预算投入得多一些。而卧室通常面积比较小，属于私密性空间，客人基本不会光顾，所以对卧室的预算投入可以相对少一些。

客厅装修要能够体现出居住者的特色。在墙面、地面的处理上不仅质量要高、材质要好，而且装修手法上也要新颖。在家具的配置、装饰品的选用上，客厅所占据的预算费用应是整个预算中最多的。与此相反，卧室的装修和装饰应以简洁、温馨为主，不必太过雕琢。

（2）厨、卫重点对待

厨房是管线最集中的空间，为了保证生活质量和安全，可以多投入一些资金。卫浴间的管线也较多，且许多卫浴的通风和采光条件都比较差，所以在装修上可以多投入一些精力和资金。

2. 费用分配比例

整个房屋按常规功能装修，在包含主材的情况下，以中档装修为例，各局部费用比例如表1-5所示。

表 1-5　不同空间的费用占比

空间区域	费用占比	空间区域	费用占比
客厅	约占22%	主人房	约占15%
餐厅	约占10%	书房	约占10%
厨房	约占17%	儿童房	约占12%
卫浴间	约占7%×2＝14%		

（二）各空间内的装修重心规划

1. 简单顶面

目前多数户型的净高都普遍较低，大约在2.6~2.8m。因此为了使房间不产生压抑感，房间的顶部处理以简单为宜。

2. “主题”墙面

墙面的一部分会被家具遮挡住，从环保和实用角度出发，建议墙面的整体装修也以简单为宜，然后在空间中选出一面重点墙面，做成“主题墙”，如电视墙、床头墙等。“主题墙”并不一定要有复杂的造型，用颜色、材质或软装来区分也是可行的，这样做既节约经费，又能获得良好的效果。

3. 重点地面

地面的装修则需要下功夫了，因为地面装饰材料的质量和颜色，决定了房间的装饰风格，而且地面的使用频率明显要比墙和顶面高。就地面材料而言，质感、装饰效果俱佳的木地板更适合家庭使用。

八　装修费用的规划

（一）确定装修材料预算

对装修费用进行规划时，首先家庭成员应对装修的基本内容达成一致，如家具是订做还是购买成品、地面使用何种材料、每个房间的功能等。协商需要进行的项目，最好对结果做一个记录。然后到各大装饰市场对所需使用的材料进行摸底，了解这些材料的品牌、材质、产地、性能、价格等方面的情况。这样可以根据掌握的第一手情况大致做一个材料预算，以便合理地安排装修项目和准备相应的资金。

（二）做出装修项目预算

对照居室的平面图，将客厅、卧室、书房、餐厅、厨房、卫浴间的居住和使用要求及设施要求在图纸上定下来，并列出计划项目的清单，再根据在装饰市场调查得到的价格参数进行估算，得出一个前期的装修项目预算。

（三）资金比例的分配

了解装修资金的常规分配比例，无论是请装饰公司做预算还是自行做预算，都应该有一个合理的控制范围。在确定大致的装修总额后，按照档次及房间计算具体数额，然后在确定的数额内结合对市场的调查结果选择材料，可有效避免超支。

提　示

家庭装修是一项综合工程。它有许多未知的因素存在，也有不同的档次之分。例如，若选择简单装修，对木地板、乳胶漆、墙地砖、胶合板等基础项目材料进行专项了解，核算出的价格基本就是总造价的主体部分了；如果是高档次的装修，则除了基础项目外，还要留出一定空间让设计师从美学的角度进行设计。

九　装修费用的简单估算

在对所选装修材料的市场价格及各种工序的市场工价有所了解的情况下，对实际工程量进行估算，从而算出装修的基本价，并以此为基础，再计入一定的材料自然损耗费和装饰公司应得利润。通常材料的综合损耗率可以定在5%~7%，装修公司的综合利润一般在13%左右（快速估算数值）。

十　合理利用有限资金的方法

（一）容易超支的项目

进行装修时，所准备的装修资金大致会用于以下几个部分。

（1）水电线路改造。

（2）家具、顶面（包括买、做）。

（3）厨卫墙、地面防水。

（4）油漆、涂料。

（5）橱柜。

（6）卫浴洁具（马桶、浴缸、洗脸台）。

（7）地板、地砖。

（8）五金材料。

（9）门槛石（阳台石）。

（10）厨卫、阳台瓷砖。

（11）灯具。

（12）窗帘及其配件。

（13）电器（热水器、空调、抽油烟机、燃气灶、排风扇等）。

（14）防盗门。

（15）厨卫吊顶。

（16）灯具、洁具等的安装费用。

（17）大小装饰品。

1. 易超支项目

第（1）项以及第（6）~（17）项。

2. 易超支原因

①第（1）项是很容易被忽略的隐形超支项目，水电改造的报价单上每项的单价可能不会让人感觉很高，有些业主就会没有目的性地把各种线路敷设到各个房间，所以决算时往往会超出预算。

②第（6）~（17）项的资金投入多数情况下是由业主自主决定的，在选购时很容易因为看到更好的款式而超支，虽然单项价格超出不会很多，但若每项都超支，则加起来的金额就会十分巨大。

3. 控制方法

①第（1）项。实际上，网络及音响线并不是每个房间都必须要有的，大部分手机和笔记本电脑都可以使用路由器来上网，网络及音响线只需要安装在客厅或影音室即可。但是，空调和插座的数量要尽量考虑得周全一些，其质量也不能忽视。

②第（6）~（17）项。在选购前应深入市场进行调查，了解品牌、比较价格，而后做计划，尽量每样都控制在预算范围内，可以留有一些能灵活使用的资金，但一定要用在“刀刃”上。选择时可以有倾向性地分配资金，对于经常使用

的设施，可以多花一些钱，如马桶、橱柜、衣柜等；有损耗、随时可以更换的东西要缩小投入，如窗帘、沙发等。

（二）合理利用有限资金达到目的

想要合理地利用有限的资金，就需要在装修前进行周密的计划。在进行装修洽谈之前，业主最好先做好三个方面的计划。

1. 估算整体花费

可结合前面讲过的装修档次、房屋面积及所选的家居风格的相关内容，合理地进行资金分配，并估算出大致的金额。实际上，家庭装修工程的资金投入有很大弹性，且户型越大弹性越大，所给的费用仅能做参考。以一套使用面积在100m^{2}左右的三室两厅为例，如果包括家具和后期装饰，整个家装工程的正常花费约为十几万元，但却可以最低减到5万元以下，最多可突破50万元，实际花费差别巨大，因此制订资金计划时一定要量入为出。

提 示

家庭装修中的硬装部分具有一次性的特点，软装则可以不停更换。资金有限的家庭，可以将资金的使用重点放在硬装的质量上，可以先将硬装做好一点，以后再购买与之相配的家具和装饰品。

2. 列清家人的需求

当拿到房屋的户型图时，建议将家人聚在一起，汇总每个人对新居的装修要求，并根据这些要求分配房间，确定每个房间的用途。之后，再结合所有人的需求，列一张清单，可以将硬装和软装分开。最后由户主对家人的要求做一个总结并秉持“求大同、存小异”的原则进行筛选，将少数人选择剔除，保留多数人的选择，这样可以在选购材料和家具时节约资金。总的来说，列清单的目的是在保持住宅整体装修风格和谐、统一的基础上，让有限的资金发挥最大的作用，同时尽量让所有家庭成员满意。

3. 将细节考虑周全

在家庭装修之前，应对空间中的细节考虑周全，主要是要对房间家具、电器等物品的布置有一套周密合理的规划。最好绘出简单的平面工程草图，标明空间分配和家具的位置。这些细节在装修前想得越全面，装修中的改动、装修后的遗憾就会越少。对于空间内线路的走向和插座的位置，要为将来购置的空调、电热水器、微波炉等家用电器做准备，因此需要特别注意。

十一 根据情况选择合适的施工方

目前家装工程的施工方主要为装饰公司和施工队。两者各有优劣，可以参考下方建议，根据自身情况来选择合适的施工方，如图1-5所示。

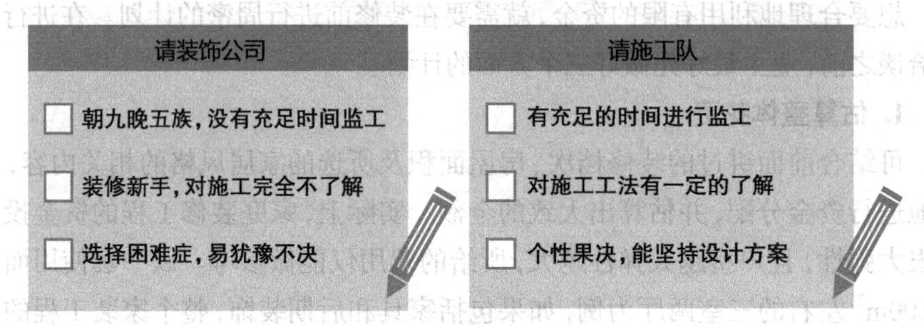

图1-5 选择合适的施工方

十二 了解不同装饰公司的区别

1. 全面了解装饰公司

装饰公司是由集体或私人以法人代表身份在工商管理部门和国家行业管理部门进行注册的营利性商业单位，从事室内装饰工程、材料销售运输及物业管理等多种经营项目的法人单位。在选择装饰公司时，可大致通过以下几点（见图1-6）对其进行考察。

图1-6 全面了解装饰公司

（1）查资质

看装饰公司是否有正规的营业执照、资质证书及等级，是否具备相应的设计、施工能力。市场上的装饰公司主要分为直营店和加盟店两种，前者的管理和资质独立享用，可靠性较强，但费用较高；后者的营业执照及资质证书都是沿用总店的，其为获取业务，价格相对较低，业主在调查市场时应认真比较。

（2）看案例

参观装饰公司已完工的住宅案例，了解其设计水平和工艺水平，着重关注装饰细部的平整度、边角的锐利度等。不少公司为获得装修业务，拉拢客户，通常花高价将样板房的设计和施工做得非常精细，而实际为业主提供的则是普通甚至低劣的服务。业主应在参观一家公司的多家样板房后再决定是否请该公司装修。

（3）考察设计力量

了解装饰公司的设计力量。知名装饰公司都有固定的优秀设计师，市场认知度较好；而规模较小的装饰公司则因操作成本较少，常聘请没有多少设计经验的绘图员充当设计师，其设计出的方案一般不够成熟。

（4）查阅报价体系

查阅装饰公司的报价体系。业主应将自己从市场上考察得来的材料价格和施工价格熟记在心，比较装饰公司的额定价格，看其透明度如何，并与其施工工艺比较，看性价比是否合算。

（5）看员工素质

装饰公司的员工素质是公司的外部形象，业务员、设计师态度热情，谈吐严谨且专业，则是品质良好的象征。

（6）询问客户体验

了解新房所在周边区域的装修客户，如涉及所考察的装饰公司，可听取相应客户对该公司的评价。

如果消费者对以上六点均满意，就可放心聘用该装饰公司进行装饰设计施工。

2. 不同装饰公司的区别

目前市面上常见的装饰公司可分为连锁型、中小型、高端设计室和品牌高端设计分部及网络型四类。

（1）连锁型

此类装饰公司的管理通常都有固定的流程，主材有自己的联盟品牌，部门划分较细致，功能齐全，售后服务也能够保证。但实际上大部分采取加盟形式而非直营，所以某地的该品牌装饰公司做得好并不意味着其他地区的该品牌也做得好。本地装饰公司的设计师和施工队的素质好坏决定着工程质量。除非总部或高端设计部，否则，品牌并不一定代表着品质。

（2）中小型

这类公司一般就是设计师或施工经理从其他装饰公司内积攒一定经验和客户后，联系几个自己熟悉的施工队组建的公司，施工队并不一定只属于公司，还可能是有工程的时候才进行施工，其与公司属于合作性质。这类公司的创建者大多只是某一方面的能力比较强，例如设计能力强或施工能力强，由于装修是需要多部分配合的工作，所以此类公司通常综合能力一般。

（3）高端设计室、品牌高端设计分部等

这类装饰公司或机构在业界声誉较好，认知度较高，设计师往往也是经验丰富且专业素质较强。整体来说，设计体验及成果呈现度让人更为满意，但同时设计施工费用也较高。

（4）网络型

随着网购不断地深入人心，网络型装饰公司也不断地出现，但是其能力通常比较单一，只负责设计方案，目前其缺点比较多，比如无法面对面沟通就无法详细地了解设计师的综合素质，而且仍然需要自己解决施工事项。

十三　全面考察设计师

1. 全面考察设计师

市场经济的发展促成了设计行业的繁荣，各大专院校几乎都设置有设计专业，但设计师的个人潜力和素质更多来自于工作经验的积累，所以对其进行专业素质的考察是十分必要的。可以从以下几个方面（见图1-7）对设计师进行考察。

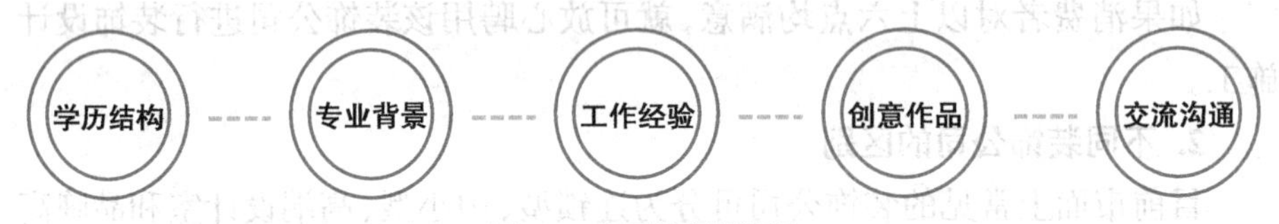

图1-7　全面考察设计师

（1）学历结构

一般来说，科班出身的设计师经过综合性的培训，审美水平和设计能力相对较强并对施工有一定了解。而不少小型的加盟装饰公司为节约经营成本，聘用非专业的人员作设计师，在这种情况下往往很难有好的设计。

（2）专业背景

现今设计师的专业背景主要有建筑学、室内设计、环境艺术设计、装潢设计等多种专业，也有其他行业，如计算机、多媒体信息等，还有些设计师是毕业后转入装饰行业的，设计师的专业背景门类参差不齐。大型装饰公司的操作方式一般是将两至三名不同专业背景的设计师组成设计小组，承接某一户型的设计创意方案，从各层次各角度合理分配各设计师，充分发挥他们的优势。小型公司则一般选择当地艺术设计院校毕业的室内设计或环境艺术设计专业背景的人才作为设计师，从而把控人员的职业素养。

（3）工作经验

工作经验是设计师个人能力塑造和工作年限的积累，从其谈吐言辞中便可察觉到其能力和素质。

（4）创意作品

大中型城市每年都会举办装饰设计比赛，若某设计师参加并获得了奖项，则证明其在一定程度上是可信赖的。但是要注意比赛奖项的权威性，有的装饰公司为扩大知名度会私自购买奖杯、自制奖项，因此业主需要深入了解设计师的作品才可下结论。

（5）交流沟通

向设计师说明家庭成员的数量、年龄、喜好及特殊要求，提出自己的预算金额上限，通过交流仔细辨别设计师的专业素养及其设计理念是否与自己的要求相符。在交流过程中，当设计师提出自己的方案时，业主应充分考虑其合理性。优秀的设计师经验丰富，会为业主考虑周全，满足业主需求。

2. 不同设计师的区别

总的来说，设计师可分为公司设计师和自由设计师两类。

（1）公司设计师

此类设计师为所在公司专职服务，由所在公司制订设计费标准，个人从中获取提成，但这类设计师流动性较大。如果业主是大户型的装修，需要长期施工，则应与公司协商，认定某一设计师全程指导。

（2）自由设计师

自由设计师能力较强、经验丰富，设计费收取较高，通常需要熟人引荐，对于装修投入较大的业主可适当选择。

十四 “免费设计”与付费设计

现在设计师有两种收费方式，一种是“免费设计”，另一种是付费设计，如图1-8所示。

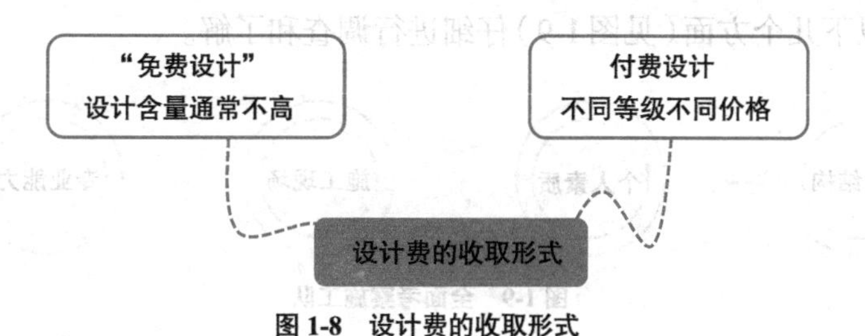

图 1-8 设计费的收取形式

1. "免费设计"

一些打着"免费设计"招牌的设计师，通常都会先拿出一大堆平面图、效果图让客户选择装修风格。然后在简单询问面积大小、房间朝向等基本情况后，便很快拿出一张"适合你的房子要求"的设计效果图纸。如果再想让他出个详细的设计图，设计师就要追加量房费（有些称之为订金，费用名称各不相同）了，并声称在装修开始后可以折抵工程款，这就迫使业主不得不与该公司签约。其实这些效果图只不过是他们搜集的一些常用户型的设计效果图，等客户来了之后便根据客户家的户型调出一两张效果图来，根本没有任何设计在其中。一般来讲，设计师做一张效果图往往要花费一天甚至几天的时间，成本动辄几百元，他们通常不会轻易地给还未签约的客户专门做效果图。

此外，还有"家装游击队"，其内部本身没有设计师，并不具备设计能力，被他们称为"设计师"的人根本不是专业设计人员，只是从业时间较长的施工人员。在他们看来，所谓的设计，不过就是在门上贴几条木线，或者铺铺地、刷刷墙。他们有一两张简单的、数字不准确的草图就开工操作，说到哪儿做到哪儿。如此一来，他们喊"免费设计"也似乎在情理之中了。

2. 付费设计

在高端工作室一类的装饰公司中，通常是要单独收取设计费的。根据设计师级别的不同，设计费的金额也不同，这种方式属于明码标价，且设计比较专业，通常是物有所值的。工程可以让公司做也可以自行找装修队，设计这部分的费用通常不容易存在陷阱。

十五　全面考察施工队

1. 全面考察施工队

随着市场竞争的加剧，闲散的自由施工者为了包揽业务，通常会对自己的形象和身份加以包装，如挂靠在某一装饰公司，甚至通过各种渠道拿到正规装饰公司的营业执照复印件并四处招摇，以蒙蔽业主。因此在决定聘请施工队之前，可从以下几个方面（见图1-9）仔细进行调查和了解。

图1-9　全面考察施工队

（1）人员结构

正规的施工队应配备相应的水工、电工、木工、油漆工、小工（搬运除渣等辅助人员）等，各工种师傅配置合理。

（2）个人素质

看相关施工队的工作态度是否严谨认真、个人行为是否良好等。

（3）施工现场

业主可对有意向的和施工队进行现场考察，与施工人员直接对话，了解他们的制作流程和特色。

（4）专业能力

家庭装修不同于公共建筑物的装修，如家庭成员意见不一致必然会反映在工程的施工过程中。如果施工队没有较强的现场设计能力和灵活的现场指挥机制，很难准确地实现业主的构想，也最易发生纠纷。

提 示

与找装饰公司不同，找施工队施工一般则需要自行设计或提出具体意见请对方出方案，因此在对施工队的专业能力进行考察时，除了通过以上方式进行分析外，还可观察其现场测量、设计交底的能力。如果在现场测量、设计时，能够体现出较好的理解能力，并能够对业主提出的方案给予专业的建议，则这个队伍的专业能力通常不会有太大的问题。

2. 不同施工队的区别

施工队的施工水平并不完全相同，目前面对家装工程的施工队主要有正规劳务制施工队和闲散临时施工人员组成的施工队两类，这两类各自有其不同的特点。

（1）正规劳务制施工人员

固定受聘于某一装饰公司，作息时间严格，工艺标准统一，设有相应的工种管理人员，但由公司直接控制，在装饰工程中的方案变更尤其是增加工程量等，都需要层层上报，审批手续复杂，价格较高。

（2）闲散临时施工人员

俗称的“游击队”，一般是具有装修施工技能的闲散人员形成的团体，工艺水平不一，价格上下浮动较大，成为不少中低收入家庭装修施工的首选主力军。

十六　装饰公司与施工队

装饰公司和施工队实际上并不存在谁好谁坏的问题，业主选择的关键还是要考虑自身情况。总的来说，两者的主要区别如图1-10所示。

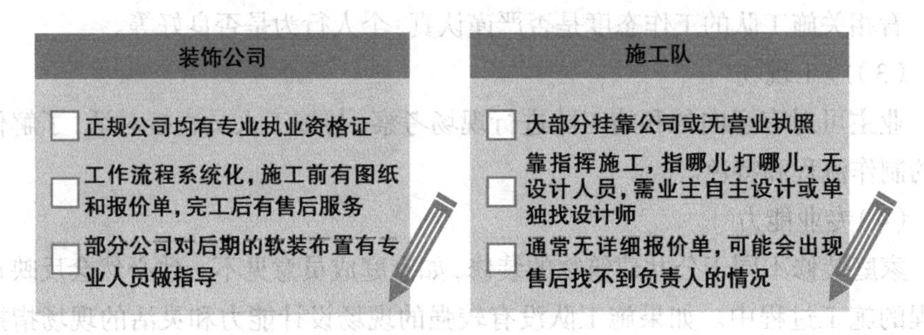

图1-10　装饰公司与施工队特点

提　示

通常来说，找施工队给出的价格比装饰公司的价格低一些，前提是要找到比较负责任的队伍，且业主的自控力比较强。这样，在决定让施工队施工后，业主可以有针对性地做有效控制，以达到令自己满意的装修目的。

十七　家装工程的四种承包形式

家装工程的承包形式可以分为全包、清包、半包和套餐四种，每一种方式各有其优劣（见表1-6），可以根据自身的情况来选择合适的方式。

表1-6　不同承包方式的优缺点对比

承包方式	施工方责任	优缺点	建议	适合人群
全包	包工包料	优点：由施工方承担主材费用和施工人工费用，业主只需要监工，一旦出现问题对方无法推脱责任，需要对方负全责，省心省力，适合工作忙碌的业主 缺点：费用较高，除了正常费用还包含了一些隐藏费用，例如设计费用、广告费用等，还容易出现偷工减料的情况，对于时间、精力不充裕的业主来说，无法保证每一分钱都花到实处	严格监理或雇佣监理公司，虽然无法控制隐藏费用，但至少可以控制材料和工程质量。 选择这种方式时，不应吝惜资金，应选择知名度较高的装饰公司和设计师，委托其全程督办；签订合同时，应注明所需各种材料的品牌、规格及售后权责等；工程期间也应抽出时间亲临现场进行检查验收	工作繁忙没有时间购料和监工的业主

续表

承包方式	施工方责任	优缺点	建议	适合人群
清包	只负责施工	优点：业主自己购买主材，质量好坏自行掌控，可以避免货不对版，适合精力和时间都比较充足的业主 缺点：需要花费的精力比较多，在购买材料前需要自行了解行情和价格，运输、垃圾处理等事务也要负责，事务较为琐碎。如果对行情不了解，容易在购买材料时吃亏。在工程质量出现问题时，双方权责不分，如有些施工人员在施工过程中不多加考虑，随意取材下料，造成材料浪费，从而给业主带来一定的经济损失	多听取有经验的朋友或专业人士的意见，并对每一种材料货比三家	对材料选购较有经验且较有时间的业主
半包	负责辅料和施工	优点：业主自己购买主材，所有昂贵的主材质量可以完全由自己掌控，小的辅料可由对方负责，能够节省一些时间，避免因为施工过程中缺少辅料而频繁地跑材料市场 缺点：这是一种很劳累的承包方式，不比清包省心多少，也需要严格的监工，遇到不负责任的施工方，其不仅会偷工，很可能还会偷偷将主材"偷梁换柱"。因为材料的提供来源比较杂，所以责任不好界定	制定合同时需将材料的采购方写明，在每次材料验收时都严格检查，尽量花费多一些精力来监工	有一定装修经验且有大量时间的业主
套餐	包工包料	优点：施工方将材料部分及施工涵盖在一起报价，以××元/m²的方式报价，总价为单价×建筑面积，比较实惠 缺点：个性化方面较欠缺，可选择品牌和款式较少，施工过程中施工方多以追加项目的方式来增加款项，易引起纠纷	严格监理或雇佣监理公司，虽然无法完全控制隐藏费用，但至少可以控制材料和工程质量	对选材无经验、没有大量时间且对个性化要求不高的业主

十八 与装饰公司打交道的方法

1. 接洽装饰公司

业主与装饰公司开始接触时，把一些必要的相关信息交代给装饰公司，看他们是否接受。如果装饰公司同意承接家庭装修工程，才能进入具体的设计、报价和协商阶段。

装饰公司的报价方式通常有两种：第一种是由业主提出总投资费用，装饰公司进行设计和报价；第二种是由业主提出装修具体要求，装饰公司进行设计、报价。第二种方式比较普遍。

2. 与装饰公司的谈判技巧

（1）沟通初始就应向设计师表明自己的投资预算、爱好、职业，装饰材料的选择，物品的取舍等情况，以便设计师根据业主所提出的要求进行有针对性地设计。

（2）尽量让设计师把选用的装修材料的产地、品牌、品质、颜色、规格、价格明确无误地告知自己，并尽可能见到实物，以便能亲自选择。选择前，应多逛装修超市。

（3）装修报价最好有每项工程单价的材料和工艺说明，因为价格的高低来自材料的品牌和档次及不同的施工工艺。作为业主如果有不懂的地方，就应及时问，特别是对水电项目的施工工艺要多细心询问，直到清楚为止。另外，还要明确每项单价的计量方法。

十九　防骗的注意事项

1. 确认装饰公司资质

首先，在装饰公司的营业执照的“经营项目”中，必须有“承揽室内装饰装修工程”这一项。除了要检查营业执照之外，公司有无正规的办公地点，是否能出具合格的票据等方面，都要仔细考察。

其次，可以考察这家装饰公司曾做过的工程，以评价它的设计和施工水平。由于目前承接家庭装修服务的公司，许多都是没有申请国家颁布的装修“资质等级”的中小型公司，所以一定要仔细考察，以免上当。

2. 确认报价

在装饰公司进行实地测量之后，装饰公司会呈上设计图及一张详尽的报价单，上面列有非常具体的用料和施工量。

在拿到这份材料之后，首先要看设计是否符合自己的要求。然后可以请设计师解释这份设计方案，比如空间的处理、材料的应用等。

在确认了设计方案之后，还要仔细审查报价单中每一单项的价格和用量是否合理。有时装饰公司测量的数据和自己测量的数据会有出入，务必请设计师就此做出说明。

二十　装修合同的签订及注意事项

（一）一定要先签合同再开工

很多业主在装修时偏向于找熟人，然而关系较为熟稔，羞于将合同落实于纸面可能会导致一些问题，为整个装修过程埋下隐患。如：材料、人员等方面缺乏明确的书面规定、甲乙双方责权不清、结款时间和比例模糊等，这不仅导致了装修过程中不愉快，而且也容易对原有人际关系造成损伤。所以无论找什么人施工，签订合同都是必须要做的事情，“先礼后兵”对双方都有好处。

（二）装修合同中必须包括的内容

1. 工程概况

工程概况是合同的一部分，它包括工程名称、地点、承包范围、承包方式等方面的内容。

2. 双方责任

业主责任：业主给施工方腾出房屋并拆除影响施工的障碍物，提供施工所需的水、电等，办理施工所涉及的各种申请、批件等手续。

施工方责任：拟定施工方案和进度计划，严格按施工规范、防火安全规定、环境保护规定、环保要求规范、图纸或做法说明进行施工。做好质量检查记录、分阶段验收记录，编制工程结算，遵守政府有关部门对施工现场管理的规定。做好保卫、垃圾清理、消防等工作，处理好与周围住户的关系，负责现场的成品保护，指派驻工地管理人员，负责合同履行，按要求保质、保量、按期完成施工任务等。

3. 规定供应材料

在合同中必须要对材料供应做出规定。由业主负责提供的材料，施工方应提前3天以上通知业主，施工方应在工地现场检验、验收。验收后由施工方保管，保管不当造成的损失由施工方负责，当然也可以适当地支付一些保管费用。如施工方提供的材料不符合质量要求或规格有差异，应对其禁止使用。

4. 验收方式及标准

在合同中应规定工程质量如何验收，以什么标准进行验收等，这些规定要明确，为了避免不必要的争端，规定一个验收标准是必不可少的。

5. 工期

一般100m²的两居室房间，简单装修工期在35天左右，装饰公司为了保险起见，一般会把工期约定到45~50天。如果业主急于入住，则可以在签订合同时与设计师商榷此条款。还应注明，在什么情况下允许推迟，在什么情况下不允许推迟等。

6. 付款方式

合同中应注明付款方式，建议不要一次性付清所有的款项。

7. 保修条款

现在装修的整个过程主要还是以手工现场制作为主，没有实现全面工厂化，所以难免会有各种各样的琐碎质量问题。保修时间内，装饰公司应该承担的责任就尤为重要了。如果出了问题，装饰公司是包工包料全权负责保修，还是只包工，不负责材料保修，或是还有其他制约条款，这些一定要在合同中写清楚。

8. 水电费用

装修过程中，现场施工都会用到水、电、燃气等。一般从开始施工到工程结束，水电费用加起来是笔不小的支出，这笔费用应该谁来支付，在合同中也应该标明。

9. 按图纸施工

严格按照业主签字认可的图纸施工，如果在细节尺寸上与设计图纸上的要求不符合，则业主可以要求返工。

10. 监理和质检到场时间和次数

一般的装饰公司都将工程分给各个施工队来完成，质检人员和监理是装饰公司对施工队最重要的监督手段，他们到场巡视的时间间隔，对保证工程的质量尤为重要。监理和质检，每隔两天应该到场一次。设计师也应该3~5天到场一次，看看现场施工结果和自己的设计是否相符合。

11. 增减项目

装修过程中难免会发生一些改动，如增加或减少项目等，在签订合同时建议将这点以单独条款的形式写进合同。为了避免装饰公司增项乱收费，可以参照预算表，在条款下方附上只有表头的空白表格，增加项目的资金便可以一目了然。

(三)签订合同的注意事项

1. 合同主体应明确

合同中合同主体的名称和联系方式应明确。有的时候，有些装饰公司只会盖上一个有公司名称的章，业主这时必须要求装饰公司将相关内容填写完整，并进行核对，看其填写的名称是否和公司盖的章一致。

2. 合同应附有全套图纸和报价单

图纸尤其是CAD（Computer Aided Design，计算机辅助设计）是非常重要的，是施工的依据。全套图纸主要包括平面图、平面家具布置图、地面主材铺设图、立面施工图、水电线路图、电源开关图、灯具配置图、吊顶设计图、橱柜图等，做工复杂的部分还应有大样图，图纸上面应有详细的尺寸、使用的材料和施工方法，而且报价单上的相应部位应与其方法一致。除此之外，最好还能附上建材照片或样本。

3. 注明"追加预算或发生变动需签字后再动工"

有时候，在开始施工以后可能会因主客观因素使设计发生一些变动，例如二手房铲除墙皮后发现基层潮湿严重，需要做额外的处理，这时就需要追加预算，这是很合理的行为。但有时，如果遇到了无良公司，则其很可能会不经过业主的同意而擅自增加项目来提高价格。为了避免这种情况，建议业主在合同中特别注明"增加项目需要书面签字确认同意后再开工"的条款，以保障自己的权益。

4. 尾款尽量多留一些

通常来说，装饰公司在签订合同时是有一些尾款做抵押款项的，尾款正常是总款项的5%~10%。这部分款项要与设计师协商确认，如果可能的情况下，建议尽量多争取一些尾款，尾款超过10%会更有保障，因为尾款直接涉及对方的利润，能促使工程方在施工的过程中更尽心一些。这部分款项，在合同中应注明"验收合格才支付"，检验标准就是图纸或报价单上的工法，或者之前以明确书面形式确认的对方同意的施工要求。

5. 增加"防公司倒闭条款"

如果是大公司，在施工过程中或保修期内倒闭的概率应该不高。若业主请的是规模较小的装饰公司，建议在合同中增加"防公司倒闭条款"。可以将负责的设计师作为中间证人，一旦在施工过程中出现公司倒闭的情况，还可以请设计师负起责任。

6. 严格签订工期、保修期

合同上应注明开工日期和竣工日期，以及在什么情况下可以顺延工期、什么情况下延续工期需要处罚等。还应注明保修期，如果洁具或炉具均为对方购买，则不要忘记写清楚保修的厂家和时间。

7. 处罚条款要写清

在合同中，对于因人为原因出现的一些延期或其他情况，应列出详细的处罚条款，主要包括工程延期、增加工程没有经过业主同意就开工、隐蔽工程不验收就封盖、材料验收不合格等问题。处罚条款通常是金钱上的处罚，例如延期一天扣除多少金额等。

8. 审合同一定要仔细

在签订合同时，一定要亲自逐项比较和核对相应的条款，看是否与装饰公司或工头谈妥的最后条件相一致，不能忽略任何细节，不要给对方留下任何可乘之机。例如，谈的时候说好用九厘板，可后来签合同的时候就变成了三厘板。

二十一 付款方式及注意事项

在预算总额度确定后，签订合同时还有一个重要事项就是约定付款的方式。通常，家装是分阶段来付款的，只是在各阶段的比例上不同的装饰公司略有不同，具体额度可以与设计师进行协商。总体来说，付款分为四阶段，分别为开工预付款、中期进度款、后期进度款和尾款。付款时间及比例如表1-7所示。

表1-7 付款时间及比例

款项名称	支付时间	作用	占据比例
开工预付款	签订合同后开工之前	工程启动资金，用于购买前期工程所需要的材料，包括电线、水管、砂子、水泥等，还包括改造部分的人工费用	30%左右
中期进度款	改造等基础工程完成并验收后，木工开始前	购买木工板、饰面板等主材和辅料以及木工的人工费用。若前期工程没有质量问题，建议此部分款项应及时支付，以避免耽误工期。如果数额比较大，则可与对方协商分3次左右支付	30%~50%
后期进度款	木工完成并验收合格，油漆工进场前	购买油漆使用的主料及辅料和油漆工的人工费用	10%~30%
尾款	竣工并经检验没有任何质量问题后	属于质量保证金，如果有任何质量问题，则可根据合同条款扣除相应款项，剩余的再支付给对方	10%左右

二十二 装修支出计划预算表

在与装饰公司签订合同后，就能确定所用材料的种类和金额，可以自行列出一个支出计划表，将项目、费用、付款时间和注意事项列出，以便更好地控制预算。装修支出计划预算表如表1-8所示。

表 1-8　装修支出计划预算表

序号	项目	预算费用（元）	支付时间	备注
1	装修设计费用		开工前	
2	防盗门		开工前	最好一开工就能给新房安装好防盗门，防盗门的定做周期一般为一周左右
3	水泥、砂子、腻子等		开工前	一开工便可以拉到工地，商品一般不需要提前预订
4	龙骨、石膏板、水泥板等		开工前	一开工便可以拉到工地，商品一般不需要提前预订
5	白乳胶、原子灰、砂纸等		开工前	木工和油工都可能需要用到这些辅料
6	滚刷、毛刷、口罩等工具		开工前	一开工便可以拉到工地，商品一般不需要提前预订
7	家装工程首期款		材料入场后	材料入场后交给装饰公司装修总工程款的30%
8	热水器、小厨宝		水电改造前	其型号和安装位置会影响水电改造方案和橱柜设计方案的实施
9	浴缸、淋浴房		水电改造前	其型号和安装位置会影响到水电改造方案的实施
10	中央水处理系统		水电改造前	其型号和安装位置会影响到水电改造方案和橱柜设计方案的实施
11	水槽、面盆		橱柜设计前	其型号和安装位置会影响到水改方案和橱柜设计方案的实施
12	烟烟机、灶具		橱柜设计前	其型号和安装位置会影响到电改方案和橱柜设计方案的实施
13	排风扇、浴霸		电路改造前	其型号和安装位置会影响到电改方案的实施
14	橱柜、浴室柜		开工前	墙体改造完毕就需要商家上门测量，确定设计方案，其方案还可能影响水电改造方案的实施
15	散热器或地暖系统		开工前	墙体改造完毕就需要商家上门改造供暖管道
16	相关水路改造		开工前	墙体改造完就需要工人开始工作，这之前要确定施工方案和确保所需材料到场
17	相关电路改造		开工前	墙体改造完就需要工人开始工作，这之前要确定施工方案和确保所需材料到场
18	室内门		开工前	墙体改造完毕就需要商家上门测量
19	塑钢门窗		开工前	墙体改造完毕就需要商家上门测量
20	防水材料		瓦工入场前	卫浴间先要做好防水工程，防水涂料不需要预定
21	瓷砖、勾缝剂		瓦工入场前	有时候有现货，有时候要预订，所以先预留好时间

续表

序号	项目	预算费用（元）	支付时间	备注
22	石材		瓦工入场前	窗台、地面、过门石、踢脚线都可能用石材，一般需要提前三四天确定尺寸并进行预订
23	地漏		瓦工入场前	瓦工铺贴地砖时同时安装
24	家装工程中期款		瓦工结束后	瓦工结束，验收合格后交给装饰公司装修总工程款的30%
25	吊顶材料		瓦工开始	瓦工铺贴完瓷砖三天左右便可以吊顶，一般吊顶需要提前三四天确定尺寸并进行预订
26	乳胶漆		油工入场前	墙体基层处理完毕就可以刷乳胶漆，一般可到超市直接购买
27	衣帽间		木工入场前	衣帽间一般在装修基本完成后安装，但需要一至两周的制作周期
28	大芯板等板材及钉子等		木工入场前	不需要提前预订
29	油漆		油工入场前	不需要提前预订
30	地板		较脏的工程完成后	最好提前一周订货，以防挑选的花色缺货，铺装前两三天预约
31	壁纸		地板安装后	进口壁纸需要提前20天左右订货，但为防止缺货，最好提前一个月订货，粘贴前两三天预约
32	门锁、门吸、合页等		基本完工后	不需要提前预订
33	玻璃胶及胶枪		开始全面安装前	很多五金洁具安装时需要打一些玻璃胶密封
34	水龙头、厨卫五金件等		开始全面安装前	一般款式不需要提前预订，如果有特殊要求，则可能需要提前一周
35	镜子等		开始全面安装前	如果定做镜子，则需要四五天制作周期
36	马桶等		开始全面安装前	一般款式不需要提前预订，如果有特殊要求，则可能需要提前一周
37	灯具		开始全面安装前	一般款式不需要提前预订，如果有特殊要求，则可能需要提前一周
38	开关、面板等		开始全面安装前	一般不需要提前预订
39	家装工程后期款		完工后	工程完工，验收合格后交给装饰公司装修总工程款的30%
40	升降晾衣架		开始全面安装前	一般款式不需要提前预订，如果有特殊要求，则可能需要提前一周

续表

序号	项目	预算费用（元）	支付时间	备注
41	地板蜡、石材蜡等		保洁前	可以购买质量上乘的蜡让保洁人员使用
42	保洁		完工	需要提前两三天预约好
43	窗帘		完工前	保洁后便可以安装窗帘了，窗帘需要一周左右的订货周期
44	家装工程尾款		保洁、清场后	最后的10%工程款可以在保洁后支付，也可以和装饰公司商量，一年后支付，作为保证金
45	家具		完工前	保洁后便可以让商家送货
46	家电		完工前	保洁后便可以让商家送货安装
47	配饰		完工前	油画、地毯、花等装饰物能为居室添色

第二章

装修预算的基本知识

通过前一章的学习，我们已经了解了预算的基本构成、估算方式及与装饰公司打交道和签订合同的技巧，而简单地了解预算并不能够避免预算的陷阱，因此这一章将进一步详细地分析预算，讲述装修预算的基本知识。本章将通过10个任务，分别介绍制定装修预算的基本程序和原则、比较预算价格的技巧、避开报价陷阱和装修中易犯问题的技巧、装修设计的省钱技巧、常用预算术语、解读报价单的技巧等。

本章要点

- 了解制定家装预算的基本程序和原则
- 掌握比较价格的方法及避免报价陷阱的技巧
- 了解如何避开装修中最易犯的毛病
- 了解装修设计的省钱技巧和预算术语
- 了解解读预算表的技巧

看似简单的一份预算表，实际上包含了非常多样化的知识。在了解了如何自行进行预算规划后，仅对预算有了一个简单的、整体性的认识，还缺乏对其深入的了解。只有详细地了解预算的基本知识后，才能够全面分析预算表，进而科学比价，避免报价陷阱，通过合理的方式来节约预算。

一　制定预算的基本程序和原则

1. 制定家装预算的基本程序

制定家装预算，首先要明确室内准确的尺寸，画出图纸，因为报价都是依据图纸中具体的尺寸、材料及工艺情况而制定的。将每个房间的居住和使用要求在图纸上标定，并列出装修项目清单，再根据考察的市场价格进行估算，最后得出装修预算。

2. 编制预算的基本原则

编制预算就是以业主所提出的施工内容、制作要求和所选用的材料等作为依据，来计算相关费用。

预算是装修合同履约的重要内容，涉及合同双方的利益，因此不得马虎。目前行业内比较规范的做法是要求以设计内容为依据，按工程的类别（家装中的工程种类见表2-1），逐项分别列编材料（含辅料）、人工、部件的名称、品牌、规格型号、等级、单价、数量（含损耗率）、金额等。人工费用要明确工种、单价、工程量、金额等。这样既方便双方洽谈、核对费用，又可以加快个别项目调整的确认速度。

业主在确认预算前，应该做到心中有数。应该在事先对装修市场进行一定的了解，如果无暇细察，则可以选取主要的材料进行了解。

表 2-1　基础装修的工程种类

工程	包括项目
地面工程	包括地面找平、铺砖及防水等
墙面工程	包括拆墙、砌墙、刮腻子、打磨、刷乳胶漆及电视墙基层等
顶面工程	主要是吊顶工程，包括木龙骨或轻钢龙骨、集成吊顶等
木作工程	主要包括门套基层、鞋柜及衣柜制作等
油漆工程	主要是现场木制作的油漆处理等

提　示

以上所用辅料，如腻子、水泥、河沙、木工板、石膏板、乳胶漆、电线、PP-R管等，均包括在内。另外，水路和电路改造及垃圾清运等也属于基础装修。

二　比较预算价格的技巧

科学的比价方法是合理预算的前提之一，在比价时通常来说有三个陷阱需要避免，如图2-1所示。

图 2-1　科学比价应避免的情况

1. 便宜太多的一定有问题

合理的利润是一定要存在的，如果没有留出利润空间给对方，那么就容易出现问题。选择在预算上便宜很多的公司很可能会出现偷工减料或者不断追加预算的情况，有些还会停工来迫使业主追加资金。所以，为了避免这些问题，预算比价时一定不能以价低为导向，而忽略了其他方面。科学的比价应是将几家公司的报价做对比，通常来说，大多公司对同等档次的材料报价相差无几，但有一家低于20%~30%，就需要慎重考虑，如果相差10%左右，则需要详细了解差距在哪里，如果各方面并无太大差别，就可以选择价格低的。

2. 贵的也不一定完全是好的

对于报价高的公司，需要弄清楚报价高的原因，如果是使用的材料档次高，或者做了很多设计，例如电视墙、沙发墙、吊顶等之后报价才高很多，那就是合理的。再如，设计师的等级高出很多，那么报价高也是合理的。但如果类似的原因都没有，那么贵的报价也不一定就是好的。报价是否合乎性价比，应该看自己的要求是否有达到，如自己要求的设计都包含在内，而别家却不包含该设计，那么报价高就是正常的。如果无缘无故地贵了很多，就是有问题的。

3. 不要在总价上打折

如果在对比过后，觉得某一家的价格很合理，还要求对方按照工程总价来打9折或8折，则这就是不合理的杀价方式。现在的装饰行业利润是非常透明的，如果价格较合理还按照总价打折扣，就是在挤压装饰公司生存的成本，即使装饰公司接了单也会从别的地方被扣出来，而且业主多数对此还察觉不到，最后损失的还是自身利益。因此建议仔细对照报价单，一项项来比价，获得合理的折扣。

三 了解常见的报价陷阱

如今大多数业主对装修市场并不了解，即使是有过装修经验的业主也都是数年前的事情了，装修材料的更新日新月异，其价格也变化很大。很多装饰公司抓住业主的这一弱点，频频设置陷阱，造成业主不必要的经济损失。因此，对于普通业主来说，了解必要的装修预算报价陷阱是非常关键的，它可以让自己的家装费用支出合情合理，最大限度地避免上当受骗。

1. 低报价、猛增项

一些装饰公司和施工队为招揽业务，在预算时将价格压至很低，甚至低于常理。别人开价四万元，而他报价两万元，别人报价五万元，而他自降至三万元，从而诱惑业主签订合同。进入施工过程中，则又以各种名目增加费用。例如，在原先的装饰柜预算中并没有明确表明全部使用高档优质的板材，而在实际施工过程中，有些设计师或者工人花言巧语，对业主进行游说，声称只有使用高档板材才能使装饰柜的质量得到保证。而实际上装饰柜的主体结构和面层的确必须使用优质板材，而像背板、侧板等不重要的部位，使用一般的板材就足够了。又如，原定设计方案中，客厅只设置一盏主灯，也得到了业主的认可，而在实际施工过程中，设计师或工人又说服业主增加灯具，表面上是为了客厅的装修效果，但实际上增加灯具就意味着要增加电线、穿线管、开关面板等一系列的材料及费用。

提 示

还有些装饰公司通过打折促销来吸引业主的眼球，其实这也基于一定的前提条件，并带有很多附加条件。例如，在签订合同前，装饰公司可能会许诺七折的优惠，并要求客户交纳一定金额的定金，但在签订合同的过程中，装饰公司会再给业主一个详细的活动方案，可能仅有部分项目可以享受七折，而高额的定金又不退还，这样全算下来，业主实际得到的折扣并不如预先想象的那么高。

2. 模糊材料品牌及型号

一些装饰公司利用业主对装饰材料不了解的弱点，在预算报价单上只说明优质合格材料，并没有明确指定品牌、规格及型号等，而且其所列举的价格只能用于低端产品，如果业主发现质量不佳并责令其更换，他们就会提出加价。例如，在原预算报价单上只是写明优质合资PVC 扣板，但并没有指明品牌、规格及生产厂商，在实际施工过程中，低品质的装饰材料很容易被业主发现，如果业主要求装饰公司更换材料，装饰公司则会提出要求，并声称成本太高，必须加价。而此时施工已进行了一半，而且基于书面合同，使得业主不得不支付高额的费用。又如在原预算报价单上只是写明使用涂料，但并没有指明这种涂料是哪种系列和规格的。不同系列和功能的涂料价格相差很多，虽然在实际施工过程中业主并不能看出涂料的优劣，但在日后的居住生活中，低质的涂料会导致很多质量问题，而此时已经无力回天，只能重新施工。

3. 在工程量上做手脚

在计算施工面积时利用业主不了解损耗计率方式的弱点，任意增加施工面积数量，或者本应以m^2（平方米）为单位的工程在报价单中却以m（米）为单位出现，从而增加了施工费用。

例如，墙面乳胶漆涂饰，实测面积为$20m^2$，在预算报价单中却标明$25m^2$，多数业主不会为个别数字仔细复查，但却能使装饰公司获得额外利润，平均每平方米18元的施工价格就给装饰公司带来90元的额外利润。

再如，乳胶漆不扣除门窗洞口的面积，厨房、卫浴间的墙地砖按满铺计算，而贴的时候却只贴表面的地方，至于橱柜背面就不贴了；有些装饰公司还故意算错，多报工程量，待发现时以"预算员计算错误"应付了之。

提 示

另外，在计算工程量时，巧妙转换材料计量单位，也是装饰公司赚取利润最常用、最隐蔽的手法。通常，市场上的材料价格都是按照多少钱一桶（一组）、多少钱一张等计量单位来出售的。而装饰公司向业主出示的报价单，很多主材都是按照每平方米、每米来报价的，如涂料、板材等，因此业主根本就不清楚究竟会用多少装修材料、究竟用掉了多少装修材料。

4. 材料以次充好

装饰公司在报价单上所指明的品牌材料与现场施工所采用的材料不符，或者在业主验收材料时以优质材料充当门面，在收工时再将其撤离现场。这种手法比较常见。

例如，预算报价单上标明的是天然黑胡桃饰面板，每张98元，而在施工中所采用的却是30元左右的人造饰面板，两者虽然外观一致，但经过长期使用后会发生褪色变质等问题。

又如，在预算报价单中标明的是国标优质昆仑牌电线，而实际施工中擅自使用非国标的劣质电线，等到业主发现时，所有电线已入墙入板，若业主要执意验证，则只有将装修好的部位全部拆除。

提　示

装修施工中辅料的用量也需要业主留心。因为辅料在装修费用中并不占多少比例，所以辅料的用量也往往被人们所忽略，这就给一些不良装饰公司以可乘之机。例如，黄砂是铺了3cm还是铺了5cm，没有装修经验的业主完全估计不出来；腻子是刮了一遍还是两遍也只有工人和装饰公司最清楚。这些辅料用量的减少、费用的支出倒是其次，对装修质量的影响却是非常大的，时间长了，会出现严重的质量问题。

5. 拆项报价

拆项报价是指把一个项目拆成几个项目，这样单价降下来了，总价却上涨了。例如，把铺地面砖项目拆成基层处理和铺地面砖两个项目。这样一来，单价很低，看似便宜，但等最后决算时，总价却高得惊人。

近年来，一些装饰公司为招揽生意，把本来繁杂的预算项目重组为简单的条目，号称“套餐”报价，表面上为业主节约了时间和精力，实际上套餐报价华而不实，该说明的没有说明，笼统空洞，很多原则性问题都得不到体现。

6. 决算做手脚

有些装饰公司在做预算时，往往将一些项目有意改为不常规的算法，这样使单价看上去很低。在决算时，这些本来单价很低的项目就会突然变得数量很大，从而导致总价飙升。

例如，改电项目按长度（单位为米）计算，本来是合理的，结算时这个长度并不是按管的长度计算，而是按电线的长度进行计算。一根管里面往往会有数根电线，如此一来，总价就翻了数倍。

7. 虚增工程量和损耗

有些装饰公司就是利用业主不懂行的弱点，钻一些计算规则的空子，从而增加工程量，达到获利的目的。

例如，在计算涂刷墙面乳胶漆时，没有将门窗面积扣除，或者将墙面长宽增加，都会导致装修预算的增加；一般一个空间的地面和墙面之比是1∶2.4~1∶2.7，有些装饰公司甚至报到1∶3.8。另外，按照以前的惯例，门窗面积按50% 计入涂刷面积。其实，目前很多家庭都包门窗套，门窗周边就不用涂

刷了。但有些装饰公司仍按照50%，甚至按100%计入墙壁涂刷面积。一般业主在审查预算表的时候，都是关注单项的价格，至于实际的面积一般会大致估计，如果每项面积都稍微增加一些，单项价格高的话，那么多花费少则几百、多则几千的预算。

单项价格谈定了以后，一定要和装饰公司或工头一起把单项的面积尺寸丈量一下，并记录到纸面上，并算清楚单项的总价格是多少，将这些数据作为合同的附件，以免到时就面积和尺寸的大小发生纠纷。

提　示

在预算书的最后，会有一些诸如“机械磨损费”“现场管理费”“税费”和“利润”等项目，这些项目其实都属于不合理收费。“机械磨损”是装修中必然发生的，“现场管理”则是装饰公司应该做到的，这两项费用都已经摊入到每项工程中了，不应该再向业主索取。而根据“谁经营、谁纳税”的原则，装饰公司的税费更不该由业主缴纳。将“利润”单独计算是以前公共建筑装修报价的计算方式，目前装饰公司已经把利润摊入到每项施工中了，因此不应该重复计算。

8. 降低工艺标准

业主一般对木工、瓦工、油工等这些“看得见、摸得着”的常规工程项目比较注意，监督得也严格些，但对隐蔽工程和一些细节问题却知之甚少。比如，上下水路改造、防水防漏工程、强电弱电路改造、空调管道等工程做得如何，短期内很难看出来，也无法深究，不少施工人员常在此做文章。又如，有些公司规定内墙要刷3 遍墙漆，但施工队员只刷了1 遍，表面上看不出有任何区别，但实际上却降低了工艺标准，暂时是看不出问题，时间一长，问题就会暴露出来。

提　示

在装修过程中，常见的偷工减料的项目主要有：基底处理、地面找平、小面处理（所谓“小面”，就是我们平时容易看到，又不太留意的小地方，例如户门的上沿、窗台板的下面、暖气罩的里面等地方，有些工人在这些地方会偷工减料，甚至会不做任何处理）、电线穿管、接缝修饰、墙面剔槽、墙地砖铺贴、电线接头、墙面刷漆等。

四　避开装修中最易犯的毛病

大部分业主对装修较为陌生，对其不是十分了解，这就会导致装修中出现一些问题。要避免问题则需要了解装修时最易犯的毛病，如图2-2所示。

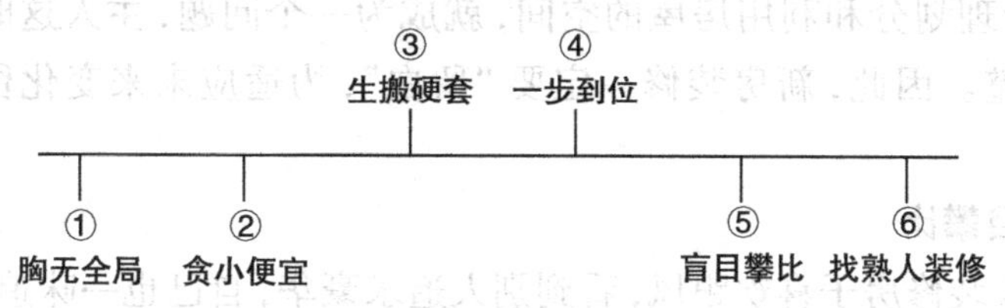

图 2-2　装修中最易犯的毛病

1. 胸无全局

很多准业主在拿到新房钥匙后，还没计划好就立刻进行装修，从选择装修风格时就开始茫然，不知道哪种风格更适合自己，全凭一时的喜好，边装修边看，结果导致装修效果与预想相差甚远，而且装修预算也会超支很多。

因此，准业主们在拿到钥匙后，不要着急装修，应先确定装修风格，包括使用的装饰材料、家具的购买和摆放位置等细节都要做到心中有数。然后结合装修风格、自身的经济能力，确定预算，并在施工过程中尽量控制预算。

2. 贪小便宜

事实上，很多装修上的纠纷都是业主贪小便宜造成的。比如，许多业主为了省钱，聘请无牌施工队进行装修。按合同约定该竣工时却迟迟不能完工，施工战线越拖越长。而在环保方面，许多业主在装修结束后几个月还不能入住，因为室内的味道刺鼻。

3. 生搬硬套

装修前，业主在网上找了很多漂亮图片，还买了很多时尚家居杂志。装修时，业主把精挑细选的图片拿给设计师看过后，设计师却说没有一个适合新家。

适当参考与借鉴是必要的，但一味地模仿，则完全没有必要。不妨与设计师及时沟通。在施工之前，准业主应该及时、详细地告诉设计师自己的需求，并根据自己家的户型与设计师沟通家具和相关配饰及其摆放位置等问题。

4. 一步到位

年轻人装修新房很容易走入一个误区，总想“一步到位”。做满屋子的柜

子和一些固定性的家具；客厅里的大沙发面对一个大背景墙或是电视柜；卧室里是衣柜、大床，放眼望去都是不能移动的家具，很长一段时间无法再做出改变与调整。

装修应该随环境改变而做相应的调整，尤其当二人世界变成三口之家时，如何合理划分和利用房屋的空间，就成为一个问题，主人这时就需要进行重新调整。因此，新房装修一定要“留白”，为适应未来变化留有足够的空间。

5. 盲目攀比

很多人装修房子喜欢跟风，看到别人追求豪华，自己也一味追求，不管自己的实际情况盲目攀比，结果一套居室装修下来，耗去数十万元。

过度消费是一种非常不成熟的消费心理。现代人装修的理念应该是从简、环保，居住得温馨和舒适才是最重要的。

6. 找熟人装修

很多业主本着对熟人的信任而选择其给自己装修，但最后得到的却是材料以次充好、工程质量严重不过关等“回报”。此时，业主即使想解决，也往往因为是朋友而显得比较为难。更有甚者，当业主找到负责人时，对方还有不小的意见，认为自己全是为了帮朋友忙，接这个单子是吃了亏的。事已至此，业主往往只能吃哑巴亏。

家装行业一直流传着“装修不能找熟人”的说法，类似“宰熟”的现象更是屡见不鲜。因此，业主在选择装修队伍的时候一定要谨慎，不管是熟人介绍，还是自己物色装饰公司，都应该对其曾经施工的工程进行考察。其中包括工人的素质及工人办事的效率，因为这些在很大程度上影响着工程的质量和能否按时完成装修。此外，不论找什么样的人装修，都一定要签好施工协议和相关合约，并严格按照合同办理，以便把可能出现的损失降到最低。

五　了解常用的预算术语

要想不被坑，自己首先得是半个“专家”，哪怕只会说几个专业术语（见表2-2），也不会让人轻视。业主不了解装修行业的“术语”，可能会在与装饰公司打交道的过程中处于不利地位。

表 2-2 常用预算术语

术语	解释
延米	延米又称直米，延米是整体橱柜的一种特殊计价法。延米是一个立体概念，它包括柜子边缘为一米的吊柜加柜子边缘为一米的地柜加边缘为一米的台面。延米价只反映了橱柜的整体价格。在实际操作中，正规的厂商会把延米价换算成单价，换算公式为：每米地柜价=（延米价－台面价）×0.6，每米吊柜价=（延米价－台面价）×0.4
房屋使用面积	房屋使用面积指住宅中以户（套）为单位的分户（套）门内全部可供使用的空间面积。包括日常生活起居使用的卧室、起居室和客厅（堂屋）、亭子间、厨房、卫浴间、室内走道、楼梯、壁橱、阳台、地下室、假层、附层（夹层）、阁楼（暗楼）等面积。住宅使用面积按住宅的内墙面水平投影线计算
房屋建筑面积	房屋建筑面积是指房屋外墙（柱）勒脚以上各层的外围水平投影面积，包括阳台、挑廊、地下室、室外楼梯等，且具有上盖，结构牢固，层高2.20m 以上（含2.20m）的永久性建筑
房屋产权面积	房屋产权面积是指产权主依法拥有房屋所有权的房屋建筑面积。房屋产权面积由省（直辖市）、市、县房地产行政主管部门登记确认
房屋预测面积	房屋预测面积是指在商品房期房（有预售销售证的合法销售项目）销售中，根据国家规定，由房地产主管机构认定具有测绘资质的房屋测量机构，主要依据施工图纸、实地考察和国家测量规范对尚未施工的房屋面积进行预先测量计算的行为，它是开发商进行合法销售的面积依据
房屋实测面积	房屋实测面积是指商品房竣工验收后，工程规划相关主管部门审核合格，开发商依据国家规定委托具有测绘资质的房屋测绘机构参考图纸、预测数据及国家测绘规范之规定对楼宇进行的实地勘测、绘图、计算而得出的面积。该面积是开发商和业主的法律依据，是业主办理产权证、结算物业费及相关费用的最终依据
套内房屋使用面积	套内房屋使用空间的面积，以水平投影面积按以下规定计算。 （1）套内卧室、起居室、过厅、过道、厨房、卫浴间、贮藏室、壁柜等空间面积的总和。 （2）套内楼梯按自然层数的面积总和计入使用面积。 （3）内墙面装饰厚度计入使用面积。 （4）不包括在结构面积内的套内烟囱、通风道、管道井均不计入使用面积
套内墙体面积	套内墙体面积是套内使用空间周围的维护或承重墙体或其他承重支撑体所占的面积，其中各套之间的分隔墙和套与公共建筑空间的分隔墙及外墙（包括山墙）等共有墙，均按水平投影面积的一半计入套内墙体面积。套内自有墙体按水平投影面积全部计入套内墙体面积
套内阳台建筑面积	套内阳台建筑面积均按阳台外围与房屋外墙之间的水平投影面积计算。其中封闭的阳台按水平投影的全部计算建筑面积，未封闭的阳台按水平投影的一半计算建筑面积
共有建筑面积	共有建筑面积的内容包括：电梯井、管道井、楼梯间、垃圾道、变电室、设备间、公共门厅、过道、地下室、值班警卫室等，以及为整幢建筑服务的公共用房和管理用房的建筑面积，以水平投影面积计算。共有建筑面积还包括套与公共建筑之间的分隔墙，以及外墙（包括山墙）水平投影面积一半的建筑面积。独立使用的地下室、车棚、车库，为多幢建筑服务的警卫室、管理用房，作为人防工程的地下室不计入共有建筑面积
营业执照	营业执照是企业或组织合法经营权的凭证。营业执照的登记事项为：名称、地址、负责人、资金数额、经济成分、经营范围、经营方式、从业人数、经营期限等。营业执照分正本和副本，二者具有相同的法律效力。正式执照应当置于公司住所或营业场所的醒目位置，营业执照不得伪造、涂改、出租、出借、转让

续表

术语	解释
资质证书及等级	资质是建设行政主管部门对施工队伍能力的一种认定。它从注册资本金、技术人员结构、工程业绩、施工能力、社会贡献五个方面对施工队伍进行审核，分别核定为1~4个级别，取得资质的企业，技术力量有保证
直营店及加盟店	目前市场上的装饰公司主要分为直营店和加盟店两种，前者的管理和资质独立享用，可靠性较强，但收费较高；后者的营业执照及资质证书都是沿用总店的，为获取业务，价格相对较低，消费者在调查市场时应认真比较
装修合同甲方	甲方应该是房屋的法定业主或是业主以书面形式指定的委托代理人
装修合同乙方	乙方基本上是指工程的施工方，即装饰公司
装修合同违约责任	装修过程的违约责任一般分为甲方违约责任和乙方违约责任两种。甲方违约责任比较常见的是拖延付款时间，乙方违约责任比较常见的是拖延工期
全包方式	装饰公司根据客户所提出的装饰装修要求，承担全部工程的设计、施工、材料采购、售后服务等一条龙服务
清包方式	由装饰公司及施工队提供设计方案、施工人员和相应设备，由消费者自备各种装饰材料
半包方式	半包方式是目前市面上采取最多的方式，由装饰公司负责提供设计方案、全部工程的辅助材料采购（基础木材、水泥砂石、涂料等基层材料）、装饰施工人员及操作设备等，业主负责提供装修主材，一般是指装饰面材，如木地板、墙地砖、涂料、壁纸、石材、成品橱柜的订购安装、洁具灯具等
设计费	目前，不少装饰公司开始收取设计费用。凡持有人事局颁发的建筑装饰设计等级职称证书和建筑装饰协会颁发的设计师从业等级资格证书的设计人员，对家装工程进行设计可收取设计费用。根据设计内容的繁简和客户的要求，按实际需要进行设计和出图，设计费用应随之浮动。对于一般户型的一般性设计，套内装饰面积在$80m^2$以内，工程造价在3万元以内（含3万元）的工程设计按项目收费，每项工程设计费用为500元。对于四层以上复式户型、独栋别墅的高档次装修设计，套内装饰面积在$80m^2$以上（不含$80m^2$）的工程设计，按套内装饰面积并根据从事工程设计的设计师资格等级收取设计费用。设计费用标准为20~50元/m^2，在此范围内由设计单位自行掌握
材料账	目前，装饰材料专卖店、超市很多，只要多逛几家就可询问到市面上的真正价格，做到心中有数。然后，让装饰公司列出详细的用料报价单，并且让其估算出用量，以防有些装饰公司“偷工减料”。做到“知己知彼”才能更好地与装饰公司谈价，并与之制定出整个装修所需材料的合理预算
设计账	如果装修是以经济实用为主，一般可以自己来设计，最多请别人画一下图；但如果要注重空间的充分、合理利用。若追求装修的个性化和艺术品位，最好还是请室内设计师来做设计。设计费用一般占装修总费用的5%~20%，这笔钱在装修之前就应该考虑到预算中
时间账	装修真正开工前要做的事情很多，因而装修前一定要留出足够的时间，如设计方案、用料采购、询价和预算等一定要做到位。前期准备得越充分，正式装修施工速度才能越快，实际花费也就越低。自己备料的装修家庭更要安排好采购备料的顺序，要比装修进程略有提前，以防误了工期

续表

术语	解释
权益账	装修费用是装修合同中弹性最大的一部分，与装饰公司签订合同时一定要算好权益账。付给装饰公司的装修费用应根据装修的难度、劳动力水平、以往的业绩等具体情况而定
首期款	对半包工程来讲，装修的首期款一般为总费用的30%~40%，但为了保险起见，首期款的支付应该争取在第一批材料进场并验收合格后支付，否则，若发现材料有问题，则业主就会变得很被动。对于清包工程，装修的费用一般不算多，装饰公司一般会要求先支付一部分"生活费用"。这时候，业主不妨先付一部分，但出手不需要太过阔绰。清包费用可以勤给，但每次都不要给得太多，一定要控制好，避免工程完工前就把费用付清
中期款	装修开始后，个别装饰工头会以进材料没钱等借口向业主索要中期款。其实，中期款的付款标准是以木器制作结束，厨卫墙、地砖、吊顶结束，墙面找平结束，电路改造结束为准则。同时，中期款的支付最好在合同上有体现，只要合同写明，就可以完全按照合同的约定进行付款和施工
装修尾款	通常情况下，装饰公司会在装修工程没有完工时就要求业主付清剩下的装修款，这时，业主一定要等装修完成并验收合格后再支付装修尾款，否则，当发现工程质量有问题时，就无法控制装饰公司了
"工程过半"	"工程过半"就是指装修工程进行了一半。但是，在实际过程中往往很难将工程划分得非常准确，因此，一般会用如下两种办法来定义"工程过半"。 （1）工期进行了一半，在没有增加项目的情况下，可认为工程过半。 （2）将工程中的木工活贴完饰面但还没有油漆（俗称木工收口）作为工程过半的标志。 一般来说，在装修前，应当在合同中明确"工程过半"的具体事项，以免因约定不清而影响装修资金的支付

六　详细解读预算报价单

请装饰公司来施工，想要控制好预算且不被骗，学会分析报价单是非常重要的。有些公司出具的报价单非常简单，就容易存在陷阱。下面将详细介绍报价的相关内容和审核时的注意事项。

（一）常见预算报价方法

家装所涉及的门类丰富、工种繁多，在预算报价时基本上是沿用土木建筑工程的计算方法。随着市场的完善，各种方法也层出不穷，这里介绍实用性最强的四种方法。

1. 方法一

对所处的建筑装饰材料市场和施工劳务市场进行调查了解，制订出材料价格与人工价格，再对实际工程量进行估算，从而算出装修的基本价，以此为基

础，再计入一定的损耗和装饰公司应得利润即可。这种方式中的综合损耗一般设定在5%~7%，装饰公司的利润可设定在10%左右。

例如，在对某城市装饰材料市场和施工劳务市场调查后，了解到要装修约120m² 建筑面积的三室两厅两卫住宅房屋，按中等装修标准，所需材料费为50 000 元左右，人工费用为12 000元左右，那么，综合损耗约为4 300 元左右，装饰公司的利润为6 200 元左右。以上四组数据相加，约为72 500 元，即得到所估算的价格。

提 示

这种方法比较普遍，对于业主而言测算简单，容易上手，可通过考察市场和对周边有过装修经验的人咨询得出相关价格。然而不同装修方式、不同材料品牌、不同程度的装饰细节，会有不同差异，不能一概而论。

2. 方法二

对同等档次已完成的家装费用进行调查，所获取到的总价除以每平方米建筑面积，所得出的综合造价再乘以要装修的建筑面积即得装修总预算。

例如，现代中高档居室装修的每平方米综合造价为1 000 元，那么可推知约120m²建筑面积的三室两厅两卫住宅房屋的装修总费用在120 000 元左右。

提 示

这种方法可比性很强，不少装饰公司在宣传单上印制了多种装修档次价格，都以这种方法按每平方米计量。例如，经济型每平方米400 元；舒适型每平方米600 元；小康型每平方米800 元；豪华型每平方米1 200 元等。业主在选择时应注意装修工程中的配套设施（如五金配件、厨卫洁具、电器设备等）是否包含在内，以免上当受骗。

3. 方法三

对所需装饰材料的市场价格进行了解，分项计算工程量，从而求出总的材料购置费用，然后计入材料的损耗、用量误差、装饰公司的毛利，最后所得即为总的装修费用。这种方法又称为预制成品核算，一般为装饰公司内部的计算方法。

下面运用该方法计算某衣柜的预算报价。该衣柜尺寸为2200mm × 2200mm × 550mm（高 × 宽 × 深），大芯板框架结构，内外均贴饰面板，背侧和边侧贴墙固定，配饰五金拉手、滑轨，外涂聚酯清漆，具体预算方式如表2-3所示。

表 2-3　衣柜预算报价表

序号	材料名称	数量	单价（元）	总价（元）	备注
一、主材费用					
1	大芯板	6张	80	480	** 品牌，AAA级
2	九厘板	3张	40	120	** 品牌，合资生产
3	外饰面板	2张	30	60	** 品牌，黑胡桃科技板
4	内饰面板	4张	30	120	** 品牌，红榉科技板
5	滑轮	6对	8	48	** 品牌，合资生产
6	铰链	14个	1.5	21	** 品牌，合资生产
7	拉手	11个	2.8	30.8	** 品牌，合资生产
小计				879.8	
二、辅料费用					
1	20mm枪钉	1盒	4	4	普通品牌
2	5mm枪钉	1盒	4	4	普通品牌
3	聚酯清漆	7m²	-	100	** 品牌，亚光漆
4	20mm木线条	35m	0.6	21	黑胡桃
5	其他	1项	60	60	辅料
小计				189	
三、人工费用：按平均每人每天40元计算，制作该衣柜需要两人工作5天，即人工费用为400元					
工程直接费用				1 468.8	主材费、辅料费、人工费之和
工程管理费用				117.5	直接费用 × 8%
计划利润				73.4	直接费用 × 5%
税金				56.4	以上三项 × 3.4%
工程总造价				1 716.1	以上四项之和

预算说明：该衣柜的制作是家庭装饰装修的一个组成部分，没有在衣柜中计入运输费等综合计费，且没有计入材料损耗。

注：由于各地材料费和人工费存在一定差距，故此表数据仅供参考。

4. 方法四

通过比较细致的调查，在对各分项工程的每平方米或每米的综合造价有所了解的基础上计算相关工程量，将工程量乘以综合造价，最后仍然计算出工程直接费用、管理费用、税金，所得出的最终价格即为最终的装修报价，举例见

表2-4。这种方法是市面上大多数装饰公司的首选报价方法，门类齐全，详细丰富，可比性强。

表 2-4 卧室和卫浴间预算报价表

序号	名称	数量	单价（元）	总价(元)	备注
一、卧室费用					
1	墙顶面基层处理批灰	65.1m^2	9	585.9	
2	顶面乳胶漆	14.4m^2	8	115.2	
3	墙面乳胶漆	47.9m^2	10	479	
4	叠级顶墙线	17m	16	272	
5	衣柜	9.5m^2	470	4 465	
6	电视角柜	1	352	352	
7	双面包门套	10m	65	650	
8	造型房间门	1樘	380	380	
9	包窗套	6.8m	35	238	
10	外挑窗台铺大理石	1.6m	420	672	
11	复合木地板	15.2m^2	96	1 459.2	
小计				9 668.3	
二、卫浴间费用					
1	铝扣板吊顶基层	4.7m^2	42	197.4	
2	铝扣板	5.6m^2	58	324.8	
3	铝扣板边角线条	0.4m	10	40	
4	墙面贴瓷砖	24.2m^2	66.4	1 606.9	
5	地面贴瓷砖	5.6m^2	80.4	450.2	
6	单面包门套	5m	50	250	
7	造型卫生间门	1樘	350	350	
8	卫生间防水处理	7.3m^2	55	401.5	
小计				3 620.8	
工程直接费				13 289.1	卧室费用、卫生间费用之和
工程管理费				1 063.1	直接费用×8%
计划利润				664.5	直接费用×5%
税金				510.6	以上二项×3.4%
工程总造价				1 5527.3	以上四项之和

预算说明：装修工程中不计入灯具、洁具、开关面板、五金配件等。

注：由于各地材料和人工费用存在一定差距，此表数据仅作参考。

（二）常见非正规报价单举例

看报价单最重要的是要学会比较，而且不能只比较总价，而是要一项一项地比较。在进行比较之前，首先应注意报价单是否写得细致、明了，如果只是简单地罗列价格和数量，而后得出一个总价，关于材料的品牌、施工方式等全无注明，这样的报价单很容易被对方做文章（如表2-5、表2-6所示），所以一定要要求对方出具详细的报价单，而后再进行比较。

表 2-5　非正规报价单样例 1

项目工种	人工费用（元）	材料费用（元）	管理费用（元）	项目计价（元）
水工	1140	1580	817	3537
电工	2040	2872	1460	6372
瓦工	4800	2128	2015	8943
木工	1168	2110	960	4238

表 2-6　非正规报价单样例 2

工程名称	单位	单价(元)	数量	金额（元）	备注
主卧室					
墙、顶面基层处理	m^2	16	60	960	铲墙皮，腻子找平
墙、顶面乳胶漆涂刷	m^2	10	60	600	涂刷乳胶漆
石膏线安装及油漆	m	5	9	45	石膏线粘贴后涂刷**漆
门及门套	樘	1500	1	1500	购买成品门

（三）正规报价单解析

装饰公司提供的报价单通常是分空间或者按照项目来计价的，例如按照客厅、卧室、餐厅、书房等，或是按照拆除工程、水电工程、瓦工工程等方式来分类，还有可能是两者混合，最后归纳一个总价，大多数的主材、工费、辅料等不会单独列出，而是会按照工程来计价。

1. 预算报价单应该包含的内容

（1）序号：属于常规的排列形式。

（2）工程项目名称：业主可以根据此类别来了解在装修时有多少项目需要施工，结合图纸比较，可以看出是否有缺项、漏项或多项。

（3）数量：表示此项工程项目的工程量真实数据，可根据此数据来判断装饰公司是否存在多算数量的情况。

（4）单位：由此可以了解装饰公司是以何种单位方式来计算价格的，因为有些项目计价单位不同，价格上会有很大的差异。而同时也可以根据这个数据，把一些自己认为有问题的项目换算成其他装饰公司的计价单位来比较，这样就能知道是否多花钱了。

（5）单价：指单位数量下装饰公司报给业主的价格，这一项最能体现出各个装饰公司之间的报价差异。

（6）合价、总价、合计：这一点很清楚，不做过多解释。

（7）主要材料及施工工艺：这一部分可以看出某个工程项目的具体施工工艺，以及施工中所使用的主要材料、辅助材料等。这是业主与装饰公司之间的"约定"，必须严格执行。

2. 正规报价单样例解析

正规报价单的形式可参考表2-7。

表 2-7　正规报价单样例

工程名称		单位	单价（元）	数量	金额（元）	工艺做法	备注
主卧室费用							
1	墙、顶面基层处理	m^2	16	60	960	①原墙皮铲除，石膏找平，刮两边腻子，砂纸打磨	1.②**牌821腻子，产地：山东/青岛 2.③环保型801胶，产地：山东/青岛
2	墙、顶面乳胶漆涂刷	m^2	10	60	600	④乳胶漆底漆两遍，面漆三遍，达到厂家要求标准	⑤**牌"五合一"乳胶漆，产地：中国/广州
3	石膏线安装及油漆	m	5	9	45	1.⑥刷胶一遍，快粘粉粘接 2.⑦面层处理，乳胶漆另计	⑧成品石膏线
4	门及门套	樘	1500	1	1500	⑨安装门、门套及门锁	1.⑩成品**牌门及门套 2.⑪**牌门锁

报价单详解。

①基层处理需写清楚具体的做法，包括是否铲除墙皮、刮腻子的次数等。

②腻子的用量较多，并直接关系到环保指数，虽然属于辅料，但材料的品牌和产地也建议标注清楚，更有助于进场后材料的验收。

③胶是家居装修的重点污染源，虽然也属于辅料，但也建议标明品牌和产地，这样有利于业主查验是否足够环保。

④乳胶漆都是分底漆和面漆的，两者有着本质区别，涂刷底漆可以使漆

面平整，其对面漆起到支撑作用，令表面看起来更为丰满，涂刷底漆是不可缺少的一个步骤，很多装饰公司为了节省资金和施工费用都不会涂刷底漆，这点应尤其注意。不同的品牌涂刷次数会略有区别，可以以说明书上的具体要求为准。

⑤使用某一品牌的乳胶漆时，应详细注明属于该品牌的哪个系列及产地，同品牌之间的不同系列差价也非常大。

⑥石膏线施工应写清楚施工步骤，快粘粉用量少且基本没有区别，无需注明品牌。

⑦石膏线的面层为了刷漆方便应进行打磨处理，乳胶漆的价格是否包含在内也应注明，避免工程量重叠。

⑧石膏线的品质和价格差别不是很大，可以不注明品牌和产地，如有特殊要求，则需注明。

⑨门和门套通常是采取定制形式制作的，由厂家安装，如果是大包形式，这部分费用应体现在报价中；若为清包和半包，则无需体现。

⑩所使用门的品牌应详细注明，有助于业主核对是否与自己需求一致。

⑪门锁虽然不大，但价格却不低，而且也是关系到门是否耐用的一个因素，所以应注明品牌。

提 示

（1）单位：需要明确，例如涂刷墙漆、铺设地砖等多按照平方米来计价，而如果有木工柜，则有的按照平方米、有的按照项来收费，平方米多为展开面积而不是平面面积，这些问题需要注意，如果单位不清晰，则应询问清楚。

（2）数量：根据自己测量的面积最好再计算一下，如果遇到了无良的装饰公司，则很可能会多加数量。

（3）工艺做法：重点检查是否与自己的要求、行业标准或材料说明一致，例如如果原墙有墙皮，需要铲除，是否包含在内。

（4）材料：现代人装修都很注重环保，如果材料的环保指数达标，那么有害物处理起来就会容易许多。

3. 看预算报价单的技巧

预算报价单的审核方式如表2-8所示。

表 2-8 审核预算报价单内容

方法	解释
比较单价	通过参考预算表里面的人工价格和材料价格进行每个项目的材料和人工价格比较。对于不明白的项目可以问清楚，对于预算表里有而装饰公司没报的项目一定要问清楚，对装饰公司有而预算表里没有的项目也要问清楚，免得装饰公司以后逐渐加价，超过预算
去重	对于有些项目重复的地方审核清楚，比如找平，有的公司可能会为厨房找平算一项，然后后面再单独加一项找平，为避免重复收费，尽量要审核清楚
弄清工程量	一定要问清楚工程量，比如防水处理，要弄清楚是哪些面积要做开封槽，40m 要弄清楚是哪 40m，并确认数量是否正确
主材、辅料分开	对于材料一定要主材和辅料分开报，并且每个材料的单价、品牌、规格、等级、用量都要要求装饰公司进行说明并分开报价
注明工艺	针对相同的项目施工工艺和难度不同，人工费用也不同，需要装饰公司对具体项目进行注明，比如贴不同规格的瓷砖所需的人工费是不同的，铲墙中的铲除涂料层和铲除壁纸层也是不同的。还有墙面乳胶漆施工中喷涂、滚涂、刷涂的工艺效果不同，人工费也不同，耗费的面漆用量也不同，这都涉及到项目的整个费用。比如，喷涂效果最好，但人工费也比滚涂和刷涂每平方米贵 1.5 元左右，人工费用相同，而且相对省料，但效果不如前者
审核收费	对于某些项目外收费要合理辨析，比如机械磨损费用就不应该有，管理费用应该适当收取 5%~10%，材料损耗大概是 5%，税金是肯定要收取的
搞清计价单位	要弄清楚不同项目工程量报价的单位，比如大理石就应该按照 "m^2" 报，而不是按照 "m" 来报，按 "m" 报的话总价就会增加，确保每个项目的报价单的单位都合理
问清综合单价	对于笼统报价的项目要问清楚里面包括哪些内容
分清商家与装饰公司安装项目	有些产品是厂家包安装和运送上楼的，其费用要从装饰公司的人工费用和运送费用里面扣除，如吊顶、水管、橱柜、地板、门窗、壁纸等

七 装修预算合理差额及降低装修预算的技巧

（一）装修预算与实际施工的合理差额范围

装修预算和实际施工的相差幅度在 ± 5% 之间，是属于合理的范围，其中水电工程不计算在内。

（二）降低装修预算的技巧

降低装修预算的技巧如图 2-3 所示。

1. 设计以实用为主

审核设计图纸，看是否有一些没有作用而完全是装饰性的设计，例如过

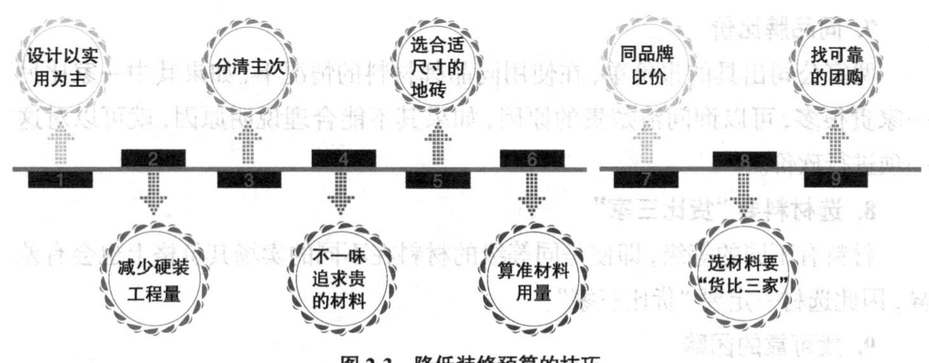

图 2-3　降低装修预算的技巧

多的墙面线条、大面积的吊顶等，这些造价都很高，特别是复杂的跌级吊顶。如果不是别墅类的大户型，则可以做简单的吊顶或不做吊顶，并用石膏线做装饰。

2. 减少硬装工程量

即使使用的是环保的材料，也不能代表完成装修后室内的污染物不超标，因此无论是从环保角度考虑还是从节约资金上考虑，在方案设计阶段，建议尽量减少硬装的工程量，秉持"重装饰轻装修"的原则来设计。

3. 分清主次

装修中要有重点，重点的部分可以多投入资金，装修出档次和格调，其他部分不妨选择大众化的材料和工艺，这样既能突出重点，又能节约资金。

4. 不一味追求贵的材料

在合理范围内选择材料，例如照明电线，国家规定是使用2.5平方毫米的电线，但实际上如果没有太多灯具，1.5平方毫米的就足够用，在照明不超标时，报价单上若使用的是2.5平方毫米的电线就可以改成1.5平方毫米的。诸如此类，业主都可在合理范围内更改。

5. 选合适尺寸的地砖

很多业主都喜欢大尺寸的地砖，实际上这是不必要的，地砖的大小应根据房间的开间和进深相结合来进行选择。通常来说，不是特别长或宽的房间，中等尺寸的地砖比例上更美观。大尺寸的地砖不仅造价高，而且工费和损耗也高。

6. 算准材料用量

要合理地计算材料的损耗，如果觉得某项材料价格过高，则可以询问损耗的计算数量，而后与品牌方核对（他们都比较有经验），若损耗量超出太多可要求装饰公司降低。

7. 同品牌比价

两家公司出具的报价单，在使用同品牌材料的情况下，如果其中一家比另一家贵很多，可以询问清楚贵的原因，如果其不能合理说明原因，就可以对这一项进行砍价。

8. 选材料要“货比三家”

材料有不同的等级，即使是同等级的材料在不同的卖场其价格上也会有差异，因此选材一定要“货比三家”。

9. 找可靠的团购

当搬到新的小区后，很多业主会一起进行装修，这时候可以组团对家具、洁具等进行砍价，以节省部分资金。需要注意的是，并不是所有的团购都是可靠的，最好选择身边熟悉的或者有可靠来源的团财，团购的产品最好是能保证售后的。

八　家装预算中的能省和不能省

在家庭装修工程中，并不是所有的项目都能够省钱，有些地方适合省钱，而有些则不能省钱。

（一）能省钱的地方

1. 墙面

一般来说，墙面并不是日常生活中所直接接触的地方，且四面墙的价格不菲，因此业主可以根据自己的喜好选择花色好看且质量过关的产品，不需要太过追求品牌。

2. 少做固定式装饰墙、柜

装饰背景墙、柜虽然能融合整个装修风格，能使新居看起来很美观，但若业主长期居住后感到厌烦时，想要更换家中格局或色彩将会十分困难。因此设计师建议：与其花费大量金钱做装饰墙、柜，不如买些活动的装饰构件，这些构件轻巧且易更换；或为了融合整个装修风格，可使用简洁的、可经涂刷变换颜色的装饰墙柜，这样既省钱又美观实用。

（二）不能省钱的地方

1. 隐蔽工程

隐蔽工程是指地基、电气管线、供水供热管线等需要覆盖、掩盖的工程。

隐蔽工程很重要，应多投入资金买最好的材料，否则一旦出现质量问题，就得重新覆盖和掩盖，会造成返工等情况，到时损失将更大。

装修中的隐蔽工程如表2-9所示。

表 2-9　装修中的隐蔽工程

序号	项目	内容
1	电气材料	电气线路的安装最易出现安全隐患，而且电气线路一旦隐蔽后不容易进行检修
2	上下水道系统	水管一旦在使用过程中出现问题，往往会带来非常严重的损失，这部分费用一定不能省
3	门窗和家具的五金配件	门锁一定要开关自由，弹簧弹力要好，否则，可能出现有门难进的尴尬情况。抽屉导轨的质量要好，以确保能够灵活地拉动抽屉。同样道理，拉手的质量也不能忽视。家具柜门不要使用合页，应用名牌铰链
4	防水材料	劣质的防水材料不但起不到很好的防水作用，而且还含有大量的有害物质

2. 环保材料

要选择和购买绿色环保的装饰材料。家具装修最大的隐患之一就是装饰材料会挥发出来一些有害物质，因此不能为了省钱去购买那些劣质的、不环保的材料。

九　过度装修

过度装修是指忽略了房屋的基本情况，偏向于繁、杂、多、满的装修方式。造成过度装修的原因有三种，如图2-4所示。

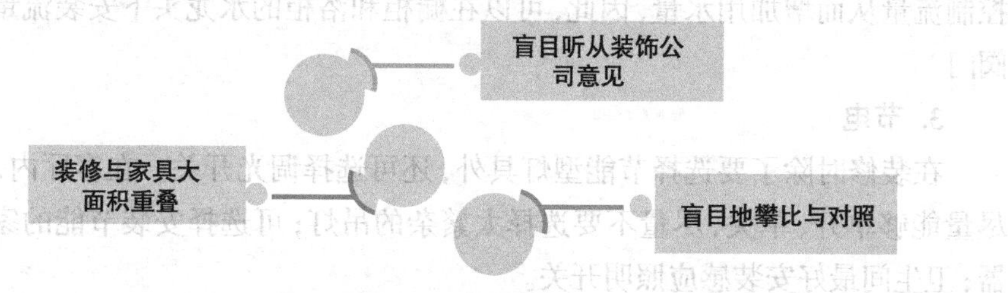

图 2-4　过度装修原因

1. 盲目听从装饰公司的意见

装饰公司以营利为目的，当然是希望多施工、多投入，故在家居装修的方案上，难免偏向于“全面开花”甚至会“画蛇添足”。对此，业主应有充分的心理准备，在装饰方案的设计上把握“删繁就简”的原则。

2. 装修与家具大面积重叠

目前，大多数人家的居住面积还不算大，家具一般占总面积的50% 左右。从墙面到地面，都会被家具掩盖许多。对于较小的房间来说，实在没必要在装修上“大动干戈”。

3. 盲目地仿照

有些人看过一些装修实例或装修图集后，不管自己的房间是否具备相关条件就生硬地仿照。如今大多房屋内部高度只有2.7m左右，做“吊顶”的装修不是很适宜，虽然吊顶的效果很漂亮，但很容易给人带来一种“压抑”感。

十　节能装修

（一）节能装修的三个方面

1. 保温

如果原有外窗是单玻璃普通窗，可以将其调换成中空玻璃断桥金属窗，并为西向、东向窗户安装活动外遮阳装置；尽量选择布质厚密、隔热保暖效果好的窗帘；不破坏原有墙面的内保温层；在定制房门时，可要求在门腔内填充玻璃棉或矿棉等防火保温材料，并安装密闭效果好的防盗门。

2. 节水

安装节水龙头和流量控制阀门，采用节水马桶和节水洗浴器具。传统观念认为使用淋浴可以节水，但是从实践来看，装修时安装新型的用水量少的浴缸并与淋浴配合使用，做到一水多用，将更节水。另外，扳把式水龙头往往难以控制流量从而增加用水量，因此，可以在橱柜和浴柜的水龙头下安装流量控制阀门。

3. 节电

在装修时除了要选择节能型灯具外，还可选择调光开关。在客厅内，灯具尽量能够单开、单关，尽量不要选择太繁杂的吊灯；可选择安装节能的家用电器；卫生间最好安装感应照明开关。

（二）装修节能的重要方面

装修节能的涵盖面很广，通常可划分为五个方面。如图2-5所示。

1. 风格简约

现在一些设计师习惯把业主的居室设计得很复杂、很豪华，用各种材料把每一个空间都堆满。实际上"满做"并不等于豪华，吊顶、墙饰等过于繁杂的设计，既让居室显得压抑沉闷，又会浪费材料。纵观国内外装饰行业，简约才是家庭装修的主旋律。当然，简约并不是简单，它要求设计师要有专业的设计技能，熟练地运用设计技巧和装修材料，来提升业主居室的装修品位，营造良好的居家氛围，同时最大限度地减少材料的浪费。

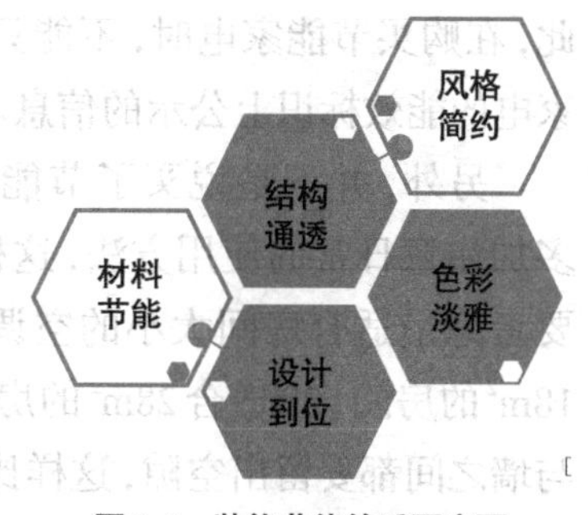

图 2-5　装修节能的重要方面

2. 结构通透

通透的空间不仅能给人带来宽敞、轻松的感觉，也能保持空气的流通，减少能源的浪费。因此，设计师在设计时应尽量保持原有的南北通透的结构，不要人为改变，即使不是直接的南北通透，也要保留间接的通风通道，从空间结构上最大限度地保持空气的流通。

3. 设计到位

好的方案要靠灯光来营造氛围，但是好的设计师会考虑日常生活的动、静来安排设计方案。动——客人来访及会餐时要把大多数光源打开。静——看电视或聊天时，打开沙发顶上或背后的几盏装饰性很强的造型灯（用节能灯），自然就有一种"静"的氛围。

4. 色彩淡雅

一些设计师喜欢用变化强烈的色彩来张扬个性，为业主营造个性的空间，他们往往喜欢使用大红、绿色、紫色等深色系涂料。事实上，深色系涂料比较吸热，大面积使用在墙面中，会使墙面在白天吸收大量的热能，会使居室在夏季十分炎热，如果使用空调，则会增加居室的能量消耗，因而不宜大面积使用。若需要突出个性，不妨通过木材、铝塑板、浅色涂料等比较反光的材料来替代深色涂料，只要设计到位，同样能达到个性的装饰效果。

5. 材料节能

可以使用轻钢龙骨、石膏板等轻质隔墙材料、塑钢门窗、节能灯等节能材料，尽量少用黏土实心砖、射灯、铝合金门窗等。

（三）使用节能电器

在选购节能家电时，一定要小心消费陷阱。许多厂家会避重就轻，宣传诸多节能技术，但并未提及节能效果，试图以夸大节能技术来迷惑消费者。因

此，在购买节能家电时，不能只参考厂家宣传。最直接有效的方式，就是看看家电的能效标识上公示的信息。

另外，并不是说买了节能家电以后，不管怎么使用都能省电节能，也要多加注意日常的使用方法，这样才能达到节能的目的。比如，在选购空调时，要考虑最适合房间大小的空调匹数，1P空调适合12m^{2}的房间，1.5P空调适合18m^{2}的房间，2P适合28m^{2}的房间，2.5P适合40m^{2}的房间；安置冰箱时，其背面与墙之间都要留出空隙，这样比紧贴墙面每天可以节能20%。对于洗衣机与电视机等电器来说，选购时看准能效标识信息即可。

第三章

不同类型建材的预算

建材的费用是预算中的重要组成部分，掌控好建材的价格和质量，既能够达到省钱的目的，又能够保证装修的环保性，减少室内污染物的来源。本章共包括21个项目，将详细讲解与建材有关的预算内容，包括如何巧妙地砍价、建材的团购和网购、选择打折建材的技巧、预防建材被"偷梁换柱"的技巧及各种常用建材的预算等。

本章要点

- 了解装饰建材的砍价技巧
- 了解团购和网购建材的技巧
- 了解选择打折建材的技巧
- 了解如何预防建材被"偷梁换柱"
- 了解各种装修建材的预算

建材部分的花费在家装整体预算中占据的比例非常高，特别是在业主自行购买建材的包工方式中，建材可以说是控制预算的关键因素。而想要控制好建材部分的预算，不能够盲目地只选择低价格的产品。否则，所选的建材可能多数为不合格产品，会在后期的生活中对身体造成一系列的损伤。业主应采用科学的方式来控制预算。首先需要掌握一些砍价技巧和检验建材质量的技巧，其次还应对其常用的品种及价格有一定的了解。

一 装饰建材的砍价技巧

有部分承包方式是需要业主自己购买建材的，这时业主就免不了要跟商家打交道，这时业主可以采取一定的技巧来进行砍价，如图3-1所示。

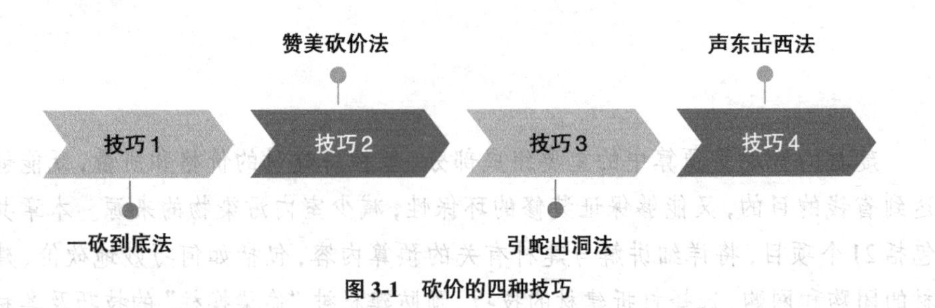

图3-1　砍价的四种技巧

1. 一砍到底法

商家报出价格后，尽量将价格压低到自己都不太相信能成功的价格，如果商家拒绝，则不妨把价格稍微抬高一点，然后用语言的艺术动摇商家的想法，如："你看，我都让步了，你也是爽快的人，咱们一人让一步，这个价位就成交吧！"这种方式能够在一定程度上促使对方慎重考虑，从而达到业主以较低价格购买建材的目的。

2. 赞美砍价法

看中一款建材后，先不要忙着砍价，先对店主或产品进行赞美和恭维，当商家被你恭维得心花怒放时，就可以砍价了。在这种情况下，商家一般都能把价格降一些。

3. 引蛇出洞法

当看中一款建材产品时，先不要忙着砍价，而是询问对方有没有另一种同类产品，而且要在询问之前就确认对方确实没有这款同类产品。这时，对方便会推荐你所看中的产品，而为了把产品卖出，对方多会主动列出价格优势来吸引你的注意。

4. 声东击西法

看中一件价格适中的产品，先不要讨价，而是先表现出对另一件价格较高的产品感兴趣，并与销售人员商谈，在价格谈得差不多时开始询问你想要购买的产品。一般情况下，这时商家都会报出一个很低的价位，以体现你想要购买的产品的最低价格。此时，如果感觉对方报出的价格合理，便可以当即表示购买，或者再稍微砍砍价，然后买下。

二　团购建材的技巧及适合团购的建材

（一）团购建材的技巧

1. 优缺点

团购是一种双赢的商业模式，从商家的角度看，标准化产品可以通过团购消化部分库存，降低库存率；非标准化的定制产品可以通过团购带来大量订单，利于生产成本的降低和生产组织的顺畅。从消费者角度来看，团购能够拿到批发价甚至是经销价，价格相对比较便宜，性价比高。另外，团购可以参考团购组织者和其他购买者对产品的客观、公正的评价，做到省时、省力、省心、省钱。

团购也存在部分弊端，如可能会买到过期滞销的产品，或者所买的产品品质比较单一，难以满足需求；消费者容易与商家产生矛盾或纠纷等。

2. 技巧

为了避免在团购中受骗，不妨参考表3-1所示的团购技巧，使购买过程省钱又省心。

表 3-1　团购技巧

技巧	内容
选信誉高的产品	不管是通过何种渠道团购，对购买的最终商品都要有足够了解。要选择信誉度高、售后服务可靠的商家，而且尽可能要求通过正规渠道提货
签合同	购买大件商品要求当场签订合同书，明确双方责、权、利，以免对方有理由不履行口头承诺
选现场团购	选择本土、现场式的团购，避免邮购、代购等容易出现差错的方式

（二）适合团购的建材

1. 瓷砖、地板类

瓷砖、地板类的品种较为统一、用量大，使瓷砖和地板成为团购的主项目，这样最容易见效益。某些大品牌甚至还专门成立了团购销售部，提供深入小区的特别服务。

2. 厨、卫设施

很多人装修完算账，发现最大的花销居然是在厨房和卫浴。的确，几万元的按摩浴缸、几千元的马桶、几千元每延米的橱柜，这些也就罢了，居然水龙头也要以千来计价，这些项目不团购的话，很容易超支。

三　网购建材的技巧及适合网购的建材

（一）网购建材的技巧

1. 优缺点

网购公开透明，是目前国内最为便利、性价比最高的购物方式。随着传统建材行业的涉网，几乎所有的建材产品都可以在网上购买到，品种多样，可满足个性化需求。

但网购同样存在一些弊端，例如商家进行虚假宣传、生产假冒伪劣产品等。

2. 技巧

为了避免网购到劣质产品，可参考表3-2所示的技巧。

表3-2　网购技巧

名称	内容
认准品牌	越是众所周知的品牌，可信度相对也就越高
看服务	有实力的厂家在服务方面有很多优势，比如价格优势、出货速度优势、服务质量优势、产品质量优势等，购买时可通过其他消费者的评价来了解相关厂家的优势
第三方验证	第三方验证是难以造假的，有实力的厂家往往自身都具有强大的研发实力，比如有专利，或与研究所或科研机构有合作。选购产品时可重点查看有无这类证明或证书

（二）适合网购的建材

基本上所有的建材产品均适合网购。但需要注意的是，一些较重的建材，例如瓷砖、大件家具等，需要通过物流运输，在有些地区可以通过增加费用的方式运输到家，而在有些地区可能会需要业主自提，购买时需了解清楚这些信息。

四　选择打折建材的技巧

如今，各大卖场纷纷推出打折活动，面对五花八门的打折宣传，业主应更加理性选购。四种商家打折手段如下，如图3-2所示。

1. 返券

家居装饰界一些“跨行业”的返券活动还是能够吸引诸多消费者的。比如，某装饰公司赠送家具的购物券，还有的装饰公司与建材超市联合赠送购物券，不少业主就会因为这一活动而选择该装饰公司。

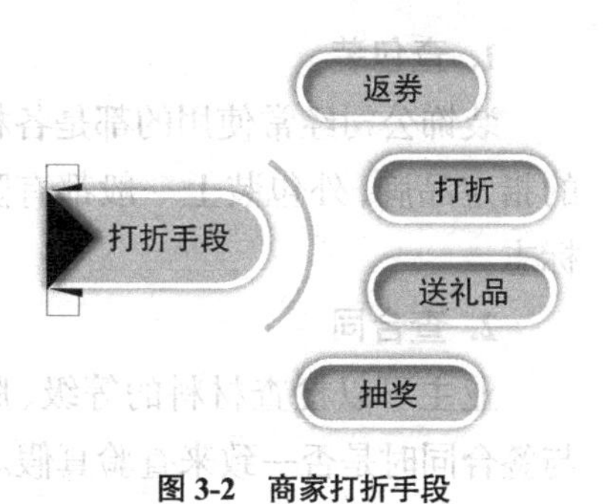

图 3-2　商家打折手段

提醒：享受返券优惠时须关注主要消费目标是否能得到实现，其次再考虑优惠，因为装饰公司的实力和资质是最重要的。

2. 打折

直接打折比返券省事，又比抽奖实在。有的是商家打折，有的是卖场为了吸引客流量进行打折，业主要仔细比较其实惠程度。

提醒：购买打折建材一定要保留好发票，即使是打折商品，也仍然须有质量保证，若出现问题业主可以投诉，卖场应承担相应责任。

3. 送礼品

建材城搞送礼品的活动比较多，如果业主购买量大，则赠送的礼品额度也会相应越大，比如买床赠送床头柜、买瓷砖赠送灯具等。

提醒：赠送的礼品也须索取凭证。对于商家赠送的商品，业主应该要求其在购物凭证上写清赠送的商品名称、型号和件数，以防商家逃避质量责任。

4. 抽奖

抽奖是建材城举办得最多又让业主觉得最没谱的优惠活动，抽到大奖的可能性非常小。

提醒：要对抽奖有一个清醒的认识，需确认自己购买的是否是必需品，千万别为了抽奖而冲动消费。

五　预防建材被“偷梁换柱”的技巧

不同品牌和等级的建材存在一定的差价，虽然单独一个品种差价不多，但加起来的差价就会变得很可观。若建材被“偷梁换柱”，则业主不仅会损失金钱，还会损害自己的健康。可以通过以下方式来查验建材是否被“偷梁换柱”，如图 3-3 所示。

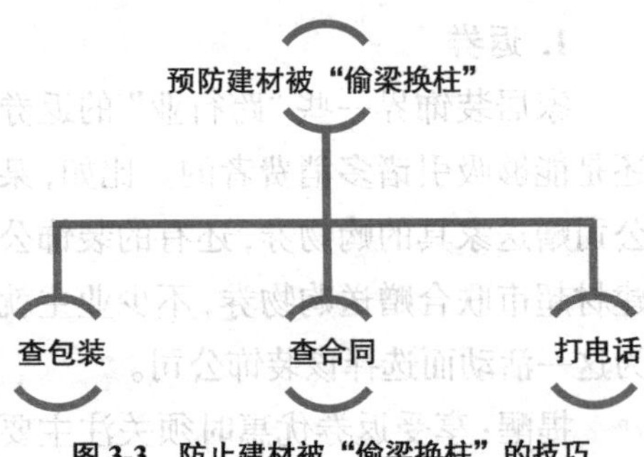

图 3-3 防止建材被“偷梁换柱”的技巧

1. 查包装

装饰公司经常使用的都是各材料的指定品牌，外包装上一般都有防伪标志。

2. 查合同

业主可以检查材料的等级、版本与签合同时是否一致来查验真假。

3. 打电话

在材料的包装封面上，一般都有生产厂家的咨询电话。如果不确定产品是真是假，则可以拨打电话进行咨询。厂家对产品一般都有存档，可以迅速告知业主所购产品的真假。

六 装修工程量测算

工程量是预算表的重要组成部分，它决定了最终价格，在装修前，装饰公司都会对居室的面积进行实地测量。需要注意的是，一些装饰公司往往会利用此次测量机会，虚报装修面积，通过这种方式来获得利润。房屋的装修费大多取决于装修面积的大小，而装修面积与房屋的实际面积不一样，会比实际面积小很多。因此，在装修前，一定要对房屋的装修面积，如墙面、顶面、地面、门窗等部分进行测量，且对常规材料的使用数量做到心中有数（见图3-4），从而减少不必要的开支。

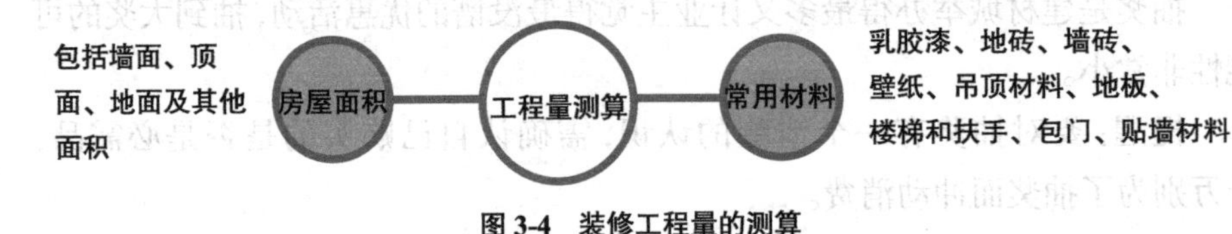

图 3-4 装修工程量的测算

（一）房屋面积的测算

1. 墙面面积计算

墙面（包括柱面）的装饰材料一般包括涂料、石材、墙砖、壁纸、软包、护墙板、踢脚线等。计算面积时，材料不同，计算方法也不同。

（1）涂料、壁纸、软包、护墙板的面积按长度乘以高度计算，单位为m^2。

长度：按主墙面的净长度计算。

高度：无墙裙者，从室内地面算至楼板底面，有墙裙者，从墙裙顶点算至楼板底面；有顶棚的，从室内地面（或墙裙顶点）算至顶棚下沿再加20cm。门、窗所占面积应扣除1/2，但不扣除踢脚线、挂镜线、单个面积在0.3m^{2}以内的孔洞面积和梁头与墙面交接的面积。

（2）镶贴石材和墙砖时，按实铺面积计算，单位为m^2。

（3）安装踢脚板面积按房屋内墙的净周长计算，单位为m。

2. 顶面面积计算

顶面（包括梁）的装饰材料一般包括涂料、吊顶、顶角线（装饰角花）及采光顶面等。

（1）顶面施工的面积均按墙与墙之间的净面积计算，单位为m^2，不扣除间壁墙、穿过顶面的柱、垛和附墙烟囱等所占面积。

（2）顶角线长度按房屋内墙的净周长计算，单位为m。

3. 地面面积计算

地面的装饰材料一般包括木地板、地砖（或石材）、地毯、楼梯踏步及扶手等。

（1）地面面积按墙与墙间的净面积计算，单位为m^2，不扣除间壁墙、穿过地面的柱、垛和附墙烟囱等所占面积。

（2）楼梯踏步的面积按实际展开面积计算，单位为m^2，不扣除宽度在30cm以内的楼梯井所占面积。

（3）楼梯扶手和栏杆的长度可按其全部水平投影长度（不包括墙内部分）乘以系数1.15以“延米”计算。

4. 其他面积计算

（1）其他栏杆及扶手长度直接按“延米”计算。

（2）对家具的面积计算没有固定的要求，一般以各装饰公司报价中的习惯做法为准：用“延米”“平方米”或“项”为单位来统计。

（二）常用材料的用量估算

1. 乳胶漆

乳胶漆的用量估算有粗算和精算两种方式。

①粗算法。门窗较多的户型，可用地面面积×2.5来估算；门窗少的户型，可用地面面积×3来估算，落地窗多的别墅不适合粗算法。

②精算法。计算起来麻烦但计算的数量却很准确，方式是将墙面、天花板的宽度等实测出来，计算出总面积，再去掉门窗的面积。

计算出总面积后，需除以一桶乳胶漆的涂刷量，就可计算出使用的乳胶漆

的桶数。市面常见的乳胶漆为5L一桶，底漆施工面积为70m²，面漆施工面积为35m²左右。若室内需涂刷面积为350m²，则需要底漆5桶，面漆10桶。

乳胶漆总价=桶数×单价。

2. 地砖

地砖用量（注：一般不同房型损耗率不同，大约为1%~5%）的计算公式如下。

每百平方米用量=100÷([块料长+灰缝宽)×(块料宽+灰缝宽)]×(1+损耗率)

例如，选用复古地砖规格为0.5m×0.5m，拼缝宽为0.002m，损耗率为1%，则100m²需用块数为：

100÷[(0.5+0.002)×(0.5+0.002)]×(1+0.01)≈401(块)

地砖总价=砖数×单价。

3. 墙砖

墙砖的用量的计算方式为：(房间长度÷砖长)×(房间宽度÷砖宽)。

如使用300mm×600mm的砖，房间尺寸为2.4m×3.6m，计算方式为：(2400÷300)×(3600÷600)=48(块)。加上5%的损耗，共需51块砖。

墙砖总价=砖数×单价。

4. 壁纸

壁纸的计算方式为墙面面积÷壁纸能够粘贴的面积。一卷壁纸的长度通常为10m，宽度为0.53m，一般一卷素色壁纸能够满贴5.3m²的墙面，但在需要对花的情况下，就需要增加10%左右的损耗。

5. 吊顶材料

吊顶材料通常有涂料、石膏板和石膏线等，造型简单的吊顶，涂料和石膏板是按照平面面积计算的；造型复杂的跌级吊顶，大部分装饰公司会按照展开面积计算，一般会比平面吊顶的面积多出10%~40%。石膏线则是按照实际使用长度的米数来计算。

顶棚板材用量=(长−屏蔽长)×(宽−屏蔽宽)。

例如，以净尺寸面积计算出PVC顶棚的用量。PVC塑胶板的单价是50.81元/m²，屏蔽长、宽均为0.24m，顶棚长为3m，宽为4.5m，用量如下。

顶棚板用量=(3−0.24)×(4.5−0.24)≈11.76(m²)

6. 地板、楼梯踏步和扶手

地板和楼梯踏步均以m²为计算单位，楼梯扶手和栏杆的长度可按照其水平投影长度乘以系数1.15来计算，单位为延米。楼梯踏步的数量以展开面积计算，地板的用量与瓷砖计算方式相同，但损耗率为5%~8%。

7. 包门用量计算

包门材料用量=门外框长 × 门外框宽。

例如，用复合木板包门，门外框长2.7m、宽为1.5m，则其材料用量如下。

包门材料用量=2.7 × 1.5=4.05（m^2）

8. 贴墙材料用量计算

贴墙材料的花色品种确定后，可根据居室面积大小合理地计算用料尺寸，考虑到施工时可能的损耗，可比实际用量多买5%左右。计算贴墙材料的方法有两种。

（1）以公式计算

将房间的面积乘以2.5，其结果就是贴墙用料数。如20m^2 房间用料为20 × 2.5=50m。还有一个较为精确的公式，具体如下。

$S=(L/M+1)(H+h)+C/M$

式中，S为所需贴墙材料的长度，单位为m；

L为扣去窗、门等后四壁的总长度，单位为m；

M为贴墙材料的宽度，单位为m，加1作为拼接花纹的余量；

H为所需贴墙材料的高度，单位为m；

h为贴墙材料上两个相同图案的距离，单位为m；

C为窗、门等上下所需贴墙的面积，单位为m^2。

（2）实地测量

这种方法更为准确，先了解所需选用贴墙材料的宽度，依此宽度测量房间墙壁（除去门、窗等部分）的周长，在周长中有几个贴墙材料的宽度，即需贴几幅。然后量一下应贴墙的高度，以此乘以幅数，即为门、窗以外部分墙壁所需贴墙材料的长度（m）。最后仍以此法测量窗下墙壁、不规则的角落等处所需用料的长度，将它与已算出的长度相加，即为总长度。这种方法更适用于细碎花纹图案、拼接时无需特别对花的贴墙材料。

七 天然石材的预算

（一）大理石

1. 不同材质的大理石使预算更多样

大理石具有非常高的硬度，装饰效果现代而华丽，如图3-5所示，电视机背景墙采用纹理精美的大理石装饰，使客厅显得更具档次。其颜色千变万化，大致可分为白色、黑色、红色、绿色、咖啡色、灰色、黄色7个系列，不同颜色的大

理石价格也不同，因此其预算更多样化。所有种类的大理石中，纹理变化最丰富的是黄色系大理石，其色泽温和，令人感觉温暖而忽略石材冰冷的感觉，而且黄色代表贵气和财富，既流行又经久耐看，预算价格也并不昂贵。不同种类的大理石介绍如表3-3所示。

图 3-5　大理石装饰

表 3-3　不同种类的大理石的介绍

名称	特点	价格（元/m²）
金线米黄	石底色为米黄色，带有自然的金线纹路；装饰效果出众，耐久性稍差	≥140
黑白根	黑色致密结构大理石，带有白色筋络；光度好，耐久性、抗冻性、耐磨性、硬度达国际标准	≥150
啡网	分为深色、浅色、金色等几种；纹理强烈、明显，具有复古感，多产于土耳其	≥250
橘子玉	纹路清晰、平整度好，具有光泽；装饰效果高档，非常适合用在背景墙上	1000~1500
爵士白	具有特殊的山水纹路，有着良好的装饰性能；加工性、隔音性和隔热性良好，吸水率相对比较高	≥200
大花绿	板面呈深绿色，有白色条纹，色彩对比鲜明；组织细密、坚实、耐风化，质地硬，密度大	≥300
波斯灰	色调柔和雅致，华贵大方，极具古典美与皇室风范；石肌纹理流畅自然，结构色彩丰富，色泽清润细腻	≥400
蒂诺米黄	底色为褐黄色，带有明显层理纹，色彩柔和、温润；表面层次强烈，纹理自然流畅，风格淡雅	≥400
银白龙	黑白分明，形态优美，高雅华贵；花纹具有层次感和艺术感，有极高的欣赏价值	≥400
银狐	白底，带有不规则灰色纹理，花纹十分具有特点；颜色淡雅，吸水性强	≥350

注：由于地区、建材的运输费用等差距，价格会有一定的波动。

建材小知识

（1）大理石属于天然石材，容易吃色，若保养不当，则易有吐黄、白华等现象。

（2）大理石具有很特别的纹理，在营造效果方面作用突出，特别适合现代风格和欧式风格。

（3）大理石多用在居家空间，如墙面、地面、吧台、洗漱台面及造型面等；因为大理石的表面比较光滑，不建议大面积用于卫浴地面，容易让人摔倒。

（4）品相好的大理石可以使家居空间变身为豪宅。

2. 掌握选购技巧

选择好的大理石材料，可以通过四种方法，如图3-6所示。

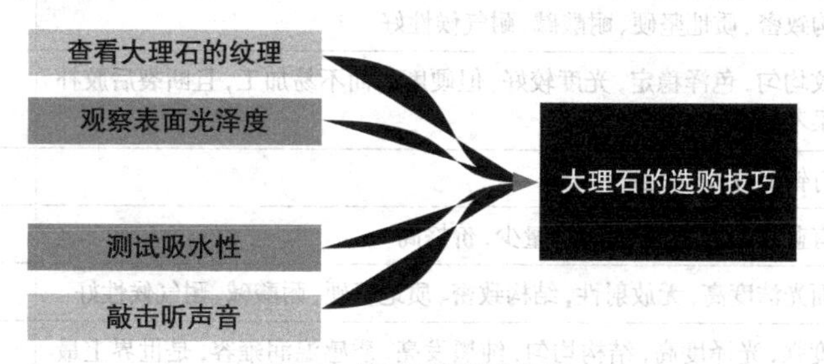

图3-6　大理石的选购技巧

（1）纹理：花纹无一相同，是大理石的魅力所在，但色差过大也会影响装饰效果。色调基本一致、色差较小、花纹美观是优良大理石品种的具体表现。

（2）光泽：大理石板材表面光泽度的高低会极大影响装饰效果。一般来说，优质大理石板材的抛光面应具有镜面一样的光泽，能清晰地映出景物。

（3）吸水性：在石材的背面滴一滴墨水，如墨水很快四处分散浸出，表示石材内部颗粒较松、质量较差；反之，则说明质量佳。如果水成水珠状，则说明涂刷过防护剂，可能无法与水泥贴合。

（4）声音：用硬币敲击大理石，声音较清脆的大理石表示硬度高，内部密度也高，抗磨性较好；若是声音沉闷，就表示大理石的硬度低或内部有裂痕，其品质就较差。

（二）花岗岩

1. 非常稀有，能够增加房产价值

花岗岩又叫作花岗石，它的硬度较高，不易风化，不仅可以用于室内，也可以用于室外建筑或露天雕刻。花岗岩品种丰富，颜色多样，但纹理较单一，通常为斑点状；抗污能力较强，极其耐用、易于维护表面，是作为室内墙砖、地材和台面的理想材料（见图3-7）。它比陶瓷或其他任何人造材料都稀有，所以铺置花岗岩地板还可以增加房产的价值。不同种类花岗岩的市场价格如表3-4所示。

图3-7　花岗岩非常适合装饰台面和地面，美观又耐用

表 3-4　不同种类的花岗岩的介绍

名称	特点	价格（元 /m²）
印度红	结构致密、质地坚硬、耐酸碱、耐气候性好	≥200
英国棕	花纹均匀，色泽稳定，光度较好，但硬度高而不易加工，且断裂后胶补效果不好	≥160
绿星	带有银晶片，花纹独特	≥300
蓝珍珠	带有蓝色片状晶亮光彩，产量少，价格高	≥300
黄金麻	表面光洁度高，无放射性，结构致密、质地坚硬、耐酸碱、耐气候性好	≥200
山西黑	硬度强，光泽度高，结构均匀，纯黑发亮、质感温润雍容，是世界上最黑的花岗岩	≥400
金钻麻	易加工，材质较软	≥200
珍珠白	较为稀有，其矿物化学成分稳定、岩石结构致密、耐酸性强	≥200
啡钻	有类似钻石形状的大颗粒花纹，纹理独特	≥300

建材小知识

（1）花岗岩不仅具有良好的硬度，而且具备抗压强度好、孔隙率小、导热快、耐磨性好、抗冻、耐酸、耐腐蚀、不易风化等特性。

（2）花岗岩的色泽持续力强且稳重大方，比较适合古典风格和乡村风格居室。

（3）由于花岗岩中的镭放射后产生的气体——氡，长期被人体吸收、积存，会在体内形成辐射，使肺癌的发病率提高，所以花岗石不宜在室内大量使用，尤其不要在卧室、儿童房中使用。

2. 掌握选购技巧

在选购花岗岩时需要把握五个要点，具体如图 3-8 所示。

图 3-8　花岗岩的选购技巧

（1）外观：在距离花岗岩 1.5m 处目测花岗岩板面，颜色应基本一致，无裂纹，无明显色斑、色线和毛面。

（2）光泽度：磨光花岗岩板材要求表面光亮，色泽鲜明，晶体裸露，规格符合标准，光泽度要求达90°　。

（3）厚度：花岗岩的承重厚度不能小于9mm，同时注意其厚薄要均匀，四个角要准确分明，切边要整齐，各个直角要相互对应。

（4）价格：对比价格，对于价位特别低的花岗岩应引起注意，很可能是染色加工的，其中以大花绿和英国棕最为突出。

（5）声音：质量好的花岗岩敲击声音比较清脆，而内部有裂纹或松散的花岗岩，敲击声音比较粗哑。

八　人造石材的预算

（一）人造石

1. 较高的综合性能可提高房屋价值

人造石材一般指的是人造大理石和人造花岗岩，前者应用较为广泛。人造石具有轻质、高强、耐污染、多品种、生产工艺简单和易施工等特点，其防油污、防潮、防酸碱、耐高温方面都比天然石材强，可无缝拼接且表面脏污后可打磨，其经济性、选择性也优于天然石材。总的来说，其综合性能较高，使用它来装饰空间可以提高房屋的价值。家装中，人造石多用于制作台面（见图3-9），也可用来装饰墙面和地面。不同种类人造石市场价格如表3-5所示。

图3-9　用人造石做台面经济又耐用，还可提升整体档次

表3-5　不同种类的人造石的介绍

名称	特点	价格（元/m²）
极细颗粒	没有明显的纹路，但石材中的颗粒感极细，装饰效果非常美观	≥350
较细颗粒	颗粒感比极细颗粒的粗一些，有的带有仿石材的精美花纹	≥360
适中颗粒	较常见，价格适中，颗粒感大小适中，应用较广泛	≥270
有天然物质	含有石子、贝壳等天然物质，产量较少，价格比其他品种贵	≥450

建材小知识

（1）人造石材功能多样、颜色丰富、造型百变，应用范围更广泛；没有天然石材表层的细微小孔，因此不易残留灰尘。

（2）人造石由于为人工制造，所以纹路不如天然石材自然，不适合用于户外，易褪色，表层易腐蚀。

（3）人造石材的花纹及样式较为丰富，因此可以根据空间风格选择适合的人造石材进行装点。

2. 掌握选购技巧

选购好的人造石需要掌握五个技巧，分别如图3-10所示。

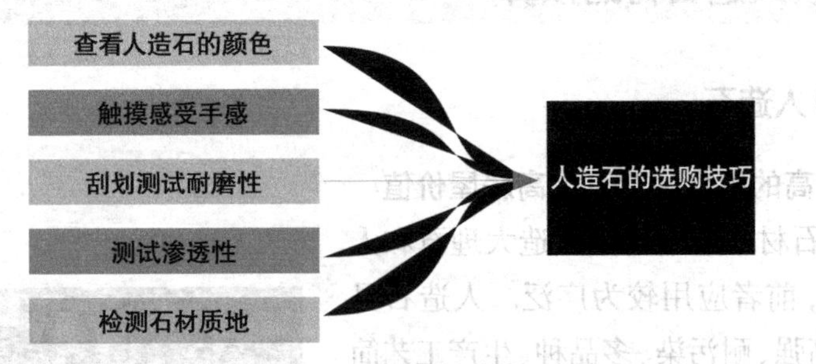

图 3-10　人造石的选购技巧

（1）颜色：看人造石材样品颜色是否清纯不混浊，通透性好，表面无类似塑料的胶质感，板材反面无细小气孔。

（2）手感：手摸人造石样品表面有丝绸感、无涩感，无明显高低不平感。

（3）耐磨性：用指甲划人造石材的表面，应无明显划痕。

（4）渗透性：可采用酱油测试台面渗透性，无渗透则为优等品。

（5）质地：采用食用醋测试是否添加有碳酸钙，不变色、无粉末的为优等品。

（二）文化石

1. 节约资金和能源，低价值塑造原始风

文化石分为天然文化石和人造文化石两类，天然文化石开采于各种石矿，价格高且浪费资源，所以现今在装修时多使用人造文化石，人造文化石在节约资金和能源的同时，还具备天然文化石原始、粗犷的装饰效果。人造文化石重量仅为天然石材的1/3~1/4，具有经久耐用、不褪色、耐腐蚀、耐风化、强度高，吸音、防火、隔热，无毒、无异味、无污染、无放射性等优点，同时还具有防尘自洁功能，安装简单、种类多样，可为居室带来浓郁的自然风情，如图3-11所示。不同人造石的介绍如表3-6所示。

图3-11　文化石的色泽纹路具有自然原始风貌

表3-6　不同人造文化石的介绍

名称	特点	价格（元/m^2）
城堡石	石外形仿照古代城堡外墙形态和质感，有方形和不规则形两种类型，颜色深浅不一，多为棕色和黄色两种色彩，排列多没有规则	≥250
层岩石	最为常见的一款文化石，仿岩石石片堆积形成层片感，有灰色、棕色、米白色等，排列较规则	≥200
仿砖石	仿照砖石的质感以及样式，颜色有红色、土黄色、暗红色等，排列规则、有秩序，具有砖墙效果，是价格最低的文化石	≥200
乱石	模仿天然毛石片的质感，表面凹凸不平，多有历经沧桑的感觉，有棕色、灰色和藕色等颜色，排列没有规则	≥300
鹅卵石	仿照鹅卵石的质感及样式，有鹅卵石片和鹅卵石两种样式，有棕色、灰色等颜色，排列多没有规则	≥200

建材小知识

（1）人造文化石模仿了自然石材的外形，以水泥掺入砂石等材质，灌入模具制成，质感可与天然石材媲美，由于其能吸收二氧化碳，所以更为节能环保。

（2）用于室内设计中，能够使家居环境独具自然之风。

（3）表面粗糙，容易被其划伤，如果家中有老人或孩童，不建议大面积地使用。

2. 掌握选购技巧

文化石的选购技巧可大致分为五个方面，如图3-12所示。

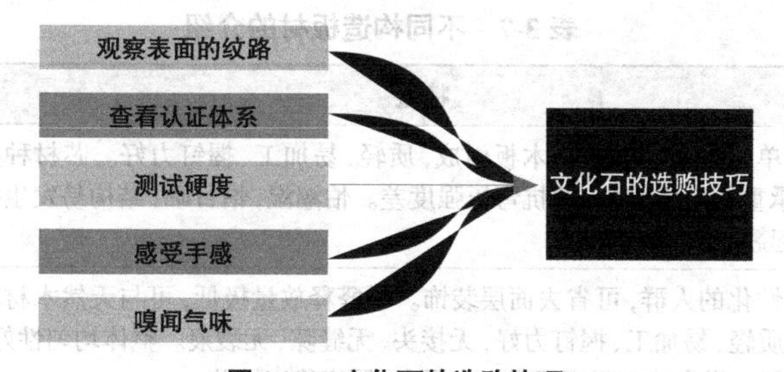

图3-12　文化石的选购技巧

（1）纹路：质量好的文化石，表面的纹路比较明显，色彩对比性强，如果磨具使用时间长，则其生产出来的文化石的纹路就会不清晰。

（2）认证：检查人造石产品有无质量体系认证、防伪标志、质检报告等。

（3）硬度：用指甲划板材表面，以有无明显划痕来判断其硬度。将相同的两块样品相互敲击，佳品不易破碎。

（4）手感：佳品无涩感、有丝绸感、无明显高低不平感、界面光洁。

（5）气味：好的文化石鼻闻无刺鼻的化学气味。

九　构造板材的预算

（一）木构造板

1. 不仅要关注预算价格，更要关注甲醛含量

构造板材是指用来制作基层的一类板材，包括制作家具框架、墙面造型、门窗套等的板材（见图3-13）。构造板材种类较多，最广为人知的就是细木工板，其他常用的类型还有欧松板、奥松板、多层板、刨花板、实木指接板、中密纤维板等。市场价格如表3-7所示。

图 3-13　无论是柜子还是墙面造型都较多地会用到构造板材

家庭装修只能使用E0级或者E1级的板材。E2级的板材，即使是合格产品，其甲醛含量也可能要超过E1级板材3倍多，所以这种板材绝对不能用于家庭装饰装修。使用中要对不能进行饰面处理的板材进行净化和封闭处理，特别是在背板、各种柜内板和暖气罩内等，可使用甲醛封闭剂、甲醛封闭蜡，以及消除和封闭甲醛的气雾剂等，在装修的同时使用效果最好。

表 3-7　不同构造板材的介绍

名称	特点	价格（元/张）
细木工板	由两片单板中间胶压拼接木板而成，质轻、易加工、握钉力好。芯材种类繁多，承重能力强，竖向的抗弯压强度差。怕潮湿，怕日晒，结构易发生扭曲，易起翘变形	120~310
欧松板	追求个性化的人群，可省去面层装饰。甲醛释放量极低，可与天然木材相媲美。质轻、易加工、握钉力好，无接头、无缝隙、无裂痕。整体均匀性好，结实耐用。纵向抗弯强度比横向大得多，厚度稳定性差	130~350

续表

名称	特点	价格(元/张)
奥松板	内部结合强度极高。用辐射松制成，环保耐用。色泽、质地均衡统一。稳定性好，硬度大，易于油染、清理、着色、喷染及各种形式的镶嵌和覆盖。具有木材的强度和特性，避免了木材的缺点，不容易吃普通钉	130~350
多层板	将木薄片用胶粘剂胶合而成的三层或多层的板状材料，也叫胶合板。质轻，易加工，强度好，稳定性好，不易变形。易加工和涂饰、绝缘。含胶量大，容易有污染	85~190
刨花板	也叫颗粒板、微粒板，原料为木材或其他木质纤维素材料。横向承重力好，耐污染，耐老化，防潮性能不佳。市场种类繁多，导致优劣不齐	65~165
实木指接板	原料为各种实木，用胶少，环保、无毒。可直接代替细木工板。追求个性效果，可不叠加饰面板，带有天然纹理，具有自然感。耐用性逊于实木，受潮易变形	110~180
中密度纤维板	原料为木质纤维或其他植物纤维，结构均匀，材质细密。性能稳定，耐冲击，表面光滑平整，易加工。是做油漆效果的首选基材。耐潮性、遇水膨胀，握钉力较差	80~220

建材小知识

（1）即使购买了环保板材，也不代表能够完全保证室内的环保系数是合格的，关键在于对板材数量的控制。合格并不代表没有污染，只代表污染含量较低，所以使用的构造板材数量多的时候，污染物一样有可能超标，因此控制构造板材的使用数量才是环保的关键，一般100m^{2}左右的居室使用板材不要超过20张。

（2）具体使用时，可根据使用部位以及居住人群的不同，从板材的环保性及耐久性方面来综合考虑。例如，儿童房和老人房尽量以环保为选择出发点；若房间较潮湿，则不宜选择不耐潮的类型；若需要比较多的加工，则应注重握钉能力等；如果家具需要摆放的重物较多，则应选择横向承重能力佳的种类等。

2. 掌握选购技巧

在家庭装修购置板材时应选用高质量、环保的材料，具体购买技巧如图3-14所示。

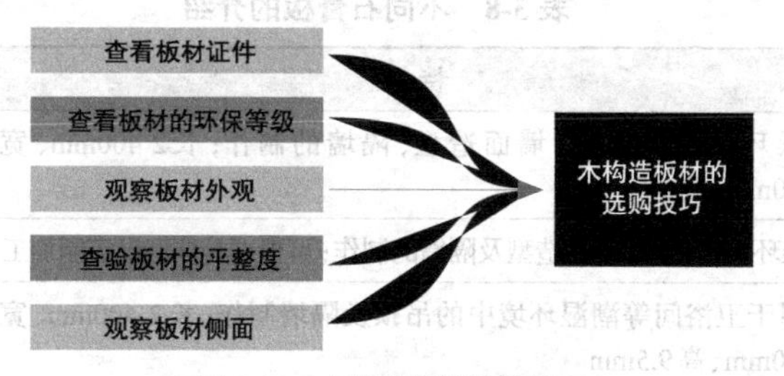

图3-14　木构造板材选购技巧

（1）证件：选购的时候要查看产品有无生产厂家的商标、生产地址、防伪标志等。

（2）环保等级：查看产品检测报告中的甲醛释放量，一般正规厂家生产的都有检测报告，国家标准要求板材甲醛含量应小于1.5mg/L才能用于室内，同时室内构造板材的甲醛游离等级分为E0级、E1级和E2级，E0级最佳。

（3）外观：板材的表面应平整、光滑，无破损、碰伤、翘曲、变形、起泡等明显瑕疵；有木纹的类型，纹理应清晰美观、色泽明晰。

（4）平整度：从板材的侧面观察整体的平整度，好的板材整体应平整，没有翘曲、变形的情况出现，如果不平整，则说明板材材料或加工方式有问题。

（5）侧面：多层胶合或压制的板材，应注意观察其侧面，看结构之间的结合是否紧密，有无脱层、脱胶现象。

（二）石膏板

1. 装饰墙面可减少施工步骤，从而节约资金

石膏板以建筑石膏和护面纸为主要原料，再掺加适量纤维、淀粉、促凝剂、发泡剂和水等制成的轻质建筑薄板。它具有轻质、防火、强度高、隔音绝热、物美价廉且加工性能良好的优点。大部分石膏板都可以用来制作吊顶和隔墙，一些表面带有装饰的则可作为饰面装饰材料使用，如图3-15所示。

图 3-15　石膏板与石膏线结合，即使是平面造型也可以很美观

用石膏板装饰墙面时，一些不是特别厚的造型，无需用龙骨和板材打底，直接用石膏板即可完成，这样就节省了施工步骤，环保且能减少预算。不同石膏板的介绍如表3-8所示。

表 3-8　不同石膏板的介绍

名称	特点	价格（元/m²）
平面石膏板	干燥环境中的吊顶、墙面造型、隔墙的制作；长2 400mm、宽1 200mm、高9.5mm	40~105
浮雕石膏板	干燥环境中吊顶、墙面造型及隔墙的制作；可根据具体情况定制加工	85~135
防水石膏板	适用于卫浴间等潮湿环境中的吊顶及隔墙制作；长2 400mm、宽1 200mm、高9.5mm	55~105

续表

名称	特点	价格（元/m²）
防火石膏板	适用于厨房等易燃环境中的吊顶及隔墙制作；长2 400mm、宽1 200mm、高9.5mm	55~105
穿孔石膏板	用于干燥环境中吊顶造型的制作；长2 400mm、宽1 200mm、高9.5mm	40~105

建材小知识

（1）石膏板具有轻质、防火、加工性能良好等优点，而且施工方便、装饰效果好。

（2）石膏板受潮会产生腐化，且表面硬度较差，易脆裂。

（3）不同品种的石膏板使用的部位也不同。比如，普通纸面石膏板适用于无特殊要求的部位，如室内吊顶等；耐水纸面石膏板因其板芯和护面纸均经过了防水处理，所以适用于湿度较高的潮湿场所，如卫浴等。

2. 掌握选购技巧

石膏板经常用来吊顶、做装饰面、做隔墙，用途广泛，在选购时需要选择性价比高的石膏板，以下五种技巧（见图3-16）可帮助业主选择物美价廉的石膏板。

图3-16　石膏板的选购技巧

（1）纸面：纸面好坏直接决定石膏板的质量，优质纸面石膏板的纸面轻且薄，强度高，表面光滑没有污渍，韧性好。劣质板材的纸面厚且重，强度差，表面可见污点，易碎裂。

（2）芯料：高纯度的石膏芯主料为纯石膏，而低纯度石膏芯则含有很多有害物质。从外观看，好的石膏芯颜色发白，而劣质的则发黄且颜色暗淡。

（3）比较重量：相同大小的板材，优质的纸面石膏板通常比劣质的要轻。

可以将小块的板材泡到水中进行检测，相同的时间里，最快掉落水底的板材质量最差，而高质量的板材则会浮在水面上。

（4）利用刀片划纸层表面：用壁纸刀在石膏板的表面画一个“×”，在交叉的地方撕开表面，优质的纸层不会脱离石膏芯，而劣质的纸层可以撕下来，使石膏芯暴露出来。

（5）质检方式：石膏板的检验报告有一些是委托检验，委托检验可以将一批特别生产的板材送去检验，因而并不能保证全部板材的质量都是合格的。还有一种检验方式是抽样检验，是不定期地对产品进行抽样检测，有这种报告的产品的质量更有保证。

十 装饰板材的预算

1. 代替实木，提升预算档次

木纹饰面板，全称装饰单板贴面胶合板。它是将天然木材或科技木刨切成一定厚度的薄片，黏附于胶合板表面，是经热压而成的一种用于室内装修或家具制造的面层材料。不仅可用于墙面装饰，还能用于装饰柱面、门、门窗套等部位。种类繁多，适合各种家居风格（见图3-17），施工简单，是应用比较广泛的一种板材。木纹饰面板的加工方式提高了木材的利用率，将原来面积有限的原木通过薄切的方式扩大了数量，很好地节约了原料，特别是一些珍贵的木材品种，使用此类木纹饰面板能够充分利用有限的资金来提升预算的档次。常用木纹饰面板价格如表3-9所示。

图 3-17 用饰面板代替原木做装饰

表 3-9 常用木纹饰面板的介绍

名称	特点	价格（元 /m²）
榉木	榉木分为红榉和白榉，纹理细而直或带有均匀点状。木质坚硬、强韧，干燥后不易翘裂，透明漆涂装效果颇佳	≥200
水曲柳	水曲柳分为水曲柳山纹和水曲柳直纹。呈黄白色，结构细腻，纹理直而较粗，胀缩率小，耐磨抗冲击性好	≥160
胡桃木	常见的有红胡桃、黑胡桃等，在涂装前要避免表面划伤泛白，涂刷次数要比其他木饰面板多1~2道。透明漆涂装后纹理更加美观，色泽深沉稳重	≥300

续表

名称	特点	价格（元/m^2）
樱桃木	装饰面板多为红樱桃木，暖色赤红，合理使用可营造高贵气派的感觉。价格因木材产地差距比较大，进口板材效果突出，价格昂贵	≥300
柚木	柚木包括缅甸柚木、泰柚两种，质地坚硬，细密耐久，耐磨耐腐蚀，不易变形，胀缩率是木材中最小的	≥200
枫木	枫木可分为直纹、山纹、球纹、树榴等，花纹呈明显的水波纹，或呈细条纹。乳白色，色泽淡雅均匀，适用于各种风格的室内装饰	≥400
橡木	橡木可分为直纹和山纹，花纹类似于水曲柳，但有明显的针状或点状纹。有良好的质感，质地坚实，使用年限长，档次较高	≥200
花梨木	花梨木可分为山纹、直纹、球纹等，颜色黄中泛白	≥200
沙比利	沙比利可分为直纹沙比利、花纹沙比利、球形沙比利。加工比较容易，上漆等表面处理的性能良好	≥300

建材小知识

（1）木纹饰面板具有花纹美观、装饰性好、真实感强、立体感突出等特点，是目前室内装饰装修工程中常用的一类装饰面材。

（2）木纹饰面板一定要选择甲醛释放量低的板材。

（3）木纹饰面板的种类众多，色泽与花纹都有很多选择，因此各种家居风格均适用。

（4）木纹饰面板结构强度高，有很好的弹性、韧性，能够轻易地制作出弯曲、圆形、方形等造型，且易加工、涂饰效果好。

（5）由于木纹饰面板的品质众多，产地不一，所以价格差别较大。

2. 掌握选购技巧

木纹饰面板的选购技巧可分为五个维度，如图3-18所示。

图3-18　木纹饰面板的选购技巧

（1）贴面厚度：表层木皮太薄会透底，厚度佳的面板上油漆后才能够使得纹理清晰、色泽鲜明、饱和度好。可查看板面是否渗胶、涂水后是否泛青，有这些现象则表明该面板为薄皮面板。

（2）表面纹理：天然板和科技板的区别是，前者为天然木质花纹，纹理图案自然、变异性比较大、无规则；而后者的纹理基本为通直纹理，纹理图案有规则。

（3）胶水的黏合程度：应无透胶现象和板面污染现象；无开胶现象，胶层结构稳定。要注意表面单板与基材之间、基材内部各层之间不能出现鼓包、分层现象。

（4）表面光滑度：表面应光洁、无明显瑕疵、无毛刺沟痕和刨刀痕；表面有裂纹裂缝、节子、夹皮、树脂囊和树胶道的尽量不要选择。

（5）甲醛含量：要选择甲醛释放量低的板材。可用鼻子闻，气味越大，说明甲醛释放量越高，污染越厉害，危害性越大。

十一　瓷砖的预算

（一）瓷砖

1. 掌握瓷砖粘贴尺寸，合理控制预算支出

瓷砖适合墙面及地面使用，有不同的尺寸，可以根据空间的面积来选择砖体的大小。通常来说，大空间适合选择大块砖，小空间适合铺贴小块砖，这样整体效果才会显得协调。例如，100m²以下的室内空间适合选择尺寸为300mm×600mm的砖体，而100m²以上的室内空间则适合选择600mm×600mm以上尺寸的砖体。另外，卫浴中因需要倾斜一定的角度以利于排水，所以适合选择小块砖，这样比较容易铺贴，如图3-19所示。市场上常用的瓷砖价格如表3-10所示。

图3-19　瓷砖使用同一系列的产品，更有利于节约资金

表 3-10 常用瓷砖的介绍

名称	特点	价格（元/m²）
玻化砖	玻化砖是所有瓷砖中质地最硬的一种，在吸水率、边直度、弯曲强度、耐酸碱性等方面都优于普通釉面砖、抛光砖及一般的大理石	40~500
釉面砖	釉面砖的色彩图案丰富、规格多；防渗，可无缝拼接、任意造型，韧度非常好，基本不会发生断裂现象	40~300
仿古砖	仿古砖技术含量要求相对较高，数千吨液压机压制后，再经千摄氏度高温烧结，会使其强度高，具有极强的耐磨性，经过精心研制的仿古砖兼具了防水、防滑、耐腐蚀等特性	85~550
全抛釉瓷砖	全抛釉瓷砖的优点在于花纹出色，不仅造型华丽，色彩也很丰富，且富有层次感，格调高。全抛釉瓷砖的缺点为防污染能力较弱；其表面材质太薄，容易刮花划伤，发生变形	120~450
微晶石	微晶石学名为微晶玻璃复合板材，是将一层3~5mm的微晶玻璃复合在陶瓷玻化石的表面，经二次烧结后完全融为一体的高科技产品。微晶玻璃集中了玻璃与陶瓷材料二者的特点，热膨胀系数很小，也具有硬度高、耐磨的机械性能，密度大，抗压、抗弯性能好，耐酸碱，耐腐蚀，所以被广泛运用于室内装饰中	120~880
木纹砖	木纹砖纹路逼真、线条明快，图案清晰，自然朴实。阻燃，不腐蚀，没有木地板褪色、不耐磨等缺点，易保养。使用寿命长，耐磨，无需像木制产品那样周期性地打蜡保养等，它既有木地板的温馨和舒适感，又比木地板更容易打理	90~120
皮纹转	皮纹砖属于瓷砖类的一种产品，是表面仿动物皮纹的瓷砖。皮纹砖克服了瓷砖坚硬、冰冷的触感，可以从视觉和触觉上体验到皮的质感。具有凹凸的纹理和柔和的质感，皮纹砖有着皮革质感与肌理，有着皮革制品的缝线、收口、磨边的特征	300~500
金属砖	多数的金属砖是在石英砖的表面上一层金属釉面，少数的金属砖是在底料中加入少量金属成分制成的。具有光泽耐久、质地坚韧、网纹淳朴、赋予墙面装饰静态美，以及良好的热稳定性、耐酸碱性、易于清洁、装饰效果好等优点	500~1000

建材小知识

（1）瓷砖除了可用于厨房、卫浴间及其他空间的地面外，部分款式还可用来装饰墙面，如用皮纹砖或微晶石装饰客厅背景墙或卧室背景墙等。

（2）当瓷砖用于墙面且使用面积较大时，很容易显得单调，可以将一部分设计成品拼花的形式。

（3）瓷砖有非常多样化的款式，色泽与花纹都有很多选择，因此各种家居风格均适用。

2. 掌握选购技巧

瓷砖的选购技巧如图3-20所示。

图 3-20　瓷砖的选购技巧

（1）玻化砖：敲击玻化砖，若声音浑厚且回音绵长如敲击铜钟之声，则为优等品；若声音混哑，则质量较差。然后在不同包装箱中随机抽取同一型号且同一色号的产品若干，在地上试铺，站在3m之外仔细观察，检查产品色差是否明显，砖与砖之间缝隙是否平直，倒角是否均匀。

（2）釉面砖：在光线充足的环境中把釉面砖放在离视线0.5m的距离外，观察其表面有无开裂和釉裂，然后把釉面砖反转过来，看其背面有无磕碰情况，但只要不影响正常使用，有些磕碰也是可以的。

（3）仿古砖：硬度直接影响仿古砖的使用寿命，选购时了解这一点尤为重要。可以用敲击听声的方法来鉴别，声音清脆的就表明内在质量好，不易变形破碎，即使用硬物划一下，砖的釉面也不会留下痕迹。

（4）全抛釉：全抛釉最突出的特点是光滑透亮，单个光泽度值高达104，釉面细腻平滑，色彩厚重或绚丽，图案细腻多姿。鉴别时，要仔细看整体的光感，还要用手轻摸感受质感。全抛釉瓷砖也要测吸水率、听敲击声音、刮擦砖面、细看色差等，鉴别方法与其他瓷砖基本一致。

（5）木纹砖：木纹砖的单块色彩和纹理并不能够保证与大面积铺贴完全一样，因此在选购时，可以先远距离观看产品有多少面是不重复的，近距离观察设计面是否独特，而后将选定的产品大面积摆放，感受铺贴效果是否符合预想的效果，再进行购买。

（6）金属砖：金属砖以硬底良好、韧性强、不易碎为上品。仔细观察残片断裂处是细密还是疏松，色泽是否一致，是否含有颗粒。以残片棱角互划，是硬、脆还是较软，是留下划痕还是散落粉末，如为前者，则该金属砖为上品，后者则为下品。品质好的金属砖釉面应均匀、平滑、整齐、光洁、亮丽、色泽一致。光泽釉应晶莹亮泽，无光釉应柔和、舒适。如果表面有颗粒，不光洁，颜色深浅不一，厚薄不匀甚至凹凸不平，呈云絮状，则为下品。

（二）马赛克

1. 可增加个性感

马赛克又称陶瓷锦砖或纸皮砖，是所有瓷砖品种中尺寸最小的一种，是由数十块小砖组成一个相对大的砖块。它面积小巧，装饰效果突出。由于组成的方法、形状很多，所以马赛克的形状各异。马赛克除了用于卫浴间外，还可用来装饰其他空间的墙面、门框、台面等部位，能够给家居空间增加个性感（见图3-21），还可用不同色彩或材质的马赛克做拼花装饰，以展现艺术感，须注意的是马赛克的使用面积一般不宜太大。不同马赛克的介绍如表3-11所示。

图 3-21 用马赛克装饰主题墙，可以为空间增加个性感

表 3-11 不同马赛克的介绍

名称	特点	价格（元/m²）
贝壳马赛克	由纯天然的贝壳组成，色彩绚丽、带有光泽，分天然和养殖两类，前者价格昂贵，后者相对较低。形状较规律，每片尺寸较小，天然环保。吸水率低，抗压性能不强，施工后，表面需磨平处理	500~5000
陶瓷马赛克	品种丰富，工艺手法多样。除常规瓷砖款式外，还有冰裂纹等多种样式。色彩较少，价位相对较低，防水防潮，易清洗	80~450
夜光马赛克	原料为蓄光型材料，吸收光源后，夜晚会散发光芒。价格不菲，可定制图案。装饰效果个性、独特	550~1000
金属马赛克	以金属为原材料，色彩多低调，反光效果差。装饰效果现代、时尚。材料环保、防火、耐磨。独具个性	200~2000
玻璃马赛克	由天然矿物质和玻璃粉制成，是色彩最丰富的马赛克品种，花色有上百种之多，质感晶莹剔透，配合灯光更美观。耐酸碱，耐腐蚀，不褪色，不积尘、容重轻、粘结牢。现代感强，纯度高，给人以轻松愉悦之感。易清洗，易打理	120~550
石材马赛克	原料为各种天然石材，是最为古老的马赛克品种。色彩较低调、柔和，效果天然、质朴。有哑光面和亮光面两个类型，需用专门的清洗剂来清洗，防水性较差，抗酸碱腐蚀性能较弱	200~5000
拼合材料马赛克	由两种或两种以上材料拼接而成，最常见的是玻璃+金属，或石材+玻璃的款式，质感更丰富	150~600

建材小知识

（1）马赛克具有防滑、耐磨、不吸水、耐酸碱、抗腐蚀、色彩丰富等优点。

（2）马赛克的缺点为缝隙小，较易藏污纳垢。

（3）马赛克适用的家居风格广泛，尤其擅长营造不同风格的家居环境，如玻璃马赛克适合现代风情的家居，而陶瓷马赛克适合田园风格的家居等。

（4）马赛克适用于厨房、卫浴、卧室、客厅等。如今马赛克可以烧制出更加丰富的色彩，也可用各种颜色搭配拼贴成自己喜欢的图案，所以也可以镶嵌在墙上作为背景墙。

2. 掌握选购技巧

在选择和购买马赛克时需要细致，其主要内容如图3-22所示。

图3-22　马赛克的选购技巧

（1）裂痕：在自然光线下，距离马赛克0.5m目测有无裂纹、疵点及缺边、缺角现象，如内含装饰物，其分布面积应占总面积的20%以上，且分布均匀。

（2）背面纹路：马赛克的背面应有锯齿状或阶梯状沟纹。选用的胶黏剂除保证粘贴强度外，还应易清洗。此外，胶黏剂还不能损坏背纸或使玻璃马赛克变色。

（3）缝隙：选购时要注意颗粒之间是否同等规格、是否大小一样，每个颗粒边沿是否整齐，将单片马赛克置于水平地面检验是否平整，单片马赛克背面是否有过厚的乳胶层。

（4）厚度：看厚度。厚度决定密度，密度高吸水率才低，吸水率低是保证马赛克持久耐用的重要因素，可以把水滴到马赛克的背面，水滴不渗透的质量好，水滴往下渗透的质量差。另外，内层中间打釉的通常是品质好的马赛克。

（5）防滑度及密度：抚摸其釉面可以感觉到防滑度。然后是密度，密度高吸水率才低，而吸水率低是保证马赛克持久耐用的重要因素。可以把水滴到马赛克的背面，水滴不渗透的质量好，很快往下渗透的质量差。

十二　木地板的预算

（一）实木地板

1. 根据预算空间选择实木地板的种类

一般来讲，木材密度越高，强度也越大，质量越好，价格当然也越高。但不是家庭中所有空间都需要高强度的实木地板，客厅、餐厅等这些人流活动量大的空间可选择强度高的品种，如巴西柚木、杉木等；卧室则可选择强度相对低一些的品种，如水曲柳、红橡、山毛榉等，实木的温润可以使其更加舒适自然（见图3-23）。老人住的房间则可选择强度一般，却十分柔和温暖的柳桉、西南桦等。常用实木地板的介绍如表3-12所示。

图3-23　用实木地板装饰地面，可以让空间更具温馨感

表3-12　常用实木地板的介绍

名称	特点	价格（元/m²）
泰国柚木实木地板	整体成浅色调，且地板的纹理纤细且细腻，容易提升空间的奢华气息	290~340
琥珀橡木实木地板	地板的纹理感并不强，是由星星点点的短纹组成的	260~300
白蜡木实木地板	地板整体呈浅米色，纹理感自然且比较规律地排列	390~440
美国樱桃木实木地板	颜色呈浅红色，纹理细腻多变但不明显，使地板更显整体性	260~320
沙比利实木地板	地板是鲜艳的大红色，纹理较少	360~400
香脂木豆实木地板	地板呈深红色，纹理较粗犷但不明显	200~240

建材小知识

（1）实木地板基本保持了原料自然的花纹，脚感舒适、使用安全是其主要特点，且具有良好的保温、隔热、隔音、吸声、绝缘性能。

（2）实木地板的缺点是难保养，且对铺装的要求较高，一旦铺装不好，会造成一系列问题，如有声响等。

(3)实木地板基本适用于任何家装的风格,但用于乡村、田园风格更能凸显其特征。

(4)实木地板主要应用于客厅、卧室、书房空间的地面铺设。

(5)实木地板因木料不同,价格上也有所差异,一般在400~1000元/m^2,较适合高档装修的家庭。

2. 掌握选购技巧

实木地板在选购时可从以下几个方面(见图3-24)入手。

图 3-24 实木地板的选购技巧

(1)缺陷:要检查基材的缺陷。看地板是否有死节、开裂、腐坏、菌变等缺陷,并查看地板的漆膜光洁度是否合格,看有无气泡、漏漆等问题。

(2)品种:有的厂家为促进销售,将木材冠以各式各样不符合木材学的美名,如“金不换”“玉檀香”等,更有甚者,以低档充高档木材,购买者一定要学会辨别。

(3)精度:一般木地板开箱后可取出10块左右徒手拼装,观察企口咬合、拼装间隙、相邻板间高度差。若严格合缝,则手感上无明显高度差。

(4)含水率:国家标准规定木地板的含水率为8%~13%。购买时,先测展厅中选定的木地板含水率,然后再测未开包装的同材种、同规格的木地板的含水率,如果相差在±2%,则可认为合格。

(5)品牌:购买实木地板时,建议选择知名企业。一般来说,品牌知名度高的企业服务相对更好,如果在保修期内发生的翘曲、变形、干裂等问题,企业可以负责修、换,可免去后顾之忧。

(二)实木复合地板

1. 较少的预算就能提升家居整体品位

实木复合地板表层为珍贵的木材,其表面要多涂刷5遍以上的优质UV涂料。实木复合地板保留了实木地板木纹优美、自然的特性，且大大地节约了珍贵的木材资源。实木复合地板兼具实木地板的美观性和复合地板的稳定性，用它来装饰家居空间，能够用较少的预算塑造出类似于实木地板的装饰效果（见图3-25），提升家居的整体品位。不同实木复合地板的介绍如表3-13所示。

图 3-25　实木复合地板的表层为真实木材，具有类似实木地板的装饰效果，但价格更低

表 3-13　不同实木复合地板的介绍

名称	特点	价格（元/m²）
三层实木复合地板	将三种不同种类的实木单板交错压制而成，最上层为表板，为实木材料，保持纹理的清晰与优美；中间层为芯板，常用杉木、松木等稳定性较高的实木单板；下层为底板，以杨木和松木较多。三层之间纹理走向为两竖一横，纵横交错，可加强稳定性，耐磨，防腐防潮，抗蚊虫，铺设不需要龙骨，不需使用胶、钉等	100~300
多层实木复合地板	分为两部分，最上层的表板和下面的基材，每一层之间都是纵横交错结构，层与层之间互相牵制，是实木类地板中稳定性最可靠的。易护理，耐磨性强，表层为稀有木材，纹理自然，大方。稳定性强，冬暖夏凉，防水，不易变形开裂，铺设不需要龙骨，不需使用胶、钉等	180~480

建材小知识

（1）实木复合地板的加工精度高，具有天然的木质感，还具有容易安装和维护、防腐防潮、抗菌等优点，并且相较于实木地板更加耐磨。

（2）实木复合地板如果胶合质量差会出现脱胶现象；另外实木复合地板表层较薄，生活中必须重视维护保养。

（3）实木复合地板的颜色、花纹种类很多，因此可以根据家居风格来选择。

（4）实木复合地板和实木地板一样适合客厅、卧室和书房的使用，厨卫等经常沾水的地方少用为好。

（5）实木复合地板价格可以分为几个档次，低档的地板价位在100~200元/m^2；中等的价位在150~300元/m^2；高档的价位在300元/m^{2}以上。

2. 掌握选购技巧

实木复合地板的选购技巧如图3-26所示。

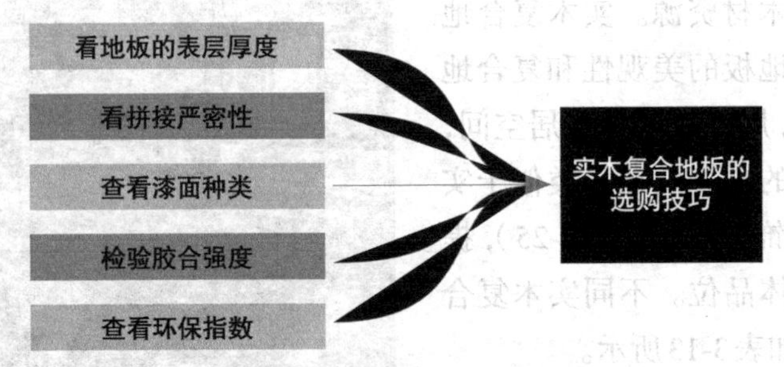

图 3-26 实木复合地板的选购技巧

（1）表层厚度：表层的厚度决定了实木复合地板的使用寿命。表层越厚，耐磨损的时间就越长，欧洲实木复合地板表层的厚度一般要求达到4mm以上。

（2）拼接：选择实木复合地板时，可以抽样试拼，仔细观察地板的拼接是否严密，相邻的板应无明显高低差。

（3）漆面：高档次的实木复合地板，应采用高级UV亚光漆。这种漆是经过紫外光固化的，其耐磨性能非常好，一般可以使用十几年而无需上漆。

（4）胶合强度：实木复合地板的胶合性能是该产品的重要质量指标。该指标的优劣会直接影响实木复合地板的使用功能和寿命。可将实木复合地板的小样品块放在70℃的热水中浸泡两小时，观察胶层是否开胶，如开胶则不宜购买。

（5）环保指数：使用脲醛树脂制作的实木复合地板，都存在一定的甲醛释放量，环保实木复合地板的甲醛释放量必须符合国家标准GB18580-2001的要求，即甲醛释放量≤1.5mg/L。

（三）强化地板

1. 既节约前期预算又节约后期费用

强化地板俗称“金刚板”，也叫作复合木地板、强化木地板。一些企业出于一些目的往往会自己给一些地板命名，例如超强木地板、钻石型木地板等，这些板材都属于强化地板。强化地板表面不使用木材，其材料全靠人造，所以花样最多。它在使用过程中不需要打蜡，日常护理简单，性价比很高（见图3-27），不仅

图 3-27 使用强化地板装饰地面，即使是普通档次的装修也能具有一定的档次感

装修时节省预算，还能够节省后期的保养维护费用，非常适合简单装修和普通装修。不同强化地板的介绍如表3-14所示。

表 3-14　不同强化地板的介绍

名称	特点	价格（元 /m²）
水晶面强化地板	易清洗，表面光滑，色泽均匀，防潮防滑，防静电，质轻，弹性好	120~260
浮雕面强化地板	保养简单，表面光滑，有木纹状的花纹。在使用中应避免坚硬物品划伤地板	150~200
锁扣强化地板	在地板的接缝处，采用锁扣形式。铺装简便，接缝严密，可防止地板接缝开裂，整体铺装效果佳。缺点是地板经常翘起，容易绊脚	180~300
静音强化地板	可以降低踩踏地板时发出的噪音。铺上软木垫，具有吸音、隔声的效果，脚感舒适，无需打蜡护理	200~350
防水强化地板	在地板的接缝处，涂抹防水材料。性价比高，环保，使用寿命长。可用在有水渍的区域，但不能用在经常用水的房间内，如厨房和卫浴间	180~300

建材小知识

（1）强化复合地板具有应用面广，无须上漆打蜡、日常维修简单、使用成本低等优势。

（2）强化复合地板的缺点为水泡损坏后不可修复，以及脚感较差。

（3）强化复合地板较适合用于简约风格的家居风格。

（4）强化复合地板的应用空间和实木地板、实木复合地板基本相同，较适合家居中的客厅、卧室等，不太适用于厨卫空间。

（5）强化复合地板的价格区间较大，一般在120~400元/m²，质量中上等的价格在90元/m²以上。

2. 掌握选购技巧

在选购强化地板时一般着重了解以下四方面（见图3-28）即可。

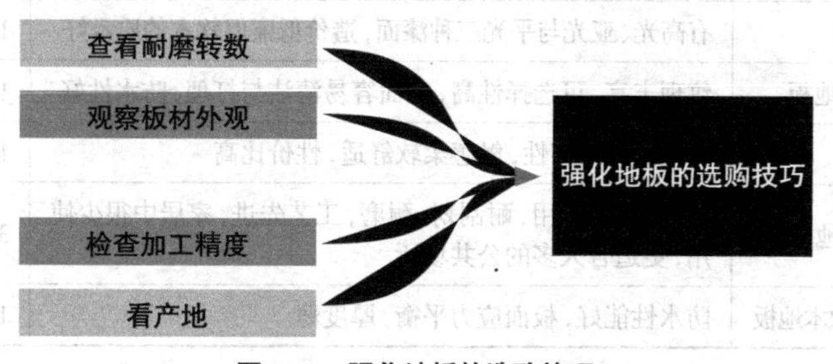

图 3-28　强化地板的选购技巧

（1）耐磨转数：耐磨转数可通过地板背面都有的基本参数喷码得知，家用I级=AC3=6000转=38g，家用II级=AC=4000转=45g。它并不是越高越好，有些商家为了提高销售量，会夸大自家地板的耐磨转数，实际上家用地板的耐磨转数为4000转即可。

（2）外观：强化复合地板的表面一般有沟槽型、麻面型和光滑型三种，其本身无优劣之分，但都要求表面光洁、无毛刺。

（3）加工精度：用6~12块地板在平地上拼装后，用手摸和眼观的方法，感受和观察其加工精度，拼合后应平整光滑，榫槽咬合不宜过松，也不宜过紧，同时仔细检查地板之间拼装高度差和间隙大小。

（4）产地。国产和进口的强化复合地板在质量上没有太大的差距，因此不需盲目迷信国外品牌。目前，国内一线品牌强化复合地板的质量已经很好，在各项指标上均不落后于进口品牌。

（四）软木地板

1. 适合老人和小孩，在固定预算范围内提升安全性

软木地板非常适合有老人和小孩的家庭使用（见图3-29），它能够产生缓冲，降低摔倒后的伤害程度，能够在一定的预算范围内提升家居生活的安全性。软木地板不用拆除旧的地板就可以铺设，省去了拆除的费用，虽然价位较高，但从长远来看非常值得投资。不同软木地板的介绍如表3-15所示。

图3-29 儿童房或老人的房间非常适合用软木地板来铺装地面

表3-15 不同软木地板的介绍

名称	特点	价格（元/m²）
纯软木地板	表面无任何覆盖，属于早期产品。脚感最佳，非常环保	200~500
PU漆软木地板	有高光、亚光与平光三种漆面，造价低廉但软木的质量好	100~180
PVC贴面软木地板	纹理丰富，可选择性高，表面容易清洁与打理，防水性好	120~200
塑料软木地板	有较高的可塑性，触感柔软舒适，性价比高	180~340
多层复合软木地板	质地坚固、耐用，耐刮划、耐磨，工艺先进，家居中很少使用，更适合人多的公共场所	300~600
聚氯乙烯贴面软木地板	防水性能好，板面应力平衡，厚度薄	160~300

建材小知识

（1）软木地板被称为“地板金字塔尖上的消费”，主要材质是橡树皮，具有弹性和韧性，且可以循环使用。

（2）软木地板比实木地板更具环保性、隔音性，防潮效果也更佳。

（3）软木地板在使用时经常需要花费一定的时间进行打理。

（4）软木地板适合多种风格的家居，与实木地板不同的是，即使在厨房中也可以铺设。

2. 掌握选购技巧

软木地板的选购技巧如图3-30所示。

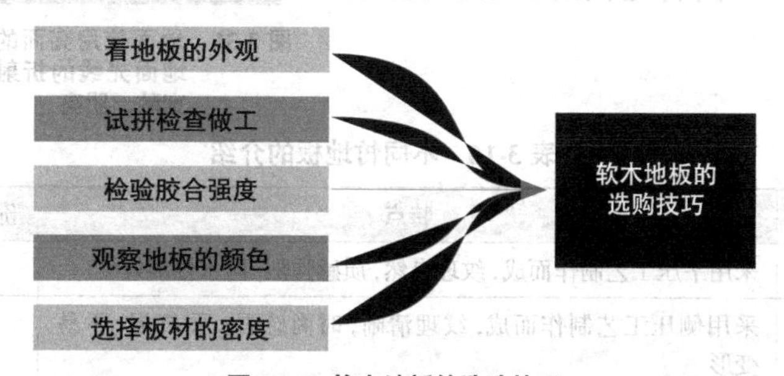

图3-30　软木地板的选购技巧

（1）外观：先看地板砂光表面是否光滑，有无鼓凸的颗粒，软木的颗粒是否纯净。这是挑选软木地板的第一步，也是很关键的一步。

（2）做工：取4块相同地板，铺在玻璃或较平的地面上，拼装观其是否合缝。将地板两对角线合拢，观其弯曲表面是否出现裂痕，无裂痕则为优质品。

（3）胶合强度：将小样品块放入开水泡，其砂光的光滑表面变得像癞蛤蟆皮一样，表面凹凸不平的，即为不合格品，优质品遇开水表面应无明显变化。

（4）颜色：软木树皮分成2个层面，最表面的是黑皮，也是最硬的部分，黑皮下面是白色或淡黄色的物质，很柔软，是软木的精华所在。如果软木地板更多地采用了软木的精华，则质量就高些。

（5）密度：软木地板密度分为400~450kg/m³、450~500kg/m³以及大于500kg/m³三级。一般家庭选用第一种就足够了，若室内有重物，则可选密度稍高些的地板。

十三 非木地板的预算

（一）竹地板

1. 竹地板是实木地板和地砖的综合体

竹地板以天然优质竹子为原料，经高温高压拼压后上油漆烘干制成。它有竹子的天然纹理，清新文雅，给人一种回归自然、高雅脱俗的感觉，而且竹地板兼具原木地板的自然美感和陶瓷地砖的坚固耐用（见图3-31）。不同竹地板的介绍如表3-16所示。

图3-31　地面使用亮面的竹地板，通过地面光线的折射，空间显得更宽敞、明亮

表3-16　不同竹地板的介绍

名称	特点	价格（元/m^2）
实竹平压地板	采用平压工艺制作而成，纹理自然，质感强烈，防水性能好	120~220
实竹侧压地板	采用侧压工艺制作而成，纹理清晰，时尚感强。耐高温，不易变形	120~220
实竹中衡地板	质地坚硬，表面有清凉感。防水、防潮、防蛀虫	100~180
竹木复合地板	采用竹木与木材混合制作而成，有较高的性价比。纹理多样，样式精美	130~260
重竹地板	用上等的竹木制作而成，纹理细腻自然，丝质清晰。平整平滑，防蛀虫，不变形	90~160

建材小知识

（1）竹地板纹理细腻流畅、防潮防湿防蚀并且韧性强、有弹性。与实木地板相比色差小、硬度高、韧性强、富有弹性，冬暖夏凉。

（2）竹子的生长周期比实木短，是非常环保的建材。但竹木地板相比较实木地板，其原材料的纹理较单一，样式有一定的局限性。

（3）竹地板因所用材料及加工方式的不同，价格上也有所差异，一般在90~300元/m^2，适合选择简单、普通级中档装修的家庭。

2. 掌握选购技巧

在选购竹地板时需要细致观察，包含的内容有以下几点（见图3-32）。

图 3-32　竹地板的选购技巧

（1）外观：观察竹地板的表面漆上有无气泡，是否清新亮丽，竹节是否太黑；竹节太黑，则说明质量不佳，会出现不耐用、易磨损的情况，而且也影响美观。

（2）颜色：本色竹地板的颜色应为金黄色，且通体透亮；碳化竹地板为古铜色或褐色，颜色均匀。除仿古地板外，竹地板的色调应均匀一致，但允许有不影响装饰效果的轻微色差存在。

（3）封漆方式：要注意竹地板是否为六面淋漆。由于竹地板是绿色自然产品，表面带有毛细孔，会因吸潮而变形，所以必须将四周与底面、表面全部封漆。

（4）年龄：竹子的年龄并非越老越好，最好的竹材年龄为4~6年。4年以下的没成材，竹质太嫩；年龄超过9年的竹子属于老毛竹，皮太厚，用起来较脆。可用手拿起一块竹地板观察，若拿在手中感觉较轻，则说明采用的是嫩竹；若眼观其纹理模糊不清，则说明此竹材不新鲜，是较陈的竹材。

（5）背面。看四周有无裂缝，有无批灰痕迹，是否干净整洁。看背面有无竹青竹黄剩余，是否干净整洁。购买后，不要忘记查验货物，看样品与实物是否有差距。

（二）PVC地板

1. 大幅度降低预算，短期居所的最佳选择

PVC地板也叫作塑胶地板，是以聚氯乙烯和共聚树脂为主要原料生产而成，是当今世界上非常流行的一种新型轻体地面装饰材料，被称为“轻体地材”。很多人对PVC地板都有不环保的印象，实际上这种想法是错误的。合格的PVC地板均为绿色环保材料，与其他类型的地板相比，PVC地板的价格非常低，使用它来装饰地面能够大幅度缩减预算金额（不同PVC地板的介绍见表3-17），非常适合短期住所或简单装修的家庭选择。其花色较多，使用木纹类型

较具有档次感，如图3-33所示。

图3-33 PCV地板花色较多，使用木纹类型较具有档次感

表3-17 不同PVC地板的介绍

名称	特点	价格（元/m²）
PVC片材地板	铺装相对卷材简单。维修简便，相对卷材来说对地面平整度要求不是很高，价格通常较低；接缝多，整体感相对较低，外观档次相对较低。质量要求标准相对较低，质量参差不齐，铺装后卫生死角多	50~200
PVC卷材地板	接缝少，整体感强，卫生死角少。PVC含量高，脚感舒适，外观档次高。若正确铺装，则较少产生因产品质量而导致的问题，价格通常较片材高。对地面的反应敏感程度高，要求地面平整、光滑、洁净，铺装工艺要求高，难度大。破损时，维修较困难，若接缝烧焊，则焊条易脏	80~300

建材小知识

（1）PVC地板吸水率高、强度低，很容易断裂。

（2）PVC地板的花色品种繁多，如纯色、地毯纹、石纹、木地板纹等，甚至可以实现个性化定制。

（3）PVC地板纹路逼真美观，配以丰富多彩的附料和装饰条，能组合出绝美的装饰效果。

（4）PVC地板的透气性不佳，且不耐日晒，所以家居中阳光充足的阳台及潮湿的卫浴间中就不适合使用。

2. 掌握选购技巧

PVC地板在选购时较为简单，主要技巧有以下四点（见图3-34）。

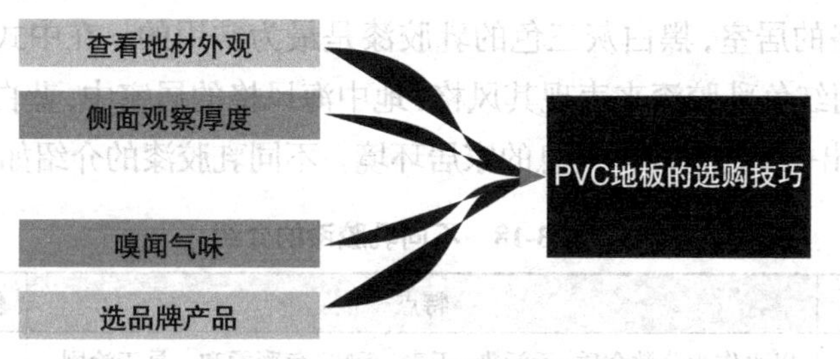

图 3-34　PVC 地板的选购技巧

（1）外观：表面不应有裂纹、断裂、分层的现象，允许轻微的折皱、气泡，允许轻微图案变形。

（2）厚度：选购PVC地板时，一定要注意厚度，越厚的地板通常质量越好。一般情况下，选用厚度在2.0mm~3.0mm、耐磨层在0.2mm~0.3mm的塑胶地板即可。

（3）气味：靠近地板嗅闻有无明显刺鼻性的气味，若有，则证明原料不够环保，好的产品是没有明显刺鼻气味的，即使有一些塑料的味道，也很快就能散开。

（4）品牌：PVC的原料好坏很难用肉眼判断，而回收料制成的产品无论是环保性还是耐用性都要比原生料差，选择品牌产品可以避免买到回收料而危害健康。

十四　涂料和油漆的预算

（一）乳胶漆

1. 低预算乳胶漆营造多样化居室

室内装饰中，乳胶漆可谓（见图3-35）是最常用到的、最具性价比的材料，无论何种风格的居室都可以利用乳胶漆轻易展现出其风格特征。例如，现代风格的居室一般采用低彩度、高明度的色彩，如灰白色、米黄色和浅棕色，这样处理不易使人视觉疲劳，同时可提高与家具色调的协调性；喜欢时尚感的业主还可以用对比色的乳胶漆来涂刷墙

图 3-35　满墙涂刷有色乳胶漆，不仅可以节省大量的墙面造型预算，还可提升空间的温馨感

面；简约风格的居室，黑白灰三色的乳胶漆是最为常用的。在中式风格的居室中，也可以用红色乳胶漆来表现其风格；地中海风格的居室中，蓝白色乳胶漆可以轻松打造出一个充满海洋气息的家居环境。不同乳胶漆的介绍如表3-18所示。

表3-18　不同乳胶漆的介绍

名称	特点	价格（元/桶）
水溶性乳胶漆	以水作为分散介质，无污染、无毒、无味，色彩柔和。易于涂刷、干燥迅速，耐水、耐擦洗性好	150~500
溶剂型内墙乳胶漆	耐候性、耐水性、耐酸碱、耐污染性佳，有较好的厚度、光泽度，环保性略差。潮湿的基层施工易起皮起泡、脱落	300~600
通用型乳胶漆	是目前市场份额最大的一种。具有代表性的是丝绸漆，手感光滑、细腻、舒适。对基底的平整度和施工水平要求较高	150~500
抗污乳胶漆	具有一定抗污功能，水溶性污渍，能轻易擦掉，油渍可以借助清洁剂去除，化学物质则不能完全清除	180~1200
抗菌乳胶漆	具有抗菌功效，对常见细菌均有杀灭和抑制作用。涂层细腻丰满，耐水、耐霉、耐候性均佳	180~3000

建材小知识

（1）乳胶漆是以丙烯酸酯共聚乳液为代表的一大类合成树脂乳液涂料，它属于水分散性涂料。

（2）乳胶漆易于涂刷，干燥迅速，漆膜耐水、耐擦洗性好，抗菌，且有平光、高光等不同类型可选。

（3）乳胶漆的色彩也可随意调配，且无污染、无毒，是最常见的装饰漆之一。

（4）乳胶漆是装修中的一种非常特殊的材料，它的价格相对比较低，费用仅占据整体预算的5%左右，但却能覆盖整个装修面积的70%以上，具有突出的重要性。

（5）乳胶漆分为底漆和面漆，两种漆配合使用才能保证涂刷效果并延长其使用寿命。

2. 掌握选购技巧

乳胶漆的选购技巧大致有五点，如图3-36所示。

（1）气味：水性乳胶漆环保，且无毒无味，如果闻到刺激性气味或工业香精味，就应慎重选择。

（2）漆膜：放一段时间后，正品乳胶漆的表面会形成一层厚厚的、有弹性的氧化膜，不易裂，而次品只会形成一层很薄的膜，易碎，且具有辛辣气味。

图 3-36　乳胶漆的选购技巧

（3）手感：将乳胶漆拌匀，再用木棍挑起来，优质乳胶漆往下流时会成扇面形；用手指摸，正品乳胶漆应该手感光滑、细腻。

（4）质检报告：应特别注意生产日期、保质期和环保检测报告。保质期为1~5年不等，环保检测报告对VOC（Volatile Organic Compounds，挥发性有机化合物）、游离甲醛以及重金属含量的检测结果都有标准，国家标准为VOC每升不能超过200g，游离甲醛每kg不能超过0.1g。

（5）黏稠度：将油漆桶提起来，质量佳的乳胶漆，晃动起来一般听不到声音，若很容易晃动出声音，则证明乳胶漆黏稠度不足。

（二）硅藻泥

1. 超强环保性

硅藻泥是一种以硅藻土为主要原材料配制的干粉状室内装饰壁材，原料为纯天然产品，本身没有任何污染（见图3-37）。它不含任何重金属，不产生静电，因此不易吸附浮尘，而且具有消除甲醛、净化空气的作用，是乳胶漆比较优质的代替品。用硅藻泥装饰墙面，同样能够为家居增添各种色彩，同时因其具有强大的环保性能，可以让固定数额的预算更有隐藏的价值性。不同硅藻泥的介绍如表3-19所示。

图 3-37　硅藻泥完全无害，很适合用在卧室中装饰墙面

表 3-19　不同硅藻泥的介绍

名称	特点	价格（元/m²）
稻草泥	颗粒较大，添加了稻草，具有较强的自然气息；吸湿量较大，可达到81g/m²	约330

续表

名称	特点	价格（元/m²）
防水泥	颗粒中等，可搭配防水剂使用，能用于室外墙面装饰；吸湿量中等，约为75g/m²	约270
膏状泥	颗粒较小，用于墙面装饰中不明显；吸湿量较小，约为72g/m²	约270
原色泥	颗粒最大，具有原始风貌；吸湿量较大，可达到81g/m²	约300
金粉泥	颗粒较大，其中添加了金粉，效果比较奢华；吸湿量较大，可达到81g/m²	约530

建材小知识

（1）硅藻泥还具有调节湿度、释放负氧离子、防火阻燃、墙面自洁、杀菌除臭等功能。

（2）硅藻泥选用无机矿物颜料调色，色彩柔和，墙面反射光线自然柔和，人在居室中不容易产生视觉疲劳，且颜色持久，不易褪色。

（3）硅藻泥的缺点是不耐脏，不能用水擦洗，硬度较低且价格高。

（4）硅藻泥属于天然材料，为了保证其调节湿气、净化空气的作用，表面不能涂刷保护漆，且硅藻泥本身比较轻，耐重力不足，容易磨损，所以没有办法用作地面装饰。

（5）硅藻泥根据使用工具和手法的不同，能够塑造出非常多样的肌理和花纹。

2. 掌握选购技巧

在选购硅藻泥时需要掌握五个技巧，分别如图3-38所示。

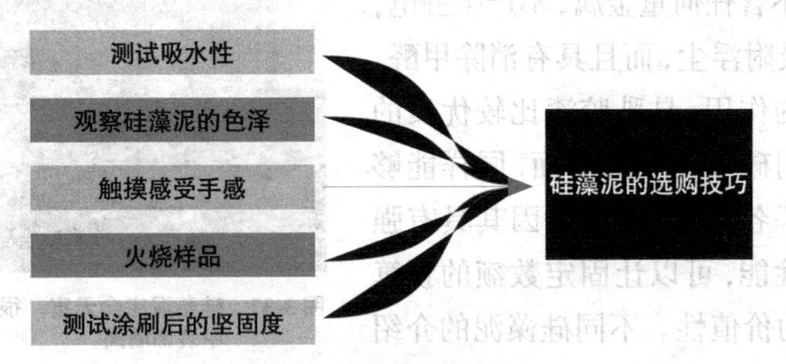

图3-38　硅藻泥的选购技巧

（1）吸水性：购买时要求商家提供硅藻泥样板，现场进行吸水率测试。若吸水量又快又多，则产品孔质完好；若吸水率低，则表示孔隙堵塞，或是硅藻土含量偏低。

（2）色泽：真正的硅藻泥色泽柔和、分布均匀、成亚光感，具有泥面效果；若呈油光面、色彩过于艳丽、有刺眼感，则为假冒产品。

（3）手感：真正的硅藻泥摸起来手感细腻，有松木的感觉，而假冒硅藻泥摸起来粗糙坚硬，像水泥和砂岩一样。

（4）火烧测试：购买时，请商家以样品点火示范，若冒出气味呛鼻的白烟，则可能是以合成树脂作为硅藻土的固化剂，遇火灾发生时，容易产生有毒性气体。

（5）坚固度：用手轻触硅藻泥样品墙，如有粉末黏附，表示产品表面强度不够坚固，日后使用会有磨损情况发生。

（三）艺术涂料

1. 花费固定预算即可表现超强的艺术效果

艺术涂料是一种新型的墙面装饰艺术材料。它与传统涂料之间最大的区别在于，传统涂料大都是单色乳胶漆，所营造出来的效果相对较单一，而艺术涂料即使只用一种涂料，但由于其涂刷次数及加工工艺的不同，也可以达到不同的效果（见图3-39）。但艺术涂料对施工人员作业水平要求较为严格。常用艺术涂料的介绍如表3-20所示。

图3-39 用艺术涂料装饰墙面，达到的效果能媲美壁纸，且没有拼缝

表3-20 常用艺术涂料的介绍

名称	特点	价格（元/m²）
板岩漆系列	色彩鲜明，通过艺术施工的手法，呈现各类自然岩石的装饰效果，具有天然石材的表现力，同时又具有保温、降噪的特性；适合别墅等家居空间，颜色可以任意调试	约140
浮雕漆系列	质感立体逼真，装饰后的墙面酷似浮雕的观感效果	约120
肌理漆系列	具有一定的肌理性，花型自然、随意，满足个性化的装饰效果，异形施工更具优势，可配合设计做出特殊造型与花纹、花色；适用于形象墙、背景墙、廊柱、立柱、吧台、吊顶、石膏艺术造型等的内墙装饰	约150
砂岩漆系列	耐候性佳，密着性强，耐碱优；可以创造出各种砂壁状的质感，满足设计上的美观需求；可以配合建筑物不同的造型需求	约160

续表

名称	特点	价格（元/m²）
真石漆系列	具有天然大理石的质感、光泽和纹理，逼真度可与天然大理石相媲美	约220
云丝漆	质感华丽，具有丝缎效果，可以令单调的墙体布满立体感和流动感，不开裂、不起泡	约130
威尼斯灰泥	通过各类批刮工具在墙面上批刮操作，可产生各类纹理，手感细腻犹如玉石般的质地和纹理，花纹若隐若现有三维感，表面平滑如石材，光亮如镜面，可以在表面加入金银批染工艺，渲染华丽的效果	约160
马来漆	漆面光洁，有石质效果，花纹讲究若隐若现，有三维感。无缝连接，不褪色，不起皮，施工简单、便于清理	约200

建材小知识

（1）艺术涂料无毒、环保，同时还具备防水、防尘、阻燃等功能，优质艺术涂料可洗刷，耐摩擦，色彩历久弥新。

（2）艺术涂料克服了乳胶漆色彩单一、无层次感及壁纸易变色、翘边、有接缝的缺点，同时还兼具两者优点，易施工、寿命长、图案精美、装饰效果好。

（3）艺术涂料可用于家居装饰设计中的主要景观处，例如门庭、玄关、电视背景墙、廊柱、吧台、吊顶等，可以装饰出个性且高雅的效果，其适中的价位又符合各阶层装饰装修的需求。

2. 掌握选购技巧

艺术涂料在选购时可能较为复杂，需要进行实验，技巧如图3-40所示。

图3-40 艺术涂料的选购技巧

（1）粒子度：取一透明的玻璃杯盛入半杯清水，取少量艺术涂料放入玻璃杯的水中进行搅动。质量好的涂料，杯中的水仍清晰见底，粒子在清水中相对独立，大小很均匀；而质量差的涂料，杯中的水会立即变得混浊不清，且颗粒大小有分化。

（2）看水溶：艺术涂料在经过一段时间的储存后，上面会出现一层保护胶水溶液，一般约占涂料总量的1/4左右。质量好的涂料，保护胶水溶液呈无色或微黄色，且较清晰；质量差的涂料，保护胶水溶液呈混浊态。

（3）漂浮物：凡质量好的多彩艺术涂料，在保护胶水溶液的表面，通常是没有漂浮物的或有极少的漂浮物；若漂浮物数量多，彩粒布满保护胶水涂液的表面，甚至有一定厚度，就说明此种艺术涂料的质量差。

（4）价格：质量好的艺术涂料，均由正规生产厂家按配方生产，价格适中；而质量差的涂料，为了能降低成本，可能会偷工减料，因为其价格会低于一般市场价格。

（四）木器漆

1. 保护并美化木饰面，避免材质受损

木器漆是指用于木制品上的一类树脂漆，可使木质材质表面更加光滑（见图3-41），避免木质材质直接被硬物刮伤或产生划痕；在家具上形成一层保护膜，有效防止水分渗入木材内部造成腐烂，以及阳光直晒木质家具造成干裂。通常木制品或墙面木质造型的预算价格都较高，木器漆可以很好地起到美化和保护作用，延长其使用寿命，避免前期投入的预算受损。不同木器漆的介绍如表3-21所示。

图3-41　木器漆可以增加木饰面表面的光泽感，使其变得更加温润

表3-21　不同木器漆的介绍

名称	特点	价格（元/桶）
清漆	一种透明的漆，通常和木饰面板搭配在一起使用，分为油基清漆和树脂清漆两类。清漆的优点是漆膜光亮，透明度高，耐水性好，成膜快，缺点是光泽不持久，干燥性差	20~50
硝基漆	俗称蜡克，通常是清漆形态，包括高光、亚光、半亚光三种类型。硝基漆的优点是装饰作用好，干燥快，施工方便，对施工环境要求低，缺点是易老化，耐久性不佳，高湿天气易泛白	30~100
聚酯漆	漆膜丰满，层厚面硬，色彩丰富，漆膜厚度大，对基层材料要求不高，但对施工环境和施工工艺要求很高，是目前应用较广泛的一种漆，高档家具常用的“钢琴漆”就是不饱和聚酯漆。聚酯漆的一大缺点是漆面会变黄，且不仅家具会变黄，相邻的墙面也会变黄	30~100

续表

名称	特点	价格（元/桶）
聚氨酯漆	漆膜强韧，光泽丰满，附着力强，耐水耐磨、耐腐蚀。被广泛用于高级木器家具，也可用于金属表面。其缺点主要有遇潮起泡、漆膜粉化等问题，与聚脂漆一样，它同样存在着变黄的问题	30~110
水性木器漆	以水为溶剂无任何有害挥发，是目前最安全、最环保的家具漆，但目前在国内的市场占有率还很低。附着力好，不会加深木器的颜色，但耐磨及抗化学性较差，无法制作出高光度质感，硬度一般，成膜性能较差	100~180
天然木器漆	附着力强、硬度大、光泽度高，且具有突出的耐久、耐磨、耐水、耐油、耐溶剂、耐高温、耐土壤与化学药品腐蚀及绝缘等优异性能	30~80

建材小知识

（1）不同的木器漆，其性能有差异，有的坚硬耐磨，有的抗冲击性能强。在选择木器漆种类时，可以根据实际需求来选购合适的木器漆，比如选购用于地板的木器漆，就需要漆的硬度和耐磨性能比较好。

（2）水性木器漆污染物少，但是比起油性木器漆来说，硬度和装饰效果要差一些，对于木工多的家庭来说，可以在面层使用油性木器漆，提高耐磨度及美观性，内部使用水性漆，污染物会更少一些。

（3）涂刷后七天内是木器漆的养护期，想要装饰效果好，需要在养护期内仔细养护，才能使各项性能达到相对稳定的状态。最重要的是要保持室内空气的流动性和温度的适中性。

2. 掌握选购技巧

木器漆在选购时较为简单，方法如图3-42所示。

图 3-42　木器漆的选购技巧

（1）质保：要注意是否是正规生产厂家的产品，是否能提供质量保证书，看清生产的批号和日期，确认产品合格方可购买。对于溶剂型木器漆，国家已有3C强制认证规定。因此在市场购买时需关注产品包装上是否有3C标志。

（2）包装：包装制作粗糙，字迹模糊，厂址、批号不全的多为劣质品。

（3）声音：将油漆桶提起来摇晃一下，如果有很明显的响声，则说明包装重量不足或黏稠度过低，质量好的漆晃动起来基本没有声响。

（4）漆面：看油漆样板的漆面质量，优势的油漆附着力和遮盖力都很强。

十五　壁纸和壁布的预算

1. 规划铺贴面积，保证壁纸采购合理不浪费

壁纸和壁布适合使用在卧室房间或客厅的四面墙壁（见图3-43），根据预算及所需效果，选择全贴或者在背景墙部分贴。由于只能竖接缝不能横接缝，要根据家中墙面的长、宽以及预算选择适合的壁纸或壁布。用量和长宽关系很大，在实际粘贴中，存在8%左右的合理损耗，大花壁纸和壁布的损耗更大，因此在采购时应留出损耗量，这样可以做到适量而不浪费。不同壁纸和壁布的介绍如表3-22和表3-23所示。

图3-43　用壁纸装饰背景墙，可以简单而有效地使整体装饰主次分明

表3-22　不同壁纸的介绍

名称	特点	价格（元/m^2）
PVC壁纸	吸水率低，有一定的防水性，表面有一层珠光油，不容易变色，经久耐用。透气性不佳，湿润环境中对墙面损害较大	30~2000
无纺布壁纸	健康环保，不助燃，不易被氧化和发黄，透气性好，属于高档墙纸。花色相对来说较单一，而且色调较浅	50~4000
纯纸壁纸	全部用纸浆制成的壁纸。防潮、防紫外线，透气性好，低碳环保，图案清晰。施工时技术难度高，容易产生明显接缝。耐水、耐擦洗性能差，花纹立体感不强	220~5000
织物类壁纸	以丝绸、麻、棉等编织物为原材料，物理性能稳定，湿水后颜色基本无变化，质感好，透气性好，易潮湿发霉，价格高	165~8000
木纤维壁纸	绿色环保，透气性高，有相当优越的抗拉伸、抗扯裂强度，抗拉伸和抗扯裂强度是普通壁纸的8至10倍，易清洗，使用寿命长	150~3000
金属壁纸	给人典雅、高贵、华丽的视觉感受，通常为了特殊效果而小部分使用，线条颇为粗犷奔放	50~2000

续表

名称	特点	价格（元/m²）
植绒壁纸	立体感比其他任何壁纸都要出色，有明显的丝绒质感和手感，不反光，具有吸音性，无异味，不易褪色，但不易打理，需精心保养	200~1000
编织壁纸	以草、麻、木、竹、藤、纸绳等十几种天然材料为主要原料，由手工编织而成的高档墙纸。透气，静音，无污染，具有天然感和质朴感，但不适合潮湿的环境	150~2000
壁贴	设计和制作好现成图案的不干胶贴纸。面积小，可贴在墙漆、柜子或瓷砖上，装饰效果强，独具个性，价格差异大，图案丰富	50~800

表 3-23　不同壁布的介绍

名称	特点	价格（元/m²）
无纺壁布	色彩鲜艳、表面光洁，有弹性、挺括，有一定的透气性和防潮性，可擦洗而不褪色，不易折断、不易老化，无刺激性	120~800
锦缎壁布	花纹艳丽多彩、质感光滑细腻，价格昂贵，不耐潮湿，不耐擦洗，透气，吸音	300~1500
刺绣壁布	在无纺布底层上，用刺绣将图案呈现出来的一种墙布，具有艺术感，非常精美，装饰效果好	350~2000
纯棉壁布	以纯棉布经过处理、印花、涂层制成，表面容易起毛，且不能擦洗，不适用于潮气较大的环境，容易起鼓，强度大、静电小，透气、吸声	100~1500
化纤壁布	新颖美观，无毒无味，透气性好，不易褪色，不耐擦洗	120~900
玻璃纤维壁布	花色品种多，色彩鲜艳，不易褪色、防火性能好，耐潮性强，可擦洗，易断裂老化	160~1200
编织壁布	自然类材料制成，颇具质朴特性，麻织壁布质感朴实，表面多不染色而呈现本来面貌，草编壁布多作染色处理	220~2000
亚克力壁布	质感柔和，类似地毯，但厚度较薄，以单一素色最多，素色适合大面积使用	120~900
丝绸壁布	质料细致、美观，光泽独特，具有高贵感，透气性好，不耐潮湿，易发霉	350~3000
植绒壁布	花纹具有立体感，此类壁布质感极佳，非常适合华丽风格的家居，容易落灰，需要勤打理	220~2200

建材小知识

（1）壁纸和壁布都具有色彩多样、图案丰富、安全环保、施工方便、价格适宜等多种特点。

（2）壁纸和壁布的区别是：壁纸多为纸基，而壁布则是多以棉布为底布制作的；壁布所用纹样多为几何图形和花卉图案，且使用限制较多，不适合潮湿的空间。

（3）壁纸图案的选择影响着铺贴的美观性。可从家居风格入手，选择每种风格的代表性图案。

（4）不同的图案对居室的效果存在不同的影响，例如大花纹能够让墙面看起来比实际要小一些，反之，花纹越小越能够起到扩大墙面面积的视觉效果；而条纹壁纸则具有延伸作用，可拉伸高度或宽度。

2. 掌握选购技巧

壁纸和壁布的选购技巧如图3-44所示。

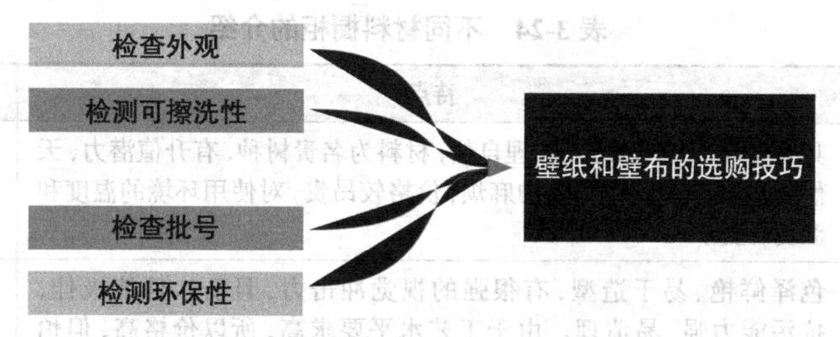

图3-44　壁纸和壁布的选购技巧

（1）外观：看表面是否存在色差、褶皱和气泡，图案是否清晰，色彩是否均匀，厚薄是否一致，是否存在跳丝、抽丝等现象。

（2）擦洗性：可以索要一块样品，用湿布用力擦拭，看壁纸、壁布有无掉色现象。

（3）批号：注意查看编号与批号是否一致，有的壁纸、壁布尽管是同一批号，但由于生产日期的不同，颜色也可能存在细微的差异，大面积铺贴后会特别明显，所以选购时应尽量保持编号和批号的一致。

（4）环保性：在选购时可以用鼻子闻一下，如果刺激性气味较重，则证明含挥发性物质较多。还可以将小块壁纸、壁布浸泡在水中，一段时间后，闻一下是否有刺激性气味挥发出来。

十六　橱柜的预算

1. 选购好的橱柜等于节省预算

市场上的橱柜价格之所以千差万别，真正的原因在于橱柜品质的优劣问题，品质好的橱柜的生产成本必然高于劣质橱柜（见图3-45），而在购买橱

柜时光用肉眼看是很难看出其内部差别的，因此建议选购品牌知名度高的橱柜产品，其有效容积、环保认证、设计理念、售后服务相对来说较为有保障，使用时间也会更长，综合比较会发现这种橱柜其实更省钱。各橱柜和橱柜台面的介绍分别如表3-24和表3-25所示。

图 3-45　好的橱柜不仅使用起来更安全，还能提升厨房的档次感

表 3-24　不同材料橱柜的介绍

名称	特点	价格（元/m）
实木橱柜	具有温暖的原木质感，纹理自然，材料为名贵树种，有升值潜力，天然环保、坚固耐用；但养护麻烦，价格较昂贵，对使用环境的温度和湿度有要求	1 800~4 000
烤漆橱柜	色泽鲜艳、易于造型，有很强的视觉冲击力，且防水性能极佳，抗污能力强，易清理。由于工艺水平要求高，所以价格高；但怕磕碰和划痕，一旦出现损坏较难修补，需整体更换	1 550~2 100
模压板橱柜	色彩丰富，木纹逼真，单色色度纯艳，不开裂、不变形。不需要封边，解决了封边时间长后可能会开胶的问题；但不能长时间接触或靠近高温物体，同时设计主体不能太长、太大，否则，容易变形	1 350~1 800

表 3-25　不同橱柜台面的介绍

名称	特点	价格（元/m^2）
人造石台面	最常见的台面之一，表面光滑细腻，有类似天然石材的质感；表面无孔隙，抗污力强，可任意长度无缝粘接，使用年限长，表面磨损后可抛光	≥270
石英石台面	硬度很高，耐磨不怕刮划，耐热好，并且抗菌，经久耐用，不易断裂，抗污染性强，不易渗透污渍，可以在上面直接斩切；缺点是有拼缝	≥350
不锈钢台面	抗菌再生能力最强，环保无辐射，坚固、易清洗、实用性较强；但在台面各转角部位和结合处缺乏合理、有效的处理方式，不太适用于管道多的厨房	≥200
美耐板台面	可选花色多，仿木纹自然、舒适；易清理，可避免刮伤、刮花的问题；价格经济实惠，如有损坏可全部换新；缺点为转角处会有接痕和缝隙	≥200

建材小知识

（1）橱柜的柜体起到支撑整个橱柜柜板和台面的作用，它的平整度、耐潮湿的程度和承重能力都影响着整个橱柜的使用寿命，即使台面材料非常好，如果柜体受潮，则很容易导致台面变形、开裂。

（2）橱柜台面要求方便清洁、不易受到污染，卫生、安全。除了关注质量外，色彩与橱柜以及厨房整体配合效果也应协调、美观。可以说台面选择的好坏，决定了橱柜整体设计所呈现出来的效果，也会影响烹饪者的心情。

2. 掌握选购技巧

在选择购买橱柜时，需要注意的质量细节如图3-46所示。

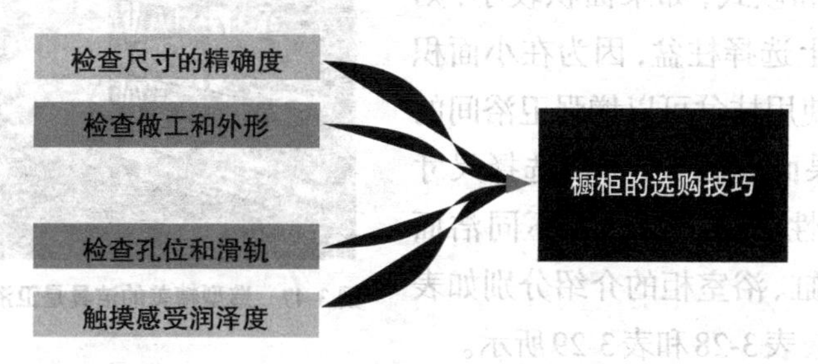

图3-46　橱柜的选购技巧

（1）尺寸：大型专业化企业用电子开料锯通过计算机输入加工尺寸，开出的板尺寸精度非常高，板边不存在崩茬现象；手工作坊型小厂使用小型手动开料锯这种简陋设备开出的板尺寸误差大，往往在1mm以上，而且经常会出现崩茬现象，致使板材基材暴露在外。

（2）做工和外形：优质橱柜的封边细腻、光滑、手感好，封线平直光滑，接头精细。橱柜的组装效果美观，缝隙均匀。生产工序的任何尺寸误差都会表现在门板上，专业大厂生产的门板横平竖直，且门间间隙均匀；小厂生产的门板会出现门缝不平直、间隙不均匀，有大有小，甚至不在一个平面上的情况。

（3）孔位和滑轨：孔位的配合和精度会影响橱柜箱体的结构牢固性。专业大厂的孔位都是一个定位基准，尺寸的精度有保证。手工小厂则使用排钻，甚至是手枪钻打孔，这样组合出的箱体尺寸误差较大，不是很规则的方体，容易变形。注意抽屉滑轨是否顺畅，是否有左右松动的状况，以及抽屉缝隙是否均匀。

（4）润泽度：用手触摸台面感受其手感是否足够细腻，越细腻越不容易有渗透；查看润泽度是否达标，颜色是否纯正且不刺眼，这两点会影响装饰效果。

十七　洁具的预算

1. 洁具的预算支出应根据空间大小做改变

随着卫浴间装修的精装化（见图3-47），配套的洁具产品已经出现在很多人的居室里。选购这类产品，首先应该根据卫浴间面积的实际情况来选择洁具的规格和款式，如果面积较小，则应在洁面盆上选择柱盆，因为在小面积的卫浴间中使用柱盆可以增强卫浴间的通气感；如果面积较大，可以选择尺寸较大的独立性浴缸。市面上不同洁面盆、马桶、浴缸、浴室柜的介绍分别如表3-26、表3-27、表3-28和表3-29所示。

图3-47　造型精美的洁具是卫浴间的主要装饰

表3-26　不同洁面盆的介绍

名称	特点	价格（元/个）
台上盆	安装方便，台面不易脏，样式多样，装饰感强，对台盆的质量要求较高，台面上可放置物品，盆与台面衔接处处理得不好容易发霉	200~10000
台下盆	卫生清洁无死角，易清洁，台面上可放置物品，与浴室柜组合的整体性强，对安装工艺要求较高	200~3000
挂盆	节省空间面积，适合较小的卫浴间，没有放置杂物的空间，样式单调，缺乏装饰性	180~2000
一体盆	盆体与台面一次加工成型，易清洁，无死角，不发霉，款式较少	260~5000
立柱盆	适合空间不足的卫浴间安装使用，一般不会出现盆身下坠变形的情况	260~3000

表3-27　不同马桶的介绍

名称	特点	价格（元/个）
连体式马桶	水箱和座体合二为一，形体简洁，安装简单，价格较高	400起
分体式马桶	水箱与座体分开设计，占用空间面积较大，连接处容易藏污纳垢，不易清洁	250起

续表

名称	特点	价格（元/个）
悬挂式马桶	直接安装在墙面上，悬空的款式，通过墙面来排水，体积小，节省空间，下方悬空，没有卫生死角	≥1000
直冲式马桶	冲污水效率高，噪音较大，容易结垢，省水，款式相对较少	≥600
虹吸式马桶	冲水噪音小，费水，有一定的防臭效果，样式精美，品种繁多	≥750

表 3-28　不同浴缸的介绍

名称	特点	价格（元/个）
亚克力浴缸	造型丰富，重量轻，表面光洁度好，价格低廉，但人造有机材料存在耐高温能力差、耐压能力差、不耐磨、表面易老化的缺点	≥1500
铸铁浴缸	重量非常大，使用时不易产生噪音。经久耐用，注水噪声小，便于清洁。但是价格过高，分量沉重，安装与运输难	≥3000
实木浴缸	密度大、防腐性能佳的材质，保温性强，缸体较深，能充分浸润身体。需保养维护，会变形漏水	≥1500
钢板浴缸	具有耐磨、耐热、耐压等特点，重量介于铸铁缸与亚克力缸之间，保温效果低于铸铁缸，但使用寿命长，整体性价比较高	≥2500
按摩浴缸	可对人体进行按摩，具有健身治疗、缓解压力的作用	≥5000

表 3-29　不同浴室柜的介绍

名称	特点	价格（元/个）
实木浴室柜	纹理自然，质感高档，质量坚固耐用，甲醛含量低，环保健康，效果自然，高贵典雅，环境干燥容易开裂	900~2000
不锈钢浴室柜	防水、防潮性能出色，环保，经久耐用，防潮、防霉、防锈。设计单调，缺乏新意，容易变暗	850~1600
铝合金浴室柜	防水、防潮性能出色，表面的光泽度好，品质高，使用方便	1200~3000
PVC浴室柜	色彩丰富，抗高温、防磕划、易清理。造型多样，可定制，耐化学腐蚀性能不高	450~900

建材小知识

（1）洁面盆按照材质还可分为玻璃盆、不锈钢盆和陶瓷盆等，每一种洁面盆都有其独特的个性，不同材质和造型的洁面盆的价格相差悬殊，可以从使用需求出发，结合材质、款式和价位来选择。

（2）马桶除了实用功能外，还能够起到突出的装饰作用，建议结合卫浴间的风格和其他洁具的色彩来选择。

（3）浴缸按照安装方式可分为嵌入式和独立式两种，嵌入式安全性较高，

但占地面积大，适合有老人和小孩的家庭；独立式下方带有腿，放置在适合的位置即可使用，适合小卫浴和年轻人使用。

（4）浴室柜安装在卫生间中，最重要的是防水、防潮性能。一般为了解决这个问题，设计浴室柜会悬空，使其与地面保持一定的距离。

2. 掌握选购技巧

在选购洁具时所需的技巧如图3-48所示。

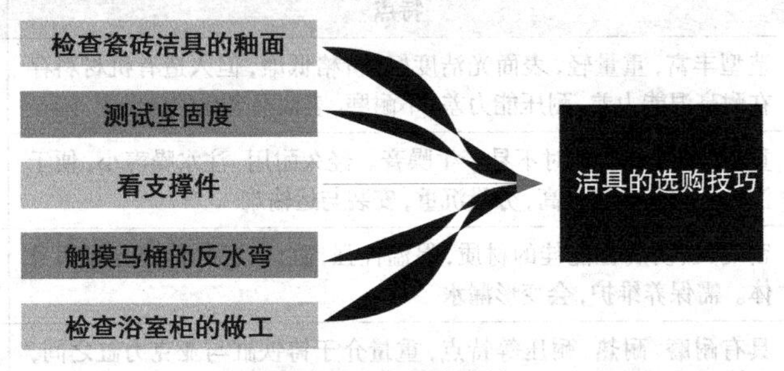

图3-48 洁具的选购技巧

（1）釉面：选择洁具应注重釉面的好坏，因为好的釉面，不挂脏，表面易清洁，长期使用仍光亮如新。选择时可对着光线，从陶瓷的侧面多角度观察，好的釉面应没有色斑、针孔、砂眼和气泡，表面非常光滑。

（2）坚固度：洁具的坚固度关系到材料的质量和厚度，目测是看不出来的，可以通过手按、敲打、脚踩等方式来判断洁具的厚度和坚固度。

（3）支撑件：品牌洁具的支撑部件连接细致，外部有涂漆，看不到焊接的痕迹。而杂牌洁具外观粗糙，不仅内部连接处有焊接的痕迹，有的甚至连外部的连接处也不够服帖。

（4）反水弯：为了节约成本，不少马桶的反水弯里没有釉面，有的则使用了封垫，这样的马桶容易堵塞、漏水。购买时，可以自己检查，把手伸进排污口，摸反水湾是否有釉面。

（5）浴室柜做工：质量佳的浴室柜表面应该光滑、平整，抽屉里层也应经过一层油漆的处理，这样更容易打理，防潮性也更好。

十八 门窗的预算

1. 套装门的厚度决定了预算高低

在比较套装门价格的时候，一定要参照厚度来比较。套装门的厚度不一，价格区别是很大的。套装门的雕刻工艺在其价格中占很大比例。雕花复杂漂亮的套装门，可以使门的价格轻易翻倍（见图3-49）。雕花简单潦草的，价格一般就较便宜。不同门、窗的介绍如表3-30和表3-31所示。

图3-49　套装门设计时可参照墙面的造型，使套装门与墙面设计为一个整体

表3-30　不同门的介绍

名称	特点	价格（元/樘）
实木门	实木门可以为家居环境带来典雅、高档的氛围，十分适合欧式古典风格和中式古典风格的家居设计。经实木加工后的成品实木门具有不变形、耐腐蚀、隔热保温、无裂纹等特点。此外，实木具有调温调湿的性能，吸声性好，从而有很好的吸声隔音作用	≥2500
实木复合门	实木复合门充分利用了各种材质的优良特性，避免采用成本较高的珍贵木材，有效地降低了生产成本。除了良好的视觉效果外，还具有隔音、隔热、强度高、耐久性好等特点。实木复合门由于表面贴有密度板等材料，因此怕水且容易破损	≥1600
模压门	模压门的价格低，却具有防潮、膨胀系数小、抗变形的特性，使用一段时间后，不会出现表面龟裂和氧化变色等现象。模压门的门板内为空心，隔音效果相对实木门较差；门身轻，没有手感，档次低。模压门的造型一般比较简洁	750~1400
玻璃门	常见的款式有木框玻璃门和半玻门、金属框玻璃门等，玻璃门通常较为美观，根据不同玻璃的材质、色彩工艺的不同，其透光率会发生相应的变化	≥900
推拉门	根据安装方式可分为内嵌式轨道和外挂式轨道两类，外挂式轨道也就是“谷仓门”。推拉门最大的优点是不占据空间面积，让居室显得更轻盈、灵动	≥1400
折叠门	折叠门也是采用平移推拉的方式来开启和关闭的门，形式上多扇折叠，可全部推移到侧边，可打通两部分空间，有需要时，又可保持单个空间的独立，能够有效地节省空间使用面积，价格比推拉门的造价要高一些	≥1600

表 3-31 不同窗的介绍

名称	特点	价格（元/m²）
百叶窗	百叶窗可完全收起，使窗外景色一览无余，既能够透光又能够保证室内的隐私，开合方便，很适合大面积的窗户	1 000~4 000
气密窗	气密窗一般看水密性、气密性。水密性是指能防止雨水侵入的特性；气密性与隔音有直接的关系，气密性越高，隔音效果越好；强度代表牢固度和抗撞击性。但气密窗在应用时应注意室内空气流动，避免通风不良	1 000~2 000
广角窗	广角窗的造型多样，且具有扩展视野角度、采光良好的优点，其应用范围广泛，适用于各种风格的家居	1 200~2 000

建材小知识

（1）塑钢气密窗：强度高，不易被破坏；导热系数低，隔热保温效果较好，可达到节能目的。

（2）铝制气密窗：质地轻巧、坚韧，容易塑形加工，防水、隔音效果好，是目前市面上最广泛应用的窗材。但铝制窗框的厚度较薄，会间接影响整体结构的抗风强度和使用年限。

（3）胶合玻璃气密窗：由两片玻璃组成，中央以PVB树脂相结合。在隔音表现上，声波遇到PVB层会降低声音传导，且PVB层具有黏着力，不易被破坏，并兼具耐震和防盗功能。

（4）复层玻璃气密窗：一般称为防侵入玻璃，玻璃越厚，隔音效果越显著。复层玻璃中间具有一个中空层，一般可干燥空气或注入惰性气体，可有效隔绝温度及噪声传递。但若处理不当，则会造成湿气渗入，使玻璃出现雾化现象。

2. 掌握选购技巧

在选购门窗时所需了解的技巧如图3-50所示。

图 3-50 门窗的选购技巧

（1）实木门：触摸感受实木门漆膜的丰满度，漆膜丰满说明油漆的质量好，对木材的封闭好；可以从门斜侧方的反光角度，看表面的漆膜是否平整，有无橘皮现象，有无凸起的细小颗粒；看实木门表面的平整度，如果实木门表面平整度不够，则说明选用的是比较廉价的板材，环保性能也很难达标。

（2）实木复合门：在选购实木复合门时，要注意查看门扇内的填充物是否饱满；观看实木复合门边刨修的木条与内框连接是否牢固，装饰面板与门框黏结应牢固，无翘边和裂缝；实木复合门板面应平整、洁净，无节疤、无虫眼、无裂纹及腐斑，木纹应清晰，纹理应美观。

（3）模压门：首先看加工后的塑形。好的机器加工出来的模压门边角应该是均匀的，无多余的角料，没有空隙出来。边角处理不好容易膜皮卷边，加工车间应该是无尘作业，这样塑型后表面就不会有颗粒状凹凸了。其次胶水一定要环保，不好的胶水容易造成模压门的膜皮起泡、脱落、卷边。在选择模压门时可以用手指甲用点力抠一下PVC膜与板材粘压的部分，做工好的（包括背胶及粘压胶水好的）模压门不会出现稍微一用力就会抠下来的现象。

（4）推拉门或折叠门：先检查密封性。目前市场上有些品牌的推拉门底轮是外置式的，因此两扇门滑动时就要留出底轮的位置，这样会使门与门之间的缝隙非常大，密封性无法达到规定的标准。然后看底轮质量。只有具备超大承重能力的底轮才能保证良好的滑动效果和较长的使用寿命。承重能力较小的底轮一般只适合做一些尺寸较小且门板较薄的推拉门或折叠门，进口优质品牌的底轮，具有180kg承重能力及内置的轴承，适合制作各种尺寸的滑动门，同时具备底轮的特别防震装置，可使底轮能够应对各种状况的地面。

（5）百叶窗：选购百叶窗时，最好触摸一下百叶窗窗棂片是否平滑均匀，看看每一个叶片是否起毛边；看百叶窗的平整度与均匀度，看各个叶片之间的缝隙是否一致，叶片是否存在掉色、脱色或明显的色差（两面都要仔细查看）。

（6）气密窗：气密窗品质的好坏，难以用肉眼观察评测，最好按照气密性、水密性、耐风压及隔音性等指标进行选购。测量在一定面积单位内空气渗入或溢出的量。

十九　五金的预算

1. 不同材质的五金价位不同

装修中使用的五金种类多样（见图3-51），但总的来说可以按照材质来分类，市场上的五金材料基本可分成不锈钢、铜、锌合金、铁钢和铝材等。不锈钢的强度好、耐腐蚀性强、颜色不变，是最佳的造锁材料；铜比较通用，机械性能优越，价格也比较贵；高品质锌合金坚固耐磨，防腐蚀能力非常强，容易成型，一般用来制造中档锁。不同水龙头、地漏、装饰五金的介绍如表3-22、表3-33和表3-34所示。

图 3-51　五金存在于家中的每个角落

表 3-32　不同水龙头的介绍

名称	特点	价格（元/个）
扳手式水龙头	最常见的水龙头款式，安装简单，单向扳手款式只有一个扳手，同时控制冷热水，双向扳手款式有两个扳手，分别控制冷热水的开关	50~400
按弹式水龙头	此类水龙头通过按动控制按钮来控制水流的开关，与手的接触面积小，比较卫生，但修理难度大，价格较高	60~300
感应式水龙头	水龙头上带有红外线感应器，手移动到感应器附近时，就会自动出水，不用触碰水龙头，是最卫生的水龙头。修理难度大，价格高	200~1000
入墙式水龙头	出水口连接在墙内完成的一种水龙头，简洁、利落，非常美观、整洁，有扳手式的也有感应式的，安装此类水龙头需要特别设计出水口	60~700
抽拉式水龙头	水龙头部分连接了一根软管，可以将喷嘴部分抽拉出来到指定位置，非常人性化，水流可以随意移动	80~400

表 3-33　不同地漏的介绍

名称	特点	价格（元/个）
PVC地漏	价格低廉，重量轻，不耐划伤，遇冷热后物理稳定性差，易发生变形，是低档次产品	10~20
合金地漏	合金材料材质较脆，强度不高，如使用不当，面板会断裂。价格中档，重量轻，表面粗糙，市场占有率不高	15~60
不锈钢地漏	不锈钢地漏价格适中，款式美观，市场占有率较高，304不锈钢质量最佳，不会生锈	10~30
黄铜地漏	分量重，外观感好，工艺多，造型美观、奢华，豪华类产品多为此类，镀铬层较薄的时间长了表面会生锈	50~110

表 3-34 不同装饰五金的介绍

名称	特点	价格（元/个）
锁具	锁具通常由锁头、锁体、锁舌、执手、覆盖板部件及配件组成，种类繁多，有机械式的，也有电子式的。 按照外形可分为：球形锁、执手锁、门夹以及门条等。 按照用途可分为：户外锁、室内锁、浴室锁、防盗锁、电子锁、指纹门锁、通道锁、抽屉锁、玻璃橱窗锁等。 按照材料可分为：铜、不锈钢、铝、合金等，铜和不锈钢的锁具强度最高、最为耐用	30~2000
合页	合页是各种门扇开启闭合的重要部件，不仅要承受门的重量，还必须保持门外观上的平整度，日常生活中开关门很频繁，使用了质量不佳的合页可能会导致门板变形、错缝不平等问题。制作合页的材料有不锈钢、铜、合金、塑料和铸铁，其中钢制合页是相对来说质量最好的。有的合页带有多点制动位置定位，当门扇在开启的时候可以任意地停留在任何一个角度，不会回弹，非常便利	50~300
滑轮	滑轮主要用于需要滑动开关的门扇上，如推拉门、折叠门等，滑动门的开关顺畅基本上都要依靠滑轮来实现。制造滑轮的轴承必须是多层复合结构，外层为高强尼龙结构，承受力的构层均为钢结构才能保证其使用寿命	10~150
滑轨	滑轨分为推拉门滑轨、抽屉滑轨和门窗滑轨等，其最重要的部件是滑轨的轴承结构，它直接关系到滑轨的承重能力。常见的有钢珠滑轨和硅轮滑轨两种，前者能够自动排除滑轨上的灰尘和脏污，保证滑轨的清洁；后者静音效果较好	20~500
拉手	拉手是拉或操纵“开、关、吊、提”的用具，现代的拉手颜色、形状各式各样，不仅实用且具有很强的装饰性。目前拉手的材料有锌合金拉手、铜拉手、铁拉手、铝拉手、原木拉手、陶瓷拉手、塑胶拉手、水晶拉手、不锈钢拉手、亚克力拉手、大理石拉手等，相对来说不锈钢和铜的拉手较好	20~300
拉篮	主要用于橱柜内部，能够提高橱柜的利用率和使用率，让物品的取用和摆放更便利。材质有不锈钢、镀铬、烤漆等，用途可分为炉台拉篮、抽屉拉篮、转角拉篮等	200~1000
门吸	门吸安装在门后面，在门打开以后通过门吸的磁性将其稳定住，防止门被风吹后会自动关闭，同时也防止在开门时用力过大而损坏墙体。门吸分为墙吸和地吸两种类型，如果墙上不方便安装墙吸，就可以用地吸来代替	5~40

建材小知识

（1）五金个头不大，却是使用频率非常高的部件。如果没有好的五金，会影响到家具和门窗的功能性，严重的还会大大缩短其使用寿命。

（2）不同款式的水龙头出水流量和速度是有区别的，如果洁面盆足够深，则可以搭配大流量的水龙头，反之，则适合选择小流量的款式，才能避免溅水。

（3）淋浴和洗衣机附近必须安装地漏。1~2 个淋浴器需要直径为 50mm 的地漏，3个则需要直径为75mm的地漏；洗衣机附近的地漏要关注排水速度问题，直排地漏是最佳选择。

（4）装饰五金种类较多，可根据使用的部位选择款式，因为具有装饰作用，所以其色彩和造型应与整体风格相协调。

2. 掌握选购技巧

选购五金时要根据不同的类别选取，不同五金的选购技巧如图3-52所示。

图3-52 五金的选购技巧

（1）水龙头：不能购买太轻的水龙头，重量轻是因为厂家为了降低成本，掏空了内部的铜，水龙头看起来很大，拿起来却不重，容易经受不住水压而爆裂；除此外还应看芯材，水龙头的主体原材料分为杂铜和纯铜，更高级的是铜镍混合材料。其中，纯铜不容易腐蚀氧化，经过多次抛光后，其电镀质量也相对杂铜来说更好，所以使用寿命也更长。

（2）地漏：地漏如果选择不好，则很容易出现返臭，给家庭生活带来困扰，因此消费者在选择地漏时一定要看地漏有没有防臭功能。

（3）门锁、门吸：选择有质量保证的生产厂家生产的锁，同时看门锁的锁体表面是否光洁，有无影响美观的缺陷；将钥匙插入锁芯孔开启门锁，看是否畅顺、灵活；旋转门锁执手、旋钮，看其开启是否灵活；门吸主要查看其磁性的强弱，磁性弱的吸附门扇不牢固。

（4）合页：合页的好坏取决于轴承的质量，一般来说，轴承的直径越大就越好、壁板越厚就越好，还可开合、拉动几次，看开启是否轻松、灵活、无噪音。

（5）滑轮、滑轨：滑轮主要看材质，目前市面上有塑料、金属和玻璃纤维三种，玻璃纤维的耐磨性好，划动顺畅，较为耐用，相对最佳；滑轨有铝合金和冷轧钢两种材质，铝合金的轨道噪音小，冷轧钢的轨道较为耐用。但无论选哪种材质，轨道和滑轮的接触面必须平滑，拉动时才会流畅、轻松。

（6）拉手、拉篮：表面应光滑、无毛刺，摸上去应有滑腻感。

二十　水路材料的预算

1. 好品质的水路材料能保证用水质量

水路材料分为给水和排水两大部分。其中给水水管的质量关系到日常饮用水的健康，劣质的水管所用材质不纯，含有有害物质，有害物质会渗透到水路中，长期饮用有害健康，且耐久性差，容易产生细菌或结垢（见图3-53）。而质量好的水管就不存在这些问题，并且使用寿命很长，即使前期花费略高一些，从长远的角度看却是在节约预算，所以水路材料一定要注意质量问题。市场上不同的给水管、PPR水管配件、PVC排水管及配件的介绍如表3-35、表3-36和表3-37所示。

图3-53　水路工程属于隐蔽工程，材料质量不仅关系到健康，还关系到家居安全

表3-35　不同给水管的介绍

名称	特点	价格（元/米）
PPR水管	PPR水管又叫三型聚丙烯管或无规共聚聚丙烯管，具有节材、环保、轻质高强、耐腐蚀、内壁光滑不结垢、施工和维修简便、使用寿命长等优点，采用热熔连接，最大限度地避免了渗漏问题；缺点是耐高温性和耐压性较差，过高的水压和长期工作温度超过70℃也容易变形；长度有限，不能弯曲施工，如果管道过长就需要大量的接头	20~90
铝塑复合管	铝塑复合管又叫作铝塑管，是由中间纵焊铝管、内层聚乙烯塑料、外层聚乙烯塑料以及隔层之间热熔胶共同构成的。同时具有塑料抗酸碱、耐腐蚀的特点和金属坚固、耐压的特点，具有良好的耐热性和可弯曲性	6~40
铜管	铜管具有良好的卫生环保性，能够抑制细菌的生长，99%的细菌进入铜管5小时后会被杀死。耐腐蚀、抗高低温性能佳，强度高、抗压性能好、不易爆裂、使用寿命长。但价格高且加工难度较大，目前国内仅少数高档小区使用	50~200
镀锌铁管	镀锌铁管是比较老式的水管，现在很少会使用，易生锈、容易积垢，使用几年后会严重危害人体健康，不保温，容易冻裂	5~20
不锈钢管	不锈钢管主要用于水输送，是目前最好的直接饮用水的输送水管。与铜水管相比，不锈钢水管的通水性好，保温性是前者的24倍，耐高温、耐高压、经久耐用，内壁光滑，不积垢，节能环保，漏水率很低，且不容易被细菌污染	40~200

表 3-36　PPR 水管配件的介绍

名称	特点	价格（元 / 个）
PPR弯头	弯头属于连接件，可以连接相同或不同规格的两根PPR管，还可以连接PPR管与外牙、水表、内牙等配件。常用的有异径弯头、活接内牙弯头、带座内牙弯头、90° 弯头、45° 弯头、90° 承口外螺纹弯头、90° 承口内螺纹弯头、过桥弯头等	8~60
PPR过桥弯管	当两路水路交叉时，需要进行桥接，下面的一路就需要用过桥弯管来连接，弯曲的部分放置上层管路，避免直接交叉	20~30
PPR三通	PPR三通为水管管道配件、连接件，又叫管件三通、三通管件或三通接头，用于三条相同或不同管路汇集处，主要作用是改变水流的方向，常用的有等径三通、异径三通、承口内螺纹三通等	5~15
PPR直通	PPR直通主要起到连接作用，用来连接管路和阀门，塑料的一段与管体连接，金属的一段连接金属管件，包括内丝直通、外丝直通、等径直通、异径直通等	5~15
PPR阀门	PPR阀门安装在管路中，主要用来截止水路或改变水路方向，在家庭中主要作用为方便维修管路，包括截止阀、球阀等	80~200
PPR丝堵	PPR丝堵是用于管道末端的配件，起到密封作用，安装在水龙头等配件之前，防止水路泄露或遭到装修粉尘污染，可分为内丝和外丝两类	3~6
PPR活接	使用PPR活接方便在阀门损坏时更换，如果不使用活接，则一旦阀门出现问题只能锯掉管路重新连接，包括牙活接、外牙活接、等径活接等	50~300
PPR管卡	PPR管卡用来固定管路的配件，在管路敷设完成后，将管路固定在墙上或地上，防止晃动	4~10

表 3-37　PVC 排水管及配件的介绍

名称	特点	价格
PVC排水管	PVC排水管以卫生级聚氯乙烯树脂为主要原料，具有抗捡性好，耐腐蚀，膨胀系数小，水流阻力小，造价低，安装操作方便等优点	10~60元/米
PVC直落水接头	PVC直落水接头主要作用为连接管路以及用于管路透气、溢流、消除伸缩余量	3~5元/个
PVC三通	起到连接作用，用来连接三个等径的PVC管道，改变水流的方向，包括正三通、斜三通、左斜三通、右斜三通、瓶型三通等	2~6元/个
PVC四通	PVC四通连接件，作用与三通类似，不同的是四通同时能够连接四根管路，可分为普通四通和立体四通	3~8元/个
PVC弯头	PVC弯头用于连接管道转弯处，连接两根直径相等的管子，包括90° 弯头、45° 弯头、异径弯头、U型弯头等	1~5元/个
PVC存水弯	PVC存水弯在内部能形成一定高度的水柱，能阻止排水管道内各种污染气体以及小虫进入室内，可分为S形存水弯和P形存水弯两类	6~12元/个

续表

名称	特点	价格
PVC伸缩节	PVC伸缩节用于卫浴间横管与立管交叉处的三通下方，为了防止排水主管路与支路的接头部分因热胀冷缩而发生变形、开裂的情况	2~5元/个
PVC检查口	PVC检查口通常安装在立管处和转弯处，在管道有堵塞时可以将盖子拧下，方便疏通管道，包括45°弯头带检查口、90°弯头带检查口、立管检查口等	3~10元/个
PVC管帽	PVC管帽起到封闭管口、保护管道作用	1~3元/个
PVC管卡	PVC管卡将管路固定在顶面和墙面上的固定件，避免管道晃动	1~3元/个

2. 掌握选购技巧

水路材料的选购技巧包括两项，如图3-54所示。

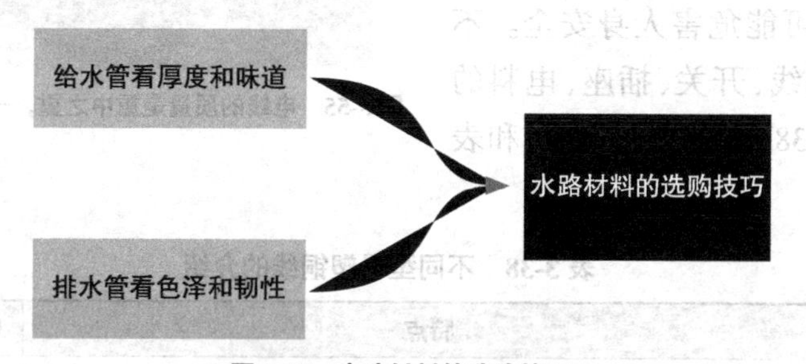

图3-54 水路材料的选购技巧

（1）PPR给水管及管件：白色的水管和管件为乳白色而不是纯白色，着色应均匀，内外壁均比较光滑，无针刺或小孔；管壁厚薄应均匀一致；手感应柔和，捏动感觉有足够的韧性，用手挤压应不易变形；好的水管和管件材料是环保的，应无任何刺激性气味；观察断茬，茬口越细腻，说明管材均化性、强度和韧性越好；管壁上应印有商标、规格、厂名等信息；索取管材的检测报告及其卫生指标的测试报告，以保证使用健康。

（2）排水管及管件：一定要选择执行国标标准的产品，执行企业标准的产品质量不如执行国标的产品质量好；颜色应为乳白色且均匀，而不是纯白色，质量差的PVC排水管颜色或为雪白或有些发黄，有的颜色还不均匀；应有足够的刚性，用手按压管材时不应产生变形；将管材锯切成条后，将其弯折180°，越难折断的说明韧性越大；在室温接近20℃时，将管材锯切成20mm长，用锤子猛击，越难击破的越好；应选择有信誉的销售商或知名企业的产品，一般来说，路边经销店的管材合格率不足20%。

二十一 电路材料的预算

1. 电路关系家居生活安全，不能贪便宜

家装电路工程使用的材料包括电线（见图3-55）、电线套管、空气开关、电箱以及开关插座等，其中差价较大的是电线、空气开关和开关插座。需要注意的是，做电路预算，材料不能只贪便宜，电路同水路一样属于隐蔽工程，若使用了劣质材料，出现问题时再更换就需要砸墙重新走线，浪费人力和金钱，而且容易断电甚至起火，可能危害人身安全。不同型号塑铜线、开关、插座、电料的介绍如表3-38、表3-39、表3-40和表3-41所示。

图3-55 电线的质量是重中之重，一定要慎重选择

表3-38 不同型号塑铜线的介绍

名称	特点	价格（元/卷）
$1.5mm^2$线	$1.5mm^2$线作为照明线使用，可串联多盏灯具，若灯具数量过多，则需更换为$2.5mm^2$线或增加回路数量	90~120
$2.5mm^2$线	$2.5mm^2$线作为普通插座线使用，可串联多个插座，若电器数量较多，则需增加回路数量	140~180
$4mm^2$线	$4mm^2$线作为空调、热水器、按摩浴缸等大功率电器专用插座线使用，若电器数量多则需增加回路数量	240~290
$6mm^2$线	$6mm^2$线作为进户线使用，若没有过大功率的电器，通常用作进户线	400~500
$10mm^2$线	$10mm^2$线作为进户线使用，若大功率电器较多，需用作进户线	350~800

表3-39 不同开关的介绍

名称	特点	价格（元/个）
单控翘板开关	单控翘板开关是最常见的开关形式之一，通过上下按动来控制灯具，一个开关控制一盏或多盏灯具。分为一开单控、双开单控、三开单控、四开单控等多种	5~150
双控翘板开关	双控翘板开关可与另一个双控开关一起控制一盏或多盏灯具。分为双开双控、四开双控等	5~150
触摸开关	触摸开关是应用触摸感应芯片原理设计的一种墙壁开关，可以通过人体触摸来实现灯具或设备的开、关	30~150

续表

名称	特点	价格（元/个）
调光开关	调光开关可以通过旋转的按钮，控制灯具的明亮程度及开、关灯具	15~260
调速开关	通常是与吊扇配合使用的，可以通过旋转钮来控制风扇的转速及开、关风扇	10~80
延时开关	通过触摸或拨动开关，能够延长电器设备的关闭时间	20~300
定时开关	定时开关是指设定关闭时间后，由开关所控制的设备会在到达该时间的时候自动关闭	20~150
红外线感应开关	内置红外线感应器，当人进入开关控制范围时，会自动联通负载开启灯具或设备，离开后会自动关闭	20~300
转换开关	转换开关适用于一个空间中安装多盏或多种灯具的情况，例如按压一下打开主灯，继续按压打开局部照明，按压三下打开全部灯具，按压四下关闭等	40~150
智能开关	智能开关可以通过手机App控制全屋灯具、空调、音响、风扇、窗帘等设备的开关	140~290

表 3-40　不同插座的介绍

名称	特点	价格（元/个）
两孔插座	两孔插座的面板上有两个孔，额定电流以10A为主，占据的位置与其他插座相同，但一次只能插接一个两孔插头，所以先多用四孔或多功能五孔插座等代替	9~40
三孔插座	三孔插座的面板上有三个孔，额定电流分为10A和16A两种，10A用于电器和挂机空调，16A用于2.5P以下的柜机空调。还有带防溅水盖的三孔插座，用在厨房和卫浴间中	12~50
四孔插座	四孔插座的面板上有四个孔，分为普通四孔插座和25A三相四级插座两种，后者用于功率大于3P的空调	8~50
五孔插座	五孔插座的面板上有五个孔，可以同时插一个三头和一个双头插头。分为正常布局和错位布局两类	12~80
多功能五孔插座	多功能五孔插座分为两种，一种是单独五个孔，可以插国外的三头插头。另一种是带有USB接口的面板，除可插国外电器外，还能同时进行USB接口的充电	15~100
带开关插座	插座的电源可以经由开关控制，所控制的电器不需要插、拔插头，只需要打开或关闭开关即可供电和断电	8~50
地面插座	地面插座是指安装在地面上的插座，既有强电插座又有弱电插座。能够将开关面板隐藏起来与地面高度平齐，通过按压的方式即可弹开使用	50~200
电视插座	电视插座是指有线电视系统的输出口，可以将电视与有线电视信号连接。有三种类型，串接式插座适合普通有线电视；宽频电视插座既可接有线也可接数字信号；双路电视插座可以同时接两个电视信号线	15~150

续表

名称	特点	价格（元/个）
网络插座	网络插座是将电脑等用网设备与网络信号连接起来的插座	15~150
电话插座	电话插座是将电话与电话信号连接起来的插座，分为单口和双口两种，双口可以同时连接两台电话机	15~150
双信息插座	双信息插座可以同时插两个信息信号线，可以是两个网线插口，也可以是电话电脑双信息插座或者电视电脑双信息插座	15~200
音响插座	音响插座是用来接通音响设备的插座。包括一位音响插座和两位音响插座，一位音响插座，用来接音响；二位音响插座，用来接功放	15~150

表 3-41　其他电料的介绍

名称	特点	价格
PVC电线套管	PVC电线套管即聚氯乙烯硬质电线管，耐酸碱，易切割，施工方便，传导性差，发生火灾时能在较长的时间内保护电路，便于人员的疏散	8~60元/米
空气开关	空气开关可分为普通空气开关和漏电保护器两大类，普通空气开关没有漏电保护功能，而漏电保护器具有防漏电功能，两者的外观很类似，区别是漏电保护器上有一个“每月按一次”的按钮	15~150元/个
强电箱	强电箱内安装总空气开关、分路空气开关、漏电保护器等强电电器设备。箱体外壳有金属和塑料两种，塑料的比较美观，安装方式有明装和暗装两种，家中多采用暗装式	120~500元/个
弱电箱	弱电箱又叫多媒体信息箱，是将电话线、电视线、宽带线集中在一起，然后统一分配，能够提供高效的信息交换与分配。弱电箱中设有电话分支、电脑路由器、电视分支器、电源插座、安防接线模块等	130~600元/个
暗盒	暗盒内部连接电线，上方安装开关或插座面板	5~30元/个

2. 掌握选购技巧

电路材料根据不同的类别其相应的选购技巧如图3-56所示。

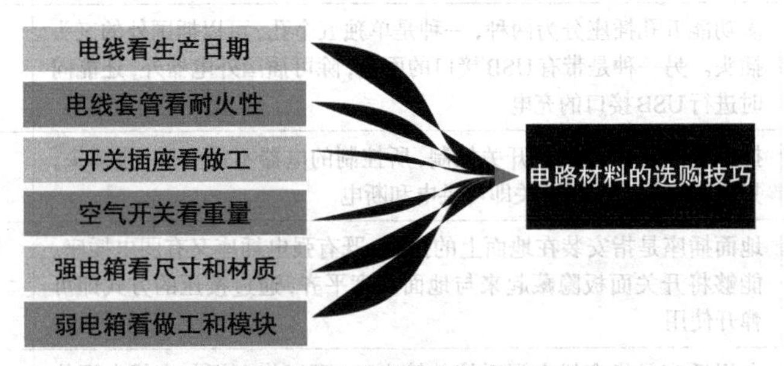

图 3-56　电路材料的选购技巧

（1）电线：包装上应印有厂名、厂址、检验章、生产日期、生产许可证号和国家强制性产品认证（CCC）标志，应具备产品质量体系认证书和合格证，带有“长城标志”的产品质量更好一些；制造期为3年以内的电线最佳，电线绝缘皮的使用年限为15~20年，日期越早使用寿命越长；好的电线铜芯是优质的紫红铜，质地略软，光泽度高，色泽柔和，黄中带红；绝缘层应色彩鲜亮，质地细密，厚度为0.8mm左右；用打火机点燃应无明火，来回弯折应手感柔软，无龟裂现象。

（2）电线套管：应有检验报告单和出厂合格证；管材、连接件等配件，内外壁应光滑无凹凸、针孔及气泡；壁厚应均匀一致，并达到手指用劲捏不破的强度；在火焰上烤，其自燃火应能迅速熄灭；放在地上用脚踩，不易踩坏。

（3）开关插座：品质好的开关大多使用防弹胶等高级材料制成，防火性能、防潮性能、防撞击性能等都较高，表面光滑，面板无气泡、无划痕、无污迹；开关拨动的手感轻巧而不紧涩，插座的插孔需装有保护门，插头插拔应需要一定的力度并且单脚无法插入；掂量单个开关插座，如果是合金或者薄的铜片，手感较轻，品质就很难保证；注意有无“CCC”标志、额定电流电压值、产品生产型号、日期等；可以通过火烧来测试其阻燃性，达到标准的开关插座离火后会自动熄灭。

（4）空气开关：额定电压和电流不应小于电路正常工作电压和电流；应有产品合格证，并注意认证书的有效期，应有“IEC标志”“CCC”标志、型号、规格等；手柄推拉时应感觉有弹性和一定的压力感；开关应灵活、无卡死滑扣等现象，声音应清脆；高质量的空气开关重量应在85g以上，如果达不到多为次品。

（5）强电箱：根据家中控制回路空气开关的数量选择配电箱的尺寸；宜选择钢材料的箱体，箱体应结实、牢固；导轨应为标准35mm导轨，材料要坚固耐用；零线排、接地排应采用铜合金材料，这种材料不易腐蚀生锈；箱盖应开门方便，材料不易破损，固定件可靠牢固。

（6）弱电箱：尺寸应尽量大一些，为后期升级以及设备的增加预留足够空间；箱体宜选择钢材的，且钢板厚度最好在1mm以上；箱体烤漆要平整、无瑕疵，避免潮湿地区出现水气渗透导致箱体生锈；模块的选择应结合家中弱电设备配备，如没有座机则无需安装电话模块；内部有源设备较多的情况下，应选择散热孔较为密集的弱电箱；若箱内计划放入无线路由器，则应选塑料面板的箱盖，金属箱盖会阻碍信号。

第四章

不同施工工程的预算

在家装的整个过程中，需要经历很多工程，而且每一种工程还包含了诸多项目，了解这些工程的种类和项目的单位、单价、材料结构及工艺标准，能够对家装预算做到更加心理有数，有利于对装饰公司提供的报价进行进一步的甄别。本章共包含了12个任务，分别介绍了拆除工程、水路施工、电路施工、防水施工、隔墙施工、墙地砖施工、吊顶施工、柜体施工、油漆施工、壁纸和壁布施工、门窗施工以及地板施工的参考预算。

本章要点

- 了解不同施工工程包含的项目
- 了解不同施工工程的项目单位
- 了解不同施工工程的项目价格
- 了解不同施工工程的材料结构
- 了解不同施工工程的工艺

家装工程程序繁多，只要有一两个大工程的预算被动手脚，就会损失部分金钱而不自知。为了避免这种情况的发生，业主需要了解每一种工程所包含的项目以及项目的单位、单价、材料结构和工艺做法。这样才能在看预算表时有一个较靠谱的参照。

一　拆除工程——避免反复拆除，才能省钱

1. 做好户型布局规划，避免重复支出

户型布局规划需要满足五个方面的要求才能避免重复支出，如图4-1所示。

做好拆除工程，首先应做好户型的设计与改造，不然在后期的拆除与施工当中，会发生反复施工的情况，无形中增加了工作量，又增加了整体预算支出。因此，应当先做好前期的设计规划，避免发生后期的反复施工现象。在具体的拆除工程中，需要了解哪些墙体可以拆改，哪些墙体不可以拆改，若拆除了禁止拆改的墙体（见图4-2），则在物业处存放的装修保证金便无法拿回，会造成经济上的损失。

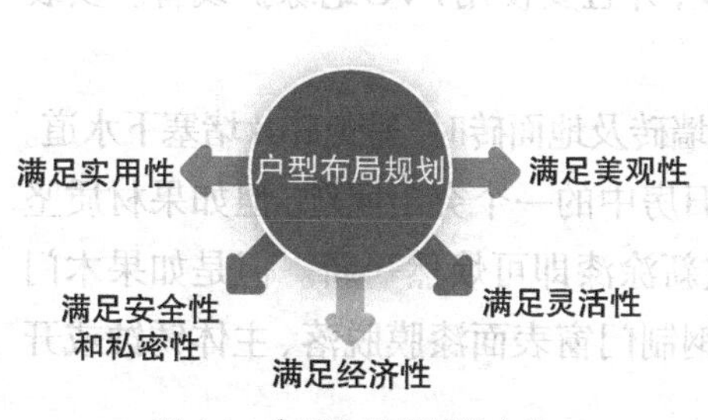

图4-1　户型布局规划的方法

图4-2　拆除墙体时应注意，垃圾应堆放在一块儿，并且注意剪力墙的位置

（1）满足实用性。通常情况下，户型布置应当实用，大小要适宜，功能划分要合理，应当使人感觉舒适温馨，每个房间最好间隔方正，不要出现太多的边边角角，否则会让房间利用率大大降低。

（2）满足安全性和私密性。安全性主要是指住宅的防盗、防火等方面的性能。而私密性是每个家居环境都必须具备的功能特性，否则，就不能称之为“家”了。比如，最好不要采用一些面积过大的窗户设计以及卧室和客厅间的无遮挡设计。

（3）满足经济性。经济性指规划后的每个空间应紧凑实用，具有较高的利用率。也就是说，尽量增加每一平方米面积的作用，例如阳台兼具书房或休闲功能等。

（4）满足灵活性。户型布置还要有一定的灵活性，以便根据生活要求灵活地改变使用空间，满足不同对象的生活需要。灵活性的另一个体现就是可改性，因为家庭规模和结构并不是一成不变的，生活水平和科技水平也在不断提高，户型应符合可持续发展的原则，为合理的结构体系提供一个大的空间，留出调整与更新的余地。

（5）满足美观性。在满足家居生活的各种功能性的基础上，户型的改造也要满足一定的美观性，即家居环境要有自己的个性、特色和独有的品位，如果装饰得像酒店一样，就失去了家的温馨感。

2. 旧房拆除改造中少不了的预算

（1）彻底检查水路。一般旧房原有的水路管线大多布局不太合理或者已被腐蚀，所以应对水路进行彻底检查。如果原有的水路管线是已被淘汰的镀锌管，在施工中必须将其全部更换为铜管、铝塑复合管或PPR管。

（2）重新布局电路。旧房普遍存在电路分配简单、电线老化、违章布线等现象，已不能适应现代家庭的用电需求，所以在装修时必须彻底改造，重新布线。以前电路多用铝线，建议更换为铜线，并且要使用PVC绝缘护线管。安装空调等大功率电器的线路要单独走线。

（3）注意拆除墙体时产生的碎片。砸墙砖及地面砖时，避免碎片堵塞下水道。

（4）重新更换门窗。门窗老化也是旧房中的一个突出问题，但如果材质坚固，并且款式也还不错，一般来说只要重新涂漆即可焕然一新。但是如果木门窗起皮、变形，就一定要换。此外，如果钢制门窗表面漆膜脱落、主体锈蚀或开裂，则应拆掉重做。

不能拆除的墙体

（1）承重墙：承重墙承担着楼盘的重量，维持着整个房屋结构的力的平衡。拆除承重墙是涉及生命安全的严重问题，所以这个禁忌绝对不能触碰。

（2）梁、柱：梁、柱是用来支撑整栋楼结构重量的，是房屋的核心骨架，如果随意拆除或改造就会影响到整栋楼的使用安全，这非常危险，所以梁、柱绝不能拆改。

（3）钢筋：墙体中的钢筋是不能破坏的。在拆改墙体时，如将钢筋破坏，就会影响到房屋结构的承受力，留下安全隐患。

（4）预制板墙：对于砖混结构的房屋来说，凡是预制板墙一律不能拆除，也不能开门和开窗。特别是24cm及以上厚度的砖墙，一般这类都属于承重墙，不能轻易拆除和改造。

（5）阳台边的矮墙：现在随着对于大生活空间的向往，人们对房间与阳台之间设置的一堵矮墙非常讨厌，总想“拆之而后快”。一般来说，墙体上的门窗可以拆除，但该墙体不能拆除，因为该墙体在结构上称为配重墙。配重墙起着稳定外挑阳台的作用，如果拆除该墙，就会使阳台的承重力下降，严重的还会导致阳台坍塌。

（6）嵌在混凝土结构中的门框：这样的门框其实已经与混凝土结构合为一体，如果对其进行拆除或改造，就会破坏结构的安全性，同时，重新安装一扇合适的门也是比较困难的事情，且肯定不如原有的好。

3. 拆除项目的预算价格

拆除工程的参考预算表如表4-1所示。

表 4-1　拆除工程参考预算表

序号	工程项目	单位	单价（元）	说明
1	拆墙	m^2	35~55	拆除墙体的厚度限在18cm内，严禁拆除混凝土墙以及梁、柱，含打墙费用、人工费用及购买垃圾袋费用
2	拆墙	m^2	55~70	含打墙、人工费及购买垃圾袋费用。厚度在19~30cm内。严禁拆除混凝土墙以及梁、柱
3	拆门、门框	樘	65	拆除门、门框，并用水泥砂浆批边，含人工费用
4	拆窗、窗框	项	400~800	拆除窗、窗框，并用水泥砂浆批边，含人工费用
5	拆除飘窗	项	400~600	拆除飘窗，并用水泥砂浆批边，含人工费用
6	铲除旧地面砖	m^2	17	含购买垃圾袋费用、铲除费用，铲至水泥面。不含铲除水泥面费用
7	铲除旧墙面瓷片	m^2	18	含购买垃圾袋费用、铲除费用，铲至水泥面。不含铲除水泥面费用
8	铲除旧墙面原批荡	m^2	13	人工铲除费用至砖墙面，含购买垃圾袋费用、铲除费用
9	铲除墙面表面乳胶漆或原灰层	m^2	5	含购买垃圾袋费用、铲除费用
10	旧墙面刷光油	m^2	7	光油稀释涂刷旧墙面，起隔离作用
11	拆墙垃圾清理	m^2	11	四层楼以上无电梯必须加收此项费用
12	拆洁具	项	250	全房洁具

二　水路施工——保证施工质量，避免返工

1. 选好管材

目前，在水路施工中，一般都采用PPR管代替原有过时的管材（见图4-3），如铸铁、PVC等材质的水管。铸铁管会被锈蚀，使用一段时间后，容易影响水质，同时管材也容易因锈蚀而损坏。PVC这一材料的化学名称是聚氯乙烯，其中含有氯的成分，对健康不好，PVC管现在已经被明令禁止作为给水管使用，尤其是热水管更不能使用。如果原有水路采用的是PVC管，就应该全部更换。因此，在预算时不可为了省钱而选择劣质的PVC、铸铁等管材。

图 4-3　家装水路改造现多采用 PPR 水管，性价比高，施工也较方便

2. 了解水路施工问题

水路施工的要点如图4-4所示。

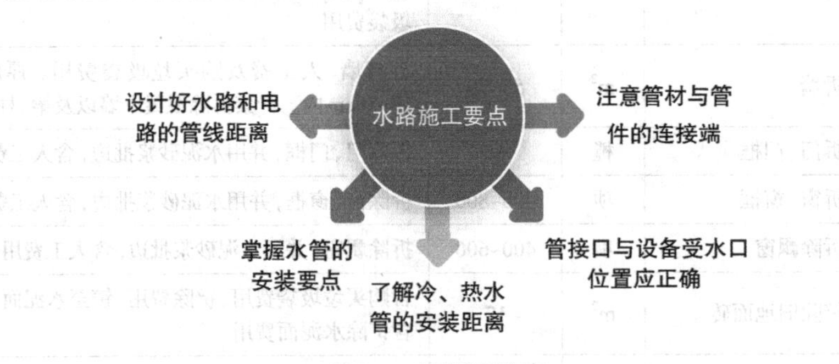

图 4-4　水路施工要点

（1）设计好水路和电路的管线距离。给水系统安装前，必须检查水管、配件是否有破损、砂眼等；管与配件的连接，必须正确且已加固；给水、排水系统布局要合理，尽量避免交叉，严禁斜走；水路应与电路距离500~1000mm。

（2）掌握水管的安装要点。安装PPR管时，热熔接头的温度必须达到250~400℃，接熔后接口必须无缝隙、平滑、方正；安装PVC下水管时要注意放坡，保证下水畅通，无渗漏、倒流现象；当坐便器的排水孔要移位时，要考虑抬高高度至少有200mm；坐便器的给水管必须采用6分管（20~25铝塑管）以保证冲水压力，其他给水管采用4分管（16~20铝塑管）；排水要直接到主水管里，严禁用 ϕ50以下的排水管；不得冷、热水管配件混用。

（3）了解冷、热水管的安装距离。冷、热水管安装应左热右冷，平行间距应不小于200mm。明装热水管穿墙体时应设置套管，套管两端应与墙面持平。

（4）管接口与设备受水口位置应正确。对管道固定管卡应进行防腐处理并安装牢固，当墙体为砖墙时，应凿孔并填实水泥砂浆后再进行固定件的安装；当墙体为轻质隔墙时，应在墙体内设置埋件，后置埋件应与墙体连接牢固。

（5）注意管材与管件的连接端。管材与管件连接端面必须清洁、干燥、无油，去除毛边和毛刺；管道安装时必须按不同管径的要求设置管卡或吊架，位置应正确，埋设要平整，管卡与管道接触应紧密，但不得损伤管道表面；金属管卡或吊架与管道之间采用塑料带或橡胶等软物隔垫。

3. 水路施工的预算价格

水路施工的参考预算表如表4-2所示。

表 4-2　水路施工参考预算表

序号	工程项目	单位	单价（元）	说明
1	水电线路的人工开槽	m	12~23	水电开槽费用
2	水路改装	m	71	ϕ40**铝塑管含配件，不含开槽费用
3	水路改装	m	85	ϕ60**铝塑管含配件，不含开槽费用
4	水路改装	m	71	ϕ40高级PRR复合管含配件，不含开槽费用
5	水路改装	m	110	ϕ40紫铜管及配件，不含开槽费用
6	水路改装	m	135	ϕ60紫铜管及配件，不含开槽费用

三　电路施工——做好方案，避免拆改

1. 根据设计方案预估电路花费

电路施工需要有一个完整的电路设计方案，不仅可以避免后期拆改，而且也可以根据方案计算出来预算（见图4-5）。设计方案前应先确定所使用电器的种类、功率及安装高度，然后确定开关、插座的数量和高度，进而计算出线路的长短，就可以做出一个详细的电路设计方案。一些专业的水电改造公司会提出一个10%的误差，若超过了这个误差数，业主可以不支付超出的这部分费用，从而能够在一定程度上规避电路预算超支的情况。

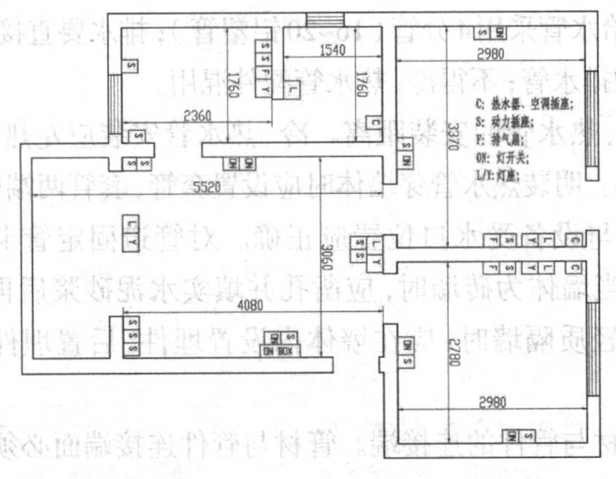

图 4-5　电路施工不能盲目开工，先设计出方案再开工才能避免资金的浪费

2. 了解电路施工问题

电路施工要点如图4-6所示。

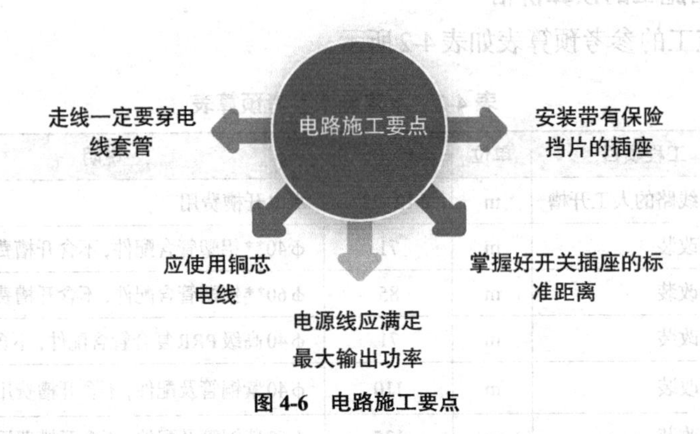

图 4-6　电路施工要点

（1）穿管走线延寿命。强、弱电穿管走线的时候不能交叉，要分开，强、弱电插座保持50cm以上距离。一定要穿管走线，切不可在墙上或地下开槽明铺电线之后，用水泥封堵了事，这会给以后的故障检修带来麻烦。另外，穿管走线时电视线和电话线应与电力线分开，以免发生漏电伤人毁物甚至着火的事故。

（2）铜质绝缘电线更安全。电线应选用铜质绝缘电线或铜质塑料绝缘护套线，保险丝要使用铅丝，严禁使用铅芯电线或使用铜丝做保险丝。施工时要使用三种不同颜色的外皮的塑质铜芯导线，以便区分火线、零线和接地保护线，不可图省事用一种或两种颜色的电线完成整个工程。

（3）电源线应满足最大输出功率。电源线配线时，所用导线截面积应满足用电设备的最大输出功率。

（4）开关插座的标准距离。电源插座底边距地宜为300mm，平开关板底边距地宜为1300mm，挂壁空调插座距地宜为1900mm，脱排插座距地宜为2100mm，厨房插座距地宜为950mm，挂式消毒柜插座距地宜为1900mm，洗衣机插座距地宜为1000mm，电视机插座距地宜为650mm。

（5）安装带有保险挡片的插座。为防止儿童触电、用手指触摸金属物插捅电源的孔眼，一定要选用带有保险挡片的安全插座；电冰箱、抽油烟机应使用独立的、带有保护接地的三眼插座；卫浴间比较潮湿，不宜安装普通型插座。

3. 电路施工的预算价格

电路施工的参考预算表如表4-3所示。

表4-3　电路施工参考预算表

序号	工程项目	单位	单价（元）	说明
1	电路暗管布管布线	m	42	2.5mm^{2}国标**多芯铜芯线不含开槽费用
2	电路暗管开槽	m	12	仅含人工费用
3	明管安装	m	36	包工包料；2.5mm^{2}国际**多芯铜芯线，如需超出此线规格，则由甲方补材料差价，具体以实际长度计算，完工前双方签字确认，不含开槽及开关、插座的费用
4	原有线路换线	m	12	2.5mm^{2}国标**铜芯线（不含开槽）
5	弱电布线	m	33	电视、电话、音响、网络优质线（不含开槽）
6	弱电布线	m	24	仅含人工费用，不含开槽费用
7	开关插座安装（暗线盒）	个	12	仅含人工费用

四　防水施工——做好找平，才能保证涂刷质量

1. 掌握防水的涂刷高度

通常家居中的卫浴间、厨房、阳台的地面和墙面，一楼的所有地面和墙面，地下室的地面和所有墙面都应进行防水防潮处理。其中，重点是卫浴间防水。在卫浴间的地面防水中，四周的墙体应上翻刷30cm高；淋浴区周围墙体上翻刷180cm或者直接刷到墙顶位置；有浴缸的位置上翻刷比浴缸高30cm。如果想要获得更好的防

图4-7　防水施工要做好找平工作

水体验，那么多涂刷些也是有益无害的。

2. 了解防水施工问题

防水施工要点如图4-8所示。

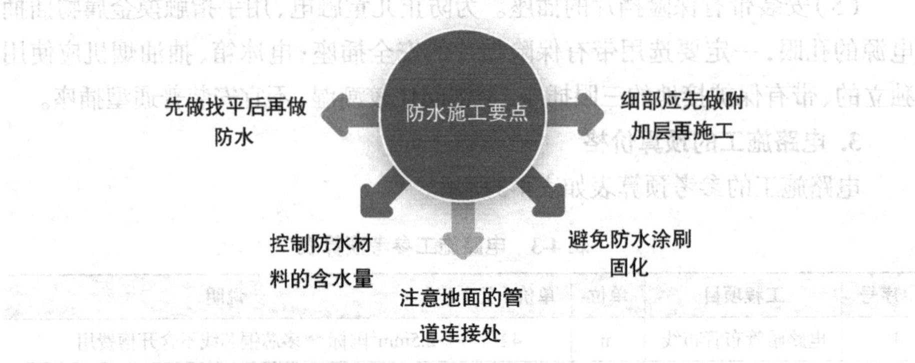

图 4-8　防水施工要点

（1）先做找平后再做防水（见图4-7）。首先要用水泥砂浆将地面做平（特别是重新装修的房子），然后再做防水处理。这样可以避免防水涂料因薄厚不均或刺穿防水卷材而造成渗漏。

（2）控制防水材料的含水量。防水层空鼓一般发生在找平层与涂膜防水层之间和接缝处，原因是基层含水量过大，使涂膜空鼓，形成气泡。施工中应控制含水率，并认真操作。

（3）注意地面的管道连接处。防水层渗漏水，多发生在穿过楼板的管根、地漏、卫生洁具及阴阳角等部位，原因是管根、地漏等部件松动、粘接不牢、涂刷不严密或防水层局部损坏，以及部件接槎封口处搭接长度不够等。所以这些部位一定要格外注意，处理时一定要细致，不能有丝毫的马虎。

（4）防水涂刷不固化的解决办法。涂膜防水层涂刷24小时未固化仍有粘连现象，涂刷第二道涂料有困难时，可先涂一层滑石粉，以便在操作时不粘脚，且不会影响涂膜质量。

（5）细部应做附加层。地面的地漏、管根、出水口、卫生洁具等根部（边沿）和阴阳角等部位，应在大面积涂刷前，先做一布二油防水附加层，两侧各压交界缝200mm。涂刷防水材料，具体要求是，在常温4小时表干后，再刷第二道涂膜防水材料，24小时实干后，即可进行大面积涂膜防水层施工。

3. 防水施工的预算价格

防水施工的参考预算表如表4-4所示。

表 4-4　防水施工参考预算表

序号	工程项目	单位	单价（元）	说明
1	刚性防水	m^2	80~100	包工包料。以水泥、沙石为原材料，或在其内掺入少量外加剂、高分子聚合物等材料，通过调整配合比、抑制或减小孔隙率、改变孔隙特征，增加各原材料界面间的密实性等方法，配制成具有一定抗渗透能力的水泥砂浆混凝土类防水材料
2	柔性防水	m^2	50~90	包工包料。通过柔性防水材料（如卷材防水、涂膜防水）来阻断水的通路，以达到建筑防水的目的或增加抗渗漏的能力

五　隔墙施工——了解施工标准，避免受骗

1. 隔墙材料不同，价格不同

隔墙施工根据不同的选用材料、施工方式等，相应的预算价格也有较明显的差别（见图4-9）。隔墙有砖砌隔墙、木作隔墙、玻璃隔墙三类，每一类隔墙都可根据具体的家居风格来进行设计，其中，玻璃隔墙是价格最高的，装饰效果也是最突出的。而从隔音效果与牢固度选择，砖砌隔墙的效果更好，砖砌隔墙依据不同的厚度，可以起到不同的隔音效果。

图 4-9　石膏板隔墙，施工时墙体接缝处的细节一定要处理好，防止后期开裂

2. 了解骨架隔墙施工

骨架隔墙是使用金属材料和木材材料来做龙骨的，并且在龙骨的两边用不同材料的板材做成罩面板，形成一种墙体。

隔墙的骨架有两种材料：一是轻钢龙骨，是用镀锌钢带或薄钢板轧制经冷弯或冲压而成的，墙体龙骨由横龙骨、竖龙骨及横撑龙骨和各种配件组成，有50型、75型、100型和150型四个系列；二是木龙骨，通俗点讲就是木条，一般来说，只要是需要用骨架进行造型布置的部位，都有可能用到木龙骨。

施工重点

（1）安装沿地横龙骨：如沿地龙骨安装在踢脚板上，应等踢脚板养护到期达到设计强度后，在其上弹出中心线和边线；其地龙骨固定，如已预埋木砖，则将地龙骨用木螺钉钉结在木砖上；如无预埋件，则用射钉进行固结，或先钻孔后用膨胀螺栓进行连接固定。

（2）安装贯通龙骨、横撑：根据施工规范的规定，低于3m的隔墙安装一道贯通龙骨；3~5m的隔墙应安装两道；装设支撑卡时，卡距应为400~600mm，距龙骨两端的距离为20~25mm。对非支撑卡系列的竖龙骨，为了保证龙骨的稳定性，可以在龙骨非开口面通过加设角托进行加固。

3. 了解砖砌隔墙施工

（1）黏土砖隔墙。黏土砖隔墙是用普通黏土砖、黏土空心砖顺砌或侧砌而成。因墙体较薄，稳定性差，所以需要加固。对顺砌隔墙，若高度超过3m，长度超过5m，通常每隔5~7皮砖，在纵横墙交接处的砖缝中放置两根ϕ4的锚拉钢筋。在隔墙上部和楼板相接处，应用立砖斜砌。当墙上没门时，则要用预埋铁件或木砖将门框拉结牢固。

（2）砌块隔墙。砌块隔墙又称超轻混凝土隔断，是用比普通黏土砖体积大、堆密度小的超轻混凝土砌块砌筑的。常见的有加气混凝土、泡沫混凝土、蒸养硅酸盐砌块、水泥炉渣砌块等。加固措施与黏土砖隔墙相似。采用防潮性能差的砌块时，宜在墙下部先砌3~5皮砖厚墙基。

施工重点

（1）砖浇水湿润：砖必须在砌筑前一天浇水湿润，一般以水浸入砖四边1.5cm为宜，含水率为10%~15%，常温施工不得用干砖上墙；雨季不得使用含水率达到饱和状态的砖砌墙；冬期浇水有困难的，则必须适当增大砂浆黏稠度。

（2）砌筑：砌砖宜采用一铲灰、一块砖、一挤揉的“三一”砌砖法，即满铺满挤操作法。砌砖一定要跟线，“上跟线、下跟棱，左右相邻要对平”。水平灰缝厚度和竖向灰缝宽度一般为10mm，但不应小于8mm，也不应大于12mm。砌筑砂浆应随搅拌随使用，水泥砂浆必须在3小时内用完，水泥混合砂浆必须在4小时内用完，不得使用过夜砂浆。

4. 了解板材隔墙施工

（1）钛铂板、白宫板和埃特板。在主体结构墙面中心线和边线上，每隔500mm钻φ6孔，压片，一侧用长度350~400mmφ6钢筋码，钻孔打入墙体内，板材靠钢筋码就位后，将另一侧φ6钢筋码以同样的方法固定，夹紧板材，两侧钢筋码与板材横筋绑扎。板材与墙、顶、地拐角处，应设置加强角网，每边搭接不少于100mm（网用胶黏剂点粘），埋入抹灰砂浆内。

（2）石膏复合板。安装复合板时，在板的顶面、侧面和板与板之间，均匀涂抹一层胶黏剂，然后上、下顶紧，侧面要严实，缝内胶黏剂要饱满。板下面塞木楔，一般不撤除，但不得露出墙外。

（3）石膏空心条板。从门口通天框开始进行墙板安装，安装前先在板的顶面和侧面刷涂水泥素浆胶黏剂，然后推紧侧面，再顶牢顶面，板下侧1/3处垫木楔，并用靠尺检查垂直、平整度。踢角线施工时，用108胶水泥浆刷至踢角线部位，初凝后用水泥砂浆抹实压光。饰面可根据设计要求，做成喷涂油漆或贴壁纸等饰面层。也可用108胶水泥浆刷涂一道，抹一层水泥混合砂浆，然后用纸筋灰抹面，再喷涂色浆或涂料。

施工重点

（1）钛铂板、白宫板和埃特板隔墙抹灰：先在隔墙上用1∶2.5水泥砂浆打底，要求全部覆盖钢丝网，表面平整，抹实48小时后用1∶3的水泥砂浆罩面，压光。抹灰层总厚度为20mm，先抹隔墙的一面，48小时后抹另一面。抹灰层完工后，3天内不得受任何撞击。

（2）石膏复合板墙基施工：墙基施工前，楼地面应进行毛化处理，并用水湿润，现浇墙基混凝土。

（3）石膏空心板嵌缝：板缝用石膏腻子处理，嵌缝前先刷水湿润，再嵌抹腻子。

5. 了解玻璃隔墙施工

（1）玻璃砖隔墙。首先是踢脚台施工，踢脚台的结构构造如果为混凝土，则应将楼板凿毛、立模，洒水浇筑混凝土；如果为砖砌体，则按踢脚台的边线，砌筑砖踢脚。在踢脚台施工中，两端应与结构墙锚固并按设计要求的间距预埋防腐木砖。如采用框架，则应先做金属框架。每砌一层，按水平、垂直灰缝10mm，拉通线砌筑。在每一层中，将2根φ6的钢筋，放置在玻璃砖中心的两边，压入砂浆的中央，钢筋两端与边框电焊牢固。

（2）有框落地玻璃隔墙。首先是固定框架。固定框架时，组合框架的立柱上、下端应嵌入框顶和框底的基体内25mm以上，转角处的立柱嵌固长度应在35mm以上。框架连接采用射钉、膨胀螺栓、钢钉等紧固时，其紧固件离墙（或梁、柱）边缘不得少于50mm，且应错开墙体缝隙，以免紧固失效。然后安装玻璃。玻璃不能直接嵌入金属下框的凹槽内，应先垫氯丁橡胶垫块（垫块宽度不能超过玻璃厚度，长度根据玻璃自重决定），然后将玻璃安装在框格凹槽内。

（3）无竖框玻璃隔墙。首先安装框架。如果结构面上没有预埋铁件，或预埋铁件位置不符合要求，则按位置中心钻孔，埋入膨胀螺栓，然后将型钢按已弹好的位置安放好。型钢在安装前应刷好防腐涂料，焊好后在焊接处再刷防锈漆。然后安装大玻璃、玻璃肋。先安装靠边结构边框的玻璃，清理干净槽口，垫好防震橡胶垫块。玻璃之间应留2~3mm的缝隙或留出与玻璃肋厚度相同的缝，以便安装玻璃肋和打胶。

6. 隔墙施工的预算价格

隔墙施工的参考预算表如表4-5所示。

表4-5 隔墙施工参考预算表

序号	工程项目	单位	单价（元）	说明
1	夹板封墙	m^2	95	1. 用30mm×40mm双面木龙骨框架，双层广州合资B板3mm+5mm夹板 2. 不含批灰费用、批荡费用、墙面油漆费用 3. 工程量按照墙面双面面积计算
2	夹板封隔音墙	m^2	118	1. 用30mm×40mm双面木龙骨框架，双层广州合资B板3mm+5mm夹板，内填吸声棉 2. 不含批灰、墙面油漆 3. 工程量双面测量。若市场断货，选用同等品质材料
3	泡沫砖墙	m^2	95	1. 含泡沫砖费用及人工费用 2. 不含批灰费用、批荡费用、墙面油漆费用
4	轻质水泥砖砌墙	m^2	100	1. 含轻质水泥砖费用、水泥费用、砂浆费用和砌墙工费用，不含批荡费用 2. 不含批灰、墙面油漆 3. 材料选用国标32.5级水泥，如市场断货，选用同等品质材料
5	空心水泥砖砌墙	m^2	115	1. 含空心水泥砖费用、水泥费用、砂浆费用、砌墙工费用，不含批荡费用 2. 不含批灰费用、墙面油漆费用 3. 材料选用国标32.5级水泥，如市场断货，选用同等品质材料

续表

序号	工程项目	单位	单价（元）	说明
6	新砌白宫板墙	m^2	210	1. 含人工费用，辅料费用 2. 不含批灰费用、批荡费用、墙面油漆费用 3. 材料选用白宫板，如市场断货，选用同等品质材料
7	新砌钛铂板墙	m^2	150	1. 含人工费用，辅料费用 2. 水泥砂浆找平，厚度不大于5mm 3. 不含批灰费用、墙面油漆费用 4. 材料选用6分钛铂板，如市场断货，选用同等品质材料
8	新砌钛铂板墙	m^2	190	1. 含人工费用，辅料费用 2. 水泥砂浆找平，厚度不大于5mm 3. 不含批灰费用、墙面油漆费用 4. 材料选用8分钛铂板，如市场断货，选用同等品质材料
9	水泥板现浇墙	m^2	400	1. 不含批灰费用、墙面油漆费用 2. 材料选用国标32.5级水泥，如市场断货，选用同等品质材料
10	埃特板墙	m^2	210	1. 用20mm×30mm木龙骨，单面封8mm埃特板 2. 墙面批荡费用、饰面刷乳胶漆费用另计
11	埃特板墙	m^2	310	1. 用30mm×40mm木龙骨，双面封8mm埃特板 2. 墙面批荡费用、饰面刷乳胶漆费用另计
12	石膏板墙	m^2	135	1. 轻钢龙骨，双面封12mm石膏板 2. 不含批灰费用、墙面油漆费用 3. 材料选用**牌石膏板，如市场断货，选用同等品质材料
13	石膏板墙	m^2	95	1. 用30mm×40mm木龙骨，单面封12mm石膏板 2. 不含批灰、墙面油漆 3. 材料选用**牌石膏板，如市场断货，选用同等品质材料
14	玻璃砖隔墙	m^2	260~400	含人工费用，辅料费用
15	有框落地玻璃隔墙	m^2	350~480	含人工费用，辅料费用
16	无竖框玻璃隔墙	m^2	400~500	含人工费用，辅料费用

六　墙地砖施工——贴砖前要规划，避免浪费资金

1. 细致的规划墙地砖铺贴预算

墙地砖施工的预算包括不同的材料，如瓷砖、马赛克、石材等；包括不同的

施工位置，如墙面粘贴瓷砖、地面铺贴瓷砖；包括不同的拼贴方式，如拼花瓷砖、大理石拼花等。因此，想要掌握墙地砖的预算造价，就需要对墙地砖的施工工艺有必要的了解，通过细致地规划不同位置的砖的铺贴方式（见图4-10），计算出总的墙地砖铺贴预算。

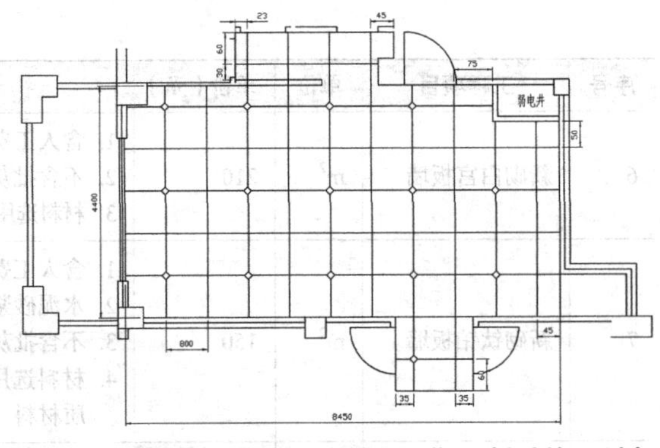

图 4-10　铺砖前可以设计一份图纸，将尺寸规划好，避免材料的浪费

2. 了解墙砖施工问题

墙砖施工要点如图4-11所示。

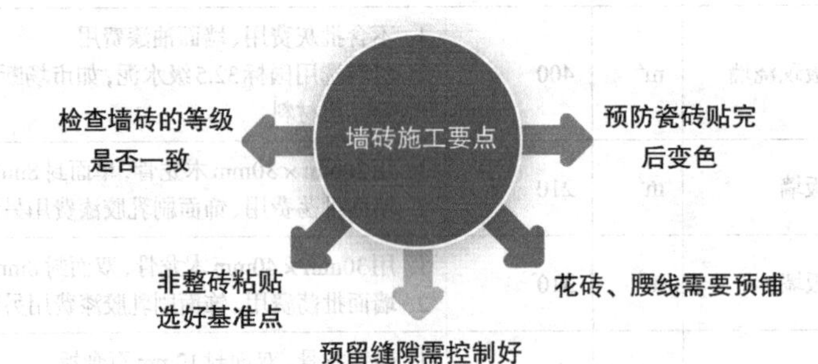

图 4-11　墙砖施工要点

（1）检查墙砖的等级是否一致。墙砖在使用前，要仔细检查墙砖的尺寸（长度、宽度、对角线）、平整度、色差、品种，防止混等混级。墙砖的品种、规格、颜色和图案应符合设计、业主的要求，表面不得有划痕、缺棱掉角等质量缺陷。

（2）非整砖的粘贴技巧。粘贴前应选好基准点，进行放线定位和排砖，非整砖应排放在次要部位或阴角处。每面墙不宜有两列非整砖，非整砖宽度不宜小于整砖的1/3。贴前应确定水平及竖向标志，垫好底尺，挂线铺贴。墙面砖表面应平整、接缝应平直、缝宽应均匀一致。阴角砖应压向正确，阳角线宜做成45° 角对接，在墙面凸出物处，应整砖套割吻合，不得用非整砖拼凑铺贴。

（3）掌握适合的墙砖预留缝隙。由于基础层、粘接层与瓷砖本身的热胀冷缩系数差异很大，经过1~2年的热冷张力破坏，过密的铺贴易造成瓷砖鼓起、断裂等问题。在铺贴瓷砖时，接缝可在2~3mm范围内调整。同时，为避免浪费材料，可先随机抽样若干选好的产品放在地面进行不粘合试铺，若发现有明显色差、尺寸偏差以及砖与砖之间缝隙不平直、倒角不均匀等情况，在进行砖位调整后仍没有达到满意效果的，应当及时停止铺设，并与材料商联系进行调换。

（4）花砖、腰线需要预铺。作为拼贴或者是装饰用的花砖、腰线，很多工人和业主觉得没有必要预铺，直接按预先弹出的线进行铺装。其实，作为美观装饰用的花砖、腰线，在铺贴效果上要求更高，尤其是在一些细节上的瑕疵往往会影响最终的平面效果。

（5）瓷砖贴完后颜色不一样。此问题除了瓷砖质量差、釉面过薄的原因外，施工方法不当也是一个非常重要的因素。在贴砖过程中，应严格选好材料，浸泡袖面砖应使用清洁干净的水，用于粘贴的水泥砂浆应使用干净的沙子和水泥，操作时要随时清理砖面上残留的砂浆。

马赛克的粘贴

粘贴马赛克时，一般自上而下进行。在抹粘结层之前，应在湿润的找平层上刷一遍素水泥浆，抹3mm厚的1∶1∶2纸筋石灰膏水泥混合浆粘结层。待粘结层用手按压无坑印时，即在其上弹线分格，由于灰浆仍稍软，故称为“软贴法”。同时，将每联马赛克铺在木板上（底面朝上），用湿棉纱将砖粘结层面擦拭干净，再用小刷蘸清水刷一道。随即在砖粘贴面刮一层2mm厚的水泥浆，边刮边用铁抹子向下挤压，并轻敲木板振捣，使水泥浆充盈拼缝内，排出气泡。然后在粘结层上刷水、湿润，将锦砖按线、靠尺粘贴在墙面上，并用木锤轻轻拍敲按压，使其更加牢固。

3. 了解地砖施工问题

地砖施工要点如图4-12所示。

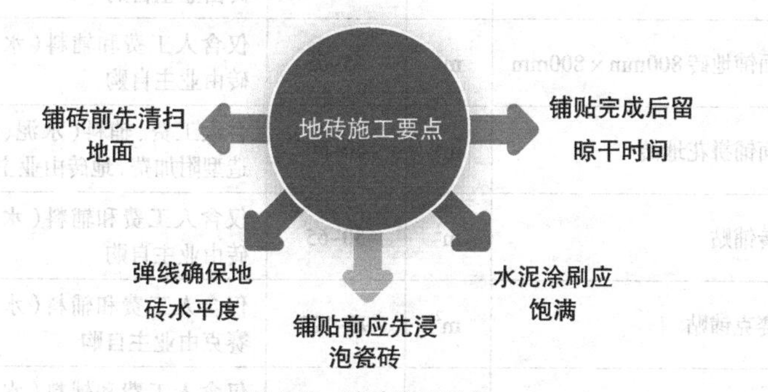

图4-12　地砖施工要点

（1）铺砖前先清扫地面。混凝土地面应将基层凿毛，凿毛深度为5~10mm，凿毛痕的间距为30mm左右。清净浮灰，砂浆、油渍，将地面洒水刷扫。或用掺

108胶的水泥砂浆拉毛。抹底子灰后，底层六七成干时，进行排砖弹线。基层必须处理合格。基层湿水可提前一天实施。

（2）弹线确保地砖水平度。铺贴前应弹好线，在地面弹出与门道口成直角的基准线，弹线应从门口开始，以保证进口处为整砖，非整砖置于阴角或家具下面，弹线应弹出纵横定位控制线。正式粘贴前必须粘贴标准点，用以控制粘贴表面的平整度，操作时应随时用靠尺检查平整度，不平、不直的，要取下重粘。

（3）铺贴前应先浸泡瓷砖。铺贴陶瓷地面砖前，应先将陶瓷地面砖浸泡两个小时以上，以砖体不冒泡为准，取出晾干待用。以免影响其凝结硬化，发生空鼓、起壳等问题。

（4）水泥涂刷应饱满。铺贴时，水泥砂浆应饱满地抹在陶瓷地面砖背面，铺贴后用橡皮锤敲实。同时，用水平尺检查校正，擦净表面水泥砂浆。铺粘时遇到管线、灯具开关、卫浴间设备的支承件等，必须用整砖套割吻合。

（5）铺贴完成后留晾干时间。铺贴完2~3小时后，用白水泥擦缝，用水泥、沙子比例为1∶1（体积比）的水泥砂浆，缝要填充密实，平整光滑。再用棉丝将表面擦净。铺贴完成后，2~3小时内不得上人。其中，陶瓷锦砖应养护4~5天才可上人。

4. 墙地砖的预算价格

墙地砖施工的参考预算表如表4-6所示。

表4-6　墙地砖施工的参考预算表

序号	工程项目	单位	单价（元）	说明
1	地面铺地砖600mm×600mm	m^2	42~55	仅含人工费和辅料（水泥、砂浆），地砖由业主自购
2	地面铺地砖800mm×800mm	m^2	55~65	仅含人工费和辅料（水泥、砂浆），地砖由业主自购
3	地面铺拼花地砖	m^2	50~60	含人工费、辅料（水泥、砂浆）及拼花造型附加费，地砖由业主自购
4	墙砖铺贴	m^2	50~65	仅含人工费和辅料（水泥、砂浆），墙砖由业主自购
5	马赛克铺贴	m^2	95~120	仅含人工费和辅料（水泥、砂浆），马赛克由业主自购
6	石材铺贴	m^2	60~75	仅含人工费和辅料（水泥、砂浆），石材由业主自购

七　吊顶施工——掌握施工重点，避免偷工减料

1. 掌握石膏板吊顶的预算方法

石膏板吊顶价格是按吊顶展开的面积来计算的，单位为元/平方米（见图4-13）。装修石膏板吊顶价格受吊顶造型设计影响，造型设计越是精巧复杂，其花费的人力便越大，石膏板吊顶的价格也越贵。石膏板吊顶的价格也受施工工艺的影响，越是复杂精巧的吊顶，其对于施工工艺的要求也较高，这样产生的人工费用也较高。

图 4-13　石膏板吊顶

2. 了解轻钢龙骨吊顶施工问题

轻钢龙骨吊顶施工要点如图4-14所示。

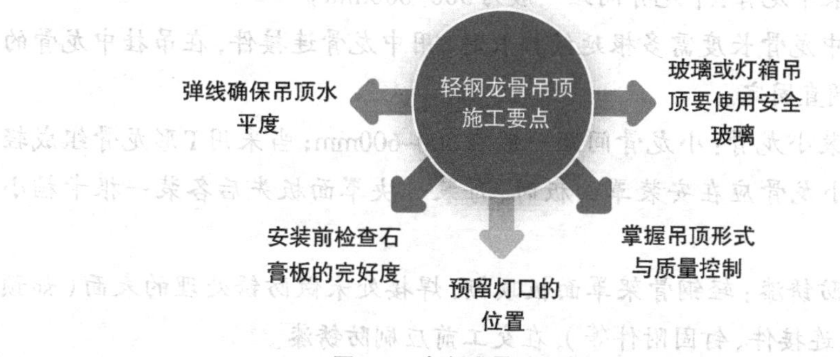

图 4-14　轻钢龙骨吊顶施工要点

（1）弹线确保吊顶水平度。首先应在墙面弹出标高线、造型位置线、吊挂点布局线和灯具安装位置线。在墙的两端固定压线条，用水泥钉与墙面固定牢固。依据设计标高，沿墙面四周弹线，作为顶棚安装的标准线，其水平允许偏差为 ± 5mm。

（2）安装前检查石膏板的完好度。面板安装前应对安装完的龙骨和面板板材进行检查，板面平整，无凹凸，无断裂，边角整齐。安装饰面板应与墙面完全吻合，有装饰角线的可留有缝隙，饰面板之间接缝应紧密。

（3）预留灯口的位置。吊顶时应在安装饰面板时预留出灯口位置。饰面板安装完毕后，还需进行饰面的装饰作业，常用的材料为乳胶漆及壁纸，其施

工方法同墙面施工。

（4）掌握吊顶形式与质量控制。在目前家装吊顶工程中，大多采用的是悬挂式吊顶。悬挂式吊顶首先要注意材料的选择；其次要严格按照施工规范操作。安装时，必须位置正确，连接牢固。用于吊顶、墙面、地面的装饰材料应是不燃或难燃的材料；木质材料属易燃型，因此要做防火处理。吊顶里面一般都要敷设照明、空调等电气管线，应严格按规范作业，避免产生火灾隐患。

（5）玻璃或灯箱吊顶要使用安全玻璃。用色彩丰富的彩花玻璃、磨砂玻璃做吊顶很有特色，其在家居装饰中应用也越来越多，但是如果用料不当，很容易发生安全事故。为了使用安全，在吊顶和其他易被撞击的部位应使用安全玻璃。目前，我国规定钢化玻璃和夹胶玻璃为安全玻璃。

施工重点

（1）安装大龙骨：在大龙骨上预先安装好吊挂件；将组装吊挂件的大龙骨，按分档线位置使吊挂件穿入相应的吊杆螺母，拧好螺母；采用射钉固定，设计无要求时射钉间距为1000mm。

（2）安装中龙骨：中龙骨间距一般为500~600mm。

（3）当中龙骨长度需多根延续接长时，用中龙骨连接件，在吊挂中龙骨的同时相连，调直固定。

（4）安装小龙骨：小龙骨间距一般在500~600mm；当采用T形龙骨组成轻钢骨架时，小龙骨应在安装罩面板时，每装一块罩面板先后各装一根卡档小龙骨。

（5）刷防锈漆：轻钢骨架罩面板顶棚，焊接处未做防锈处理的表面（如预埋、吊挂件、连接件、钉固附件等），在交工前应刷防锈漆。

3. 了解木龙骨吊顶施工问题

木龙骨吊顶施工易出现的问题如图4-15所示。

图4-15　木龙骨吊顶施工易出现的问题

（1）了解石膏板出现波浪纹的原因。纸面石膏板吊顶也常会出现不规则的波浪纹。形成的主要原因有：任意起拱，形成拱度不均匀；吊顶周边格栅或四角不平；木材含水率大，产生收缩变形；龙骨接头不平有硬弯，造成吊顶不平；吊杆或吊筋间距过大，龙骨变形后产生不规则挠度；木吊杆顶头劈裂，龙骨受力后下坠；用钢筋作吊杆时未拉紧，龙骨受力后下坠；吊杆吊在其他管道或设备的支架上，由于震动或支架等下坠，造成吊顶不平；受力节点结合不严，受力后产生位移变形。

（2）石膏板出现波浪纹的解决办法。想要避免纸面石膏板吊顶出现不规则的波浪纹的现象，吊顶木材应选用优质木材，如松木、杉木，其含水率应控制在12%以内。龙骨应顺直，不应扭曲有横向贯通断面的节疤。吊顶施工应按设计标高在四周墙上弹线找平，装钉时四周以水平线为准，中间接水平线的起拱高度为房间短向跨度的1/200，纵向拱度应吊匀。受力节点应装钉严密、牢固，确保龙骨的整体刚度。

（3）吊顶变形开裂的原因。湿度是影响纸面石膏板和胶合板开裂变形最主要的环境因素。在施工过程中存在来自各方面的湿气，使板材吸收周围的湿气，而在长期使用过程中板材又逐渐干燥收缩，从而产生板缝开裂变形。

（4）吊顶变形开裂的解决办法。在施工中应尽量降低空气湿度，保持良好的通风，尽量等到混凝土含水量达到标准后再施工。尽量减少湿作业，在进行表面处理时，可对板材表面采取适当封闭措施，如滚涂一遍清漆，以减少板材的吸湿量。

施工重点

（1）安装大龙骨：将预埋钢筋弯成环形圆钩，穿8号镀锌钢丝或用ϕ6~ϕ8螺栓将大龙骨固定，并保证其设计标高。吊顶起拱按设计要求确定，设计无要求时一般为房间跨度的1/300~1/200。

（2）安装小龙骨，相关要求如下。

①小龙骨底面刨光、刮平、截面厚度应一致。

②小龙骨间距应按设计要求确定，设计无要求时，应按罩面板规格确定，一般为400~500mm。

③按分档线先定位安装通长的两根边龙骨，拉线后各根龙骨按起拱标高，通过短吊杆将小龙骨用圆钉固定在大龙骨上，吊杆要逐根错开，吊钉不得在龙骨的同一侧面上。通长小龙骨对接时接头应错开，采用双面夹板用圆钉错位钉牢，接头两侧各钉两个钉子。

④安装卡档小龙骨：按通长小龙骨标高，在两根通长小龙骨之间，根据罩面板材的分块尺寸和接缝要求，在通长小龙骨底面横向弹分档线，按线以底找平钉固卡档小龙骨。

（3）防腐处理：顶棚内所有露明的铁件在钉罩面板前必须刷防腐漆，木骨架与结构接触面应进行防腐处理。

（4）安装管线设施：在弹好顶棚标高线后，应进行顶棚内水、电设备管线安装，较重吊物不得吊于顶棚龙骨上。

（5）安装罩面板：罩面板与木骨架的固定方式用木螺钉拧固法。

4. 吊顶施工的预算价格

吊顶施工的参考预算表如表4-7所示。

表 4-7 吊顶施工的参考预算表

序号	工程项目	单位	单价（元）	说明
夹板造型天花				
1	夹板造型一级天花	m^2	190	300mm×300mm木方框架，5mm广州B板双层贴面，不含乳胶漆，接缝环氧树脂补缝，防潮费用另计（以展开表面积计算平方米）
2	夹板造型二级天花	m^2	245	300mm×300mm木方框架，5mm广州B板双层贴面，不含乳胶漆，接缝环氧树脂补缝，防潮费用另计（以展开表面积计算平方米）
3	夹板造型三级天花	m^2	270	300mm×300mm木方框架，5mm广州B板双层贴面，不含乳胶漆，接缝环氧树脂补缝，防潮费用另计（以展开表面积计算平方米）
4	夹板吊顶异形造型吊顶	m^2	335	300mm×300mm木方框架，5mm广州B板双层贴面，不含乳胶漆，接缝环氧树脂补缝，防潮费用另计（以展开表面积计算平方米）
轻钢龙骨防潮板、石膏板天花				
1	轻钢龙骨（防潮板、石膏板）平顶天花	m^2	145	轻钢龙骨，罩面板用**牌9mm石膏板
2	轻钢龙骨二级天花	m^2	195	轻钢龙骨，罩面板用**牌9mm石膏板
3	磨砂玻璃吊顶	m^2	215	5mm磨砂玻璃，上限价格为35元/m^2
4	垫弯曲玻璃吊顶	m^2	850	8mm弯曲玻璃
5	彩玻吊顶	m^2	270	一般的5mm彩玻，上限价格为60元/m^2
扣板吊顶				
1	铝扣板吊顶（条形）	m^2	119	国产0.5mm条形扣板、铝质边角，材料上限价格为45元/m^2

续表

序号	工程项目	单位	单价（元）	说明
2	铝扣板吊顶（方形）	m^2	119	国产0.5mm方形扣板、铝质边角，材料上限价格为45元/m^2
顶面角线、石膏角线				
1	石膏角线	m	18	80mm×2400mm**牌石膏角线
2	异形石膏角线	m	95	80mm×2400mm**牌石膏角线
新世纪PU角线				
1	天花角线	m	28	80mm×2400mm**牌PU角线
2	天花角线	m	32	120mm×2400mm**牌PU角线
3	弧形角线	m	40	150mm×2400mm**牌PU角线
木质角线				
1	红榉阴角线	m	42	规格70mm×90mm，国产木质角线

八　柜体施工——施工中不随意拆改，才能少花钱

1. 柜体的预算差主要体现在材料和造型上

柜体施工的预算组成有三个部分：柜体材料、柜体类型与柜体安装。其中，柜体制作的预算差别主要表现在使用材料和造型上，如选择实木板的柜体设计更美观，其价格也相对较高；柜体类型的不同，决定了柜体不同的造型样式，而越复杂的造型，造价越高；相对而言，柜体安装的价格是比较稳定的，一般成品柜的安装，如安装橱柜、吊柜等，其价格往往是按项计算的。还需注意的是，想要节约柜体的预算还应避免在施工过程中随意更改造型。

图4-16　制作柜体使用的材料越贵、造型越复杂，价格越高

2. 了解不同类型柜体的制作

不同柜体施工类型如图4-17所示。

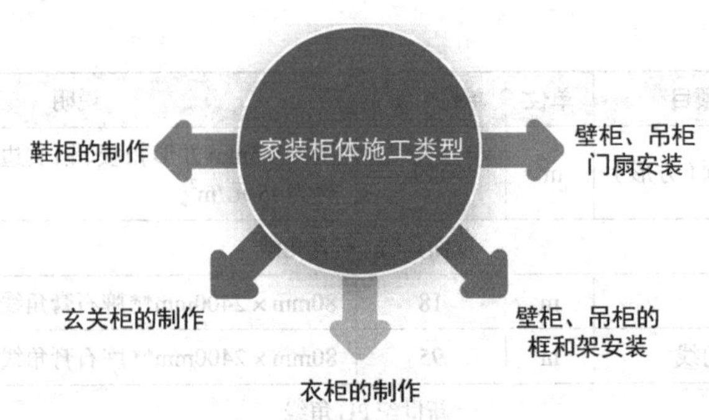

图 4-17 柜体施工包括的类型

(1)鞋柜的制作。根据身高、鞋子的大小等因素确定鞋柜的宽度;里面隔板可以做成斜的(可以放下大点的鞋子);鞋柜内部灰尘比较多,对于向里斜的隔板,需注意在里面留有缝隙(灰尘可以落到底层);有的人喜欢在柜子里贴壁纸,但贴壁纸容易脏,最好在柜子里面刷油漆或贴塑料软片。

(2)玄关柜的制作。如果是一个玄关柜,可以做成可活动式的,可以挪动,比较方便;还可以做成固定式的,在制作的时候就要把玄关柜固定在墙面,从而保证造型与墙面之间无缝隙及保证顶部造型的承重;还可以设计换鞋的地方、抽屉、放雨伞的位置、镜子以及挂衣钩;家里有老人的,还可以设计一个换鞋墩,以方便坐在墩上换鞋。

(3)衣柜的制作。带柜门的柜子,柜门的施工应该为一张大芯板开条,再压两层面板。不要在一整张大芯板上直接刷油漆或贴一张面板,这样容易变形;注意留有滑轨的空间,滑轨侧面还需要刷油漆,这样能保证衣柜内的抽屉可以自由拉出(抽屉稍微做高一点,不要让推拉门的下轨挡住);有时候,柜子没必要做到顶,上面可以用石膏板封起来再刷乳胶漆。

(4)壁柜、吊柜的框和架安装。壁柜、吊柜的框和架应在室内抹灰前进行安装,安装在正确位置后,在两侧框每个固定件处钉两个钉子与墙体木砖钉固,钉帽不得外露。若隔断墙为加气混凝土或轻质隔板墙,则应按设计要求的构造固定。当设计无要求时可预钻 $\phi5$ 孔,孔深70~100mm,并事先在孔内预埋木楔。粘108胶水泥浆,打入孔内粘接牢固后再安装固定柜。采用钢柜时,需在安装洞口固定框的位置预埋铁件,进行框件的焊固。在固定框、架时,应先校正、套方、吊直,在确认标高、尺寸、位置无误后再进行固定。

(5)壁柜、吊柜门扇安装。按门扇的安装位置确定五金型号、对开扇裁口方向,一般应以开启方向的右扇为盖口扇。安装时应将合页先压入扇的合页槽内,找正位置,拧好固定螺钉,试装时修合页槽的深度等,调好框扇缝隙,框上每支合页先拧一个螺钉，然后关闭，检查框与扇是否平整、无缺陷，符合要求后将全部螺钉安上拧紧。木螺钉应钉入全长1/3，拧入2/3，如框、扇为黄花松或其他硬木时，合页安装螺钉应画位打眼，孔径为木螺钉直径的0.9，眼深为螺钉长度的2/3。

壁柜、吊柜施工重点

（1）吊柜的安装应根据不同的墙体采用不同的固定方法。

（2）底柜安装应先调整水平旋钮，保证各柜体台面、前脸均在一个水平面上，两柜连接使用木螺钉，后背板通管线、表、阀门等应在背板画线打孔。

（3）安装洗物柜底板下水孔处要加塑料圆垫，下水管连接处应保证不漏水、不渗水，不得使用各类胶黏剂连接接口部分。

3. 柜体施工的预算价格

柜体施工的参考预算表如表4-8所示。

表 4-8　柜体施工的参考预算表

序号	工程项目	单位	单价（元）	说明
1	鞋柜	m^2	450~550	15mm大芯板框架结构，内外贴国产饰面板，背板为5mm广州B板
2	玄关柜	m^2	600~850	15mm大芯板框架结构，内外贴国产饰面板，背板为5mm广州B板
3	衣柜	m^2	650~750	15mm大芯板框架结构，内外贴国产饰面板，背板为5mm广州B板，不含柜门
4	地柜（防火板）	m	700	15mm大芯板框架结构，内外贴国产8mm防火板（防火板限价45元/张），背板为5mm广州B板。橱柜台面业主自购
5	吊柜	m	700	15mm大芯板框架结构，内外贴国产8mm防火板（防火板限价45元/张），背板为5mm广州B板
6	橱柜台面安装	m	95	包人工费用及辅料费用，业主自购台面

九　油漆施工——为了省钱涂料多加水，反而会受损

1. 不能为节省预算而增加涂料的兑水量

涂装前应将涂料搅拌均匀，并视具体情况兑水，兑水量一般在10%~20%。将涂料稀释后使用，一般刷涂两遍，两遍之间的间隔不少于2小时。如果施工人员没有按照标准兑水量施工，兑水量过大，则会使漆膜的耐擦洗次数及防

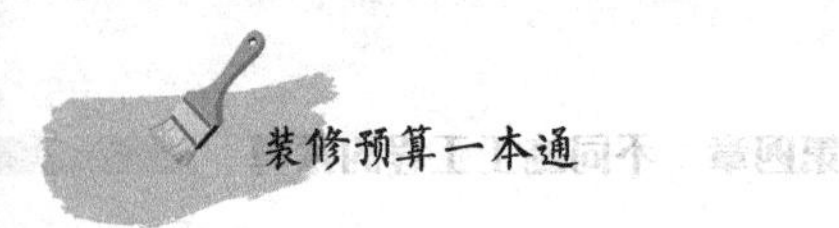

霉、防碱性能下降，具体表现为掉粉、用湿布稍微擦洗后露出底材、应该有光泽的高档漆没有光泽且表面粗糙等情况（见图4-18）。如果水性涂料没有被搅拌均匀，则容易造成桶内的涂料上半部分较稀、色料上浮，导致遮盖力差，而下半部分较稠、填料沉淀，导致涂刷后色淡、起粉等现象。

2. 了解乳胶漆施工问题

乳胶漆施工要点如图4-19所示。

图 4-18　乳胶漆的最终涂刷效果，与施工有直接的关系

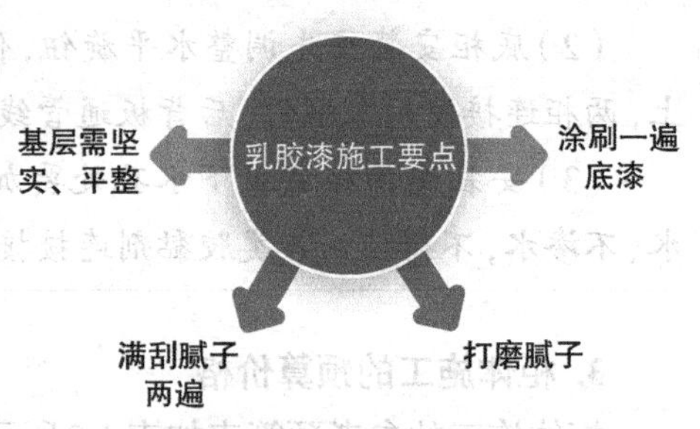

图 4-19　乳胶漆施工要点

（1）基层处理。确保墙面坚实、平整，用钢刷或其他工具清理墙面，使水泥墙面尽量无浮土、浮沉。在墙面辊一遍混凝土界面剂，要尽量辊均匀，待其干燥后（一般在2小时以上），就可以刮腻子了。对于泛碱的基层应先用3%的草酸溶液清洗，然后用清水冲刷干净即可。

（2）满刮腻子。一般墙面刮两遍腻子即可，既能找平，又能罩住底色。平整度较差的腻子需要在局部多刮几遍。如果平整度极差，墙面倾斜严重，可考虑先刮一遍石膏进行找平，之后再刮腻子。每遍腻子批刮的间隔时间应在2小时以上（表面干以后）。当满刮腻子干燥后，用砂纸将墙面上的腻子残渣、斑迹等打磨、磨光，然后将墙面清扫干净。

（3）打磨腻子。耐水腻子完全干后（5~7天）会变得坚实无比，此时再进行打磨就会变得异常困难。因此，建议刮过腻子之后1~2天便开始进行腻子打磨。打磨可选在夜间，用200W以上的电灯泡贴近墙面照明，一边打磨一边查看平整程度。

（4）涂刷底漆。底漆涂刷一遍即可，务必涂刷均匀，待其干透后（2~4小时）可以进行下一个步骤。涂刷每面墙面的顺序宜按先左后右、先上后下、先难后易、先边后面的顺序进行，不得胡乱涂刷，以免漏涂或涂刷过厚、涂料不均匀等情况。通常用排笔涂刷，使用新排笔时，要注意将排笔上的浮毛和不牢固的毛清理掉。

乳胶漆的涂刷方式

乳胶漆施工一般会采用滚涂和喷涂两种工艺，滚涂工艺在北方地区较为普遍。对于采用喷涂施工的墙体来说，表面越光滑越好。采用滚涂工艺的墙面却不是这样，对于使用滚涂工艺处理的乳胶漆墙面，不要追求表面非常光滑的效果，建议采用中短毛的羊毛滚筒来施工。这样墙面的滚花印看起来会比较细致，只要滚花印看起来比较均匀就是符合要求的。

3. 了解木器漆施工问题

木器漆施工要点如图4-20所示。

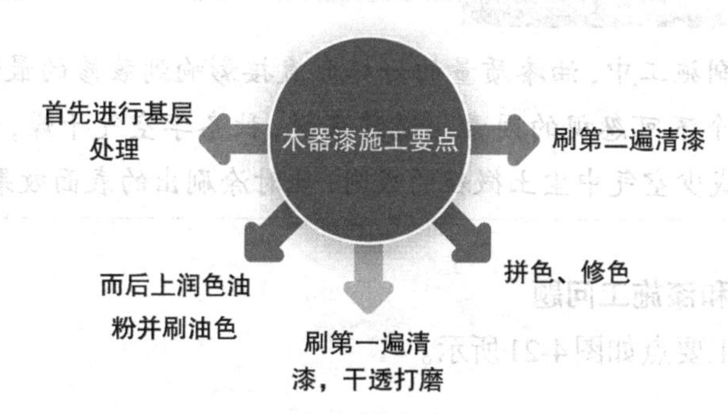

图4-20　木器漆施工要点

（1）基层处理。先将木材表面上的灰尘、胶迹等用刮刀刮除干净，但应注意不要刮出毛刺且不得刮破。然后用1号以上的砂纸顺木纹精心打磨，先磨线角、后磨平面直到光滑为止。当基层有小块翘皮时，可用小刀撕掉；如有较大的疤痕则应由木工修补；节疤、松脂等部位应用虫胶漆封闭，钉眼处用油性腻子嵌补。

（2）润色油粉、刷油色。用棉丝蘸油粉反复涂于木材表面。擦进木材的棕眼内，然后用棉丝擦净，应注意墙面及五金上不得沾染油粉。待油粉干后，用1号砂纸顺木纹轻轻打磨，先磨线角后磨平面，直到光滑为止；先将铅油、汽油、光油、清油等混合在一起过筛，然后倒在小油桶内，使用时要经常搅拌，以免其沉淀造成颜色不一致。刷油的顺序应从外向内、从左到右、从上到下且顺着木纹进行。

（3）刷第一遍清漆。这时的刷法与油色相同，但刷第一遍清漆应略加一些稀料（稀释剂）以便干得快。因清漆的黏性较大，最好使用已经用出刷口的旧棕刷，刷时要少蘸油，以保证不流、不坠、涂刷均匀。待清漆完全干透后，用

1号砂纸彻底打磨一遍，将头遍漆面上的光亮基本打磨掉，再用潮湿的布将粉尘擦掉。

（4）拼色与修色。木材表面上的黑斑、节疤、腻子疤等颜色不一致处，应用漆片、酒精加色调配或用清漆、调和漆和稀释剂调配进行修色。木材颜色深的地方的应修浅，浅的地方应提深，将深色和浅色木面拼成一色，并绘出木纹。最后用细砂纸轻轻往返打磨一遍，然后用潮湿的布将粉尘擦掉。

（5）刷第二遍清漆。清漆中不加稀释剂，操作同第一遍，但刷油动作要敏捷、多刷多理，使清漆涂刷得饱满一致、不流不坠、光亮均匀。刷此遍清漆时，周围环境要整洁。

掌握最佳的油漆涂刷季节

在油漆涂刷施工中，油漆质量的好坏会直接影响到装修的最终效果，有时候季节也是一个不可忽视的因素。通常来说，秋冬季空气干燥，油漆干燥快，从而能有效地减少空气中尘土微粒的吸附，此时涂刷出的表面效果最佳。

4. 了解调和漆施工问题

调和漆施工要点如图4-21所示。

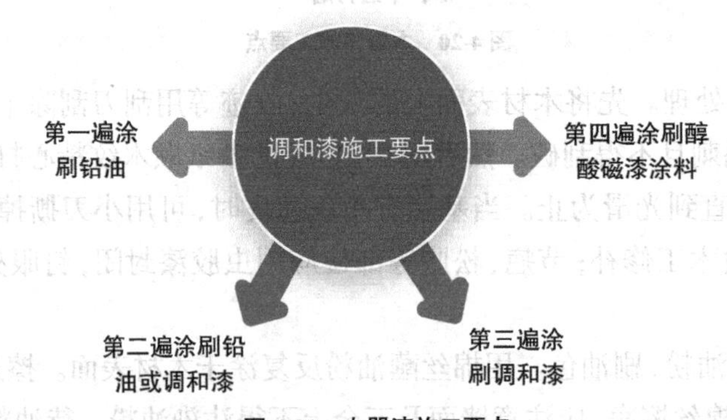

图4-21　木器漆施工要点

（1）第一遍涂刷。第一遍可涂刷铅油，它的遮盖力较强，是罩面层涂料基层的底层涂料。涂刷每面墙面的顺序宜按先左后右、先上后下、先难后易、先边后面的顺序进行，不得胡乱涂刷，以免漏涂或涂刷过厚。

（2）第二遍涂刷。操作方法同第一遍涂刷，如墙面为中级涂饰，此遍可刷铅油；如墙面为高级涂饰，此遍应刷调和漆。待涂料干燥后，可用细砂纸把墙面打磨光滑并清扫干净，同时要用潮湿的布将墙面擦拭一遍。

（3）第三遍涂刷。用调和漆涂刷，如墙面为中级涂饰，此道工序可作罩面层涂料（最后一遍涂料），其操作顺序同上。

（4）第四遍涂刷。一般选用醇酸磁漆涂料，此道涂料为罩面层涂料（最后一遍涂料）。当最后一遍涂料改为用无光调和漆时，可将第二遍铅油改为有光调和漆，其他做法相同。

关于调和漆

调和漆是人造漆的一种，本身具有质地较软、均匀、稀稠适度、耐腐蚀、耐晒、长久不裂、遮盖力强、耐久性好等优点。在具体的施工过程中，中色、深色调和漆施工时尽量不要掺水，否则，容易出现色差。亮光、丝光的乳胶漆要一次性完成，否则，修补的时候容易出现色差。天气太潮湿的时候，最好不要刷；天气太冷，油漆施工质量也会差一些；如果天气太热，则一定要注意通风。

5. 油漆施工的预算价格

油漆施工的参考报价表如表4-9所示。

表 4-9 油漆施工的参考报价表

序号	工程项目	单位	单价（元）	说明
				乳胶漆工程
1	刷乳胶漆	m^2	20	用双飞粉批三遍、一底三面，**108环保胶，白色，不含乳胶漆
				某品牌系列涂料
1	“五合一”亚光涂料	m^2	28	“五合一”亚光涂料，用双飞粉批三遍、一底三面，绿保牌108环保胶，白色，如使用彩色漆需在原有费用上加上单价为3元/m^2的费用（按公司施工工艺操作）
2	“五合一”光面涂料	m^2	28	“五合一”光面涂料，用双飞粉批三遍、一底三面，绿保牌108环保胶，白色，如使用彩色漆需在原有费用上加上单价为3元/m^2的费用（按公司施工工艺操作）
3	“三合一”亚光涂料	m^2	25	“三合一”亚光涂料，用双飞粉批三遍、一底三面，绿保牌108环保胶，白色，如使用彩色漆需在原有费用上加上单价为3元/m^2的费用（按公司施工工艺操作）
4	“皓白”亚光涂料	m^2	40	“皓白”亚光涂料，用双飞粉批三遍、一底三面，绿保牌108环保胶，白色，如使用彩色漆需在原有费用上加上单价为3元/m^2的费用（按公司施工工艺操作）

续表

序号	工程项目	单位	单价（元）	说明
5	“三合一”有光涂料	m^2	25	“三合一”有光涂料，用双飞粉批三遍、一底三面，绿保牌108环保胶，白色，如使用彩色漆需在原有费用上加上单价为3元/m^2的费用（按公司施工工艺操作）
6	彩色涂料附加费用	m^2	4	如选用彩色涂料，每平方米多加此项费用
多伦斯系列				
1	进口亚光涂料	m^2	40	双飞粉批三遍，法国原装进口，一次底漆一遍面漆，**牌108环保胶，白色
2	进口光面涂料	m^2	42	双飞粉批三遍，法国原装进口，一次底漆二遍面漆，**牌108环保胶，白色
3	进口多半光亮涂料	m^2	45	双飞粉批三遍，法国原装进口，一次底漆二遍面漆，**牌108环保胶，白色
4	多伦斯涂料法斯多毛面（亚光）	m^2	42	双飞粉批三灰，法国原装进口，一次底漆二遍面漆，**牌108环保胶，白色
5	彩色进口涂料附加费用	m^2	4	如选用彩色进口涂料，每平方米多加此项费用
某品牌系列乳胶漆				
1	抗菌乳胶漆	m^2	31	双飞粉批三灰，独资，一底二面，**牌108环保胶（按公司施工工艺操作）
2	“十合一”乳胶漆	m^2	40	双飞粉批三灰，独资，一底二面，**牌108环保胶（按公司施工工艺操作）
3	“三合一”乳胶漆	m^2	28	双飞粉批三灰，独资，一底二面，**牌108环保胶（按公司施工工艺操作）
4	墙面彩色乳胶漆附加费用	m^2	4	如选用彩色乳胶漆，每平方米多加此项费用
木器漆工程				
1	刷清漆	m^2	90~125	包含人工费用和材料费用
2	刷有色漆	m^2	135~165	包含人工费用和材料费用
3	刷调和漆	m^2	35~45	仅为人工费用，不包含材料费用

十 壁纸/壁布——施工前做好规划，才能省钱

1. 掌握壁纸/壁布粘贴方法

在选择贴壁纸/壁布的时候，最好先计划一下家里哪些地方需要粘贴，然后做一个详细的计划，做计划时可以参考各种家装设计的杂志等。根据需要来确定壁纸/壁布的款式（见图4-22）。准备好工具，包括刮刀、滚筒、刷子、裁刀等，这些工具都可以用家中现有的工具代替。测量好墙面尺寸大小及壁纸/壁

布的大小。为了不造成浪费，在贴壁纸/壁布的时候，需掌握正确的粘贴方法。在贴壁纸/壁布之前一定要将壁纸/壁布处理干净，对凹凸不平的地方一定要填补平整。如果是花色壁纸/壁布，则每贴一次，都要将花色对整齐。上胶后贴壁纸/壁布时，在边缘地方以刷子或滚筒由里往外刷，这样做的目的是避免壁纸/壁布出现空隙而造成褶皱。同时，从一侧向另一侧的粘贴顺序可使粘贴出来的效果更加自然。

2. 了解壁纸/壁布施工问题

壁纸/壁布的施工要点如图4-23所示。

图 4-22　比较低矮的房间，可以使用竖向条纹壁纸，从而来拉高房间的高度

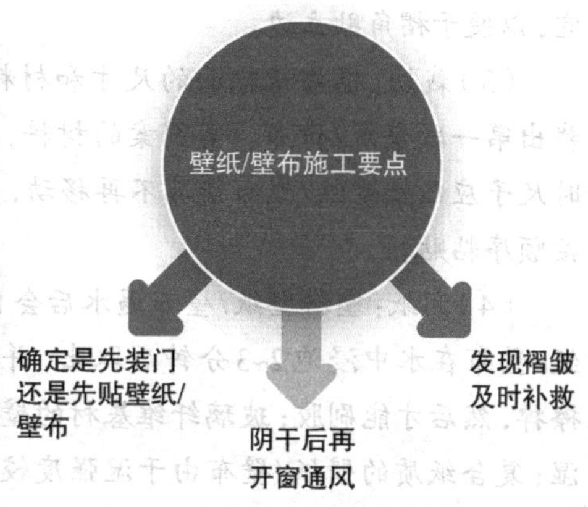

图 4-23　壁纸/壁布施工要点

（1）确定先装门还是先贴壁纸/壁布。先贴壁纸/壁布：这样做的好处是可以将壁纸/壁布边压住，效果比较美观，但是若稍不注意把壁纸/壁布破坏了，那就损失大了，因为壁纸/壁布破了是没法修补的，只能重贴。

先装门：后贴壁纸/壁布的好处是不会因装门而破坏壁纸/壁布的成品。但随之而来的问题是不好收边，还有可能会出现一些缝隙，影响美观，壁纸/壁布和门框结合处，还得打玻璃胶。在实际施工中，大多数人都采用后贴壁纸/壁布的方法。这样可以保证大面上不出什么问题，至于细节的地方，只要工人细心处理，问题也不大。另外，局部的美观效果，肯定是要轻于总体的质量要求。

（2）掌握好壁纸/壁布贴完后开窗户通风的时间。壁纸/壁布贴完后一般要求阴干，如果马上通风会造成壁纸/壁布和墙面剥离。因为空气的流动会造成胶的凝固加速，所以贴完壁纸/壁布后一般要关闭门窗3~5天，最好关闭门窗一周，待壁纸/壁布后面的胶凝固后再开窗通风。

（3）壁纸表面上有褶皱及棱脊凸起的处理办法。如果是在壁纸刚刚粘贴

完时就发现有死褶，且胶黏剂未干透，这时可将壁纸揭下来重新进行裱糊；如果胶黏剂已经干透，则需要撕掉壁纸，重新进行粘贴，但施工前一定要把基层处理得干净平整。

施工重点

（1）基层处理：刮腻子前，应先在基层刷一层涂料进行封闭，目的是防止腻子粉化、基层吸水；木夹板与石膏板或石膏板与抹灰面的对缝，应粘贴接缝带。

（2）弹线、预拼：弹线时应从墙面阴角处开始，将窄条纸的裁切边留在阴角处，原因是在阳角处不得有接缝的出现；如遇门窗部位，则应以立边分划为宜，以便于褶角贴立边。

（3）裁切：根据裱糊面的尺寸和材料的规格，两端各留出30~50mm，然后裁出第一段壁纸/壁布。有图案的材料，应将图形从墙的上部开始对花。裁切时尺子应压紧壁纸/壁布使其不再移动，刀刃紧贴尺边，连续裁切并标号，以便按顺序粘贴。

（4）润纸：塑料壁纸/壁布遇水后会自由膨胀，因此在刷胶前必须将塑料壁纸/壁布在水中浸泡2~3分钟后取出，并静置20分钟。如有明水，则可用毛巾擦掉，然后才能刷胶；玻璃纤维基材的壁纸/壁布遇水无伸缩性，所以不需要润湿；复合纸质的壁纸/壁布由于湿强度较差而禁止润湿，但为了达到软化壁纸/壁布，可在背面均匀刷胶后，将胶面对胶面对叠，放置4~8分钟后上墙；而纺织纤维的壁纸/壁布也不宜润湿，只需在粘贴前用湿布在背面稍擦拭一下即可；金属壁纸/壁布在裱糊前应浸泡1~2分钟，阴干5~8分钟，然后再在背面刷胶。

（5）裱糊：裱糊壁纸/壁布时，应按照先垂直面后水平面及先细部后大面的顺序进行，其中，垂直面先上后下、水平面先高后低。对于需要重叠对花的壁纸/壁布，应先裱糊对花，后用钢尺对齐裁下余边。裁切时，应一次裁掉不得重割；在赶压气泡时，对于压延壁纸/壁布可用钢板刮刀刮平，对于发泡或复合壁纸/壁布则严禁使用钢板刮刀，只可使用毛巾或海绵赶平；另外，壁纸/壁布不得在阳角处拼缝。应包角压实，壁纸/壁布包裹阳角处的宽度应不小于20mm。遇到基层有凸出物体时，应将壁纸/壁布舒展地裱在基层上，然后剪去不需要的部分；在裱糊过程中，要防止穿堂风、防止干燥，如局部有翘边、气泡等，应及时修补。

3. 壁纸/壁布施工的预算价格

壁纸/壁布施工的参考报价表如表4-10所示。

表 4-10　壁纸 / 壁布施工的参考报价表

序号	工程项目	单位	单价（元）	说明
1	贴壁纸/壁布	m^2	65~115	包工包料，材料为普通需拼接的款式
2	贴壁纸/壁布	m^2	90~135	包工包料，材料为无缝款式

十一　门窗施工——做好安装监工，节能又省钱

1. 定制门窗商讨免安装费用

门窗施工的预算主要是安装费用，不同材质门窗的安装费用不尽相同，如套装门的安装一般都是按扇计算价格的，铝合金门窗及塑钢门窗的安装是按平方米计算价格的等。但不论哪种材质的门窗都是需要定制的，因此业主在交付定制门窗费用时，可以和商家商讨免安装费用。除此之外，还应做好监工和安装后的检查，主要是查看门窗的密封性，注意窗边与墙体的密封牢固度，这直接影响后期的使用。如图 4-24 所示。

图 4-24　安装窗时

2. 了解木门窗施工问题

木门窗施工问题如图 4-25 所示。

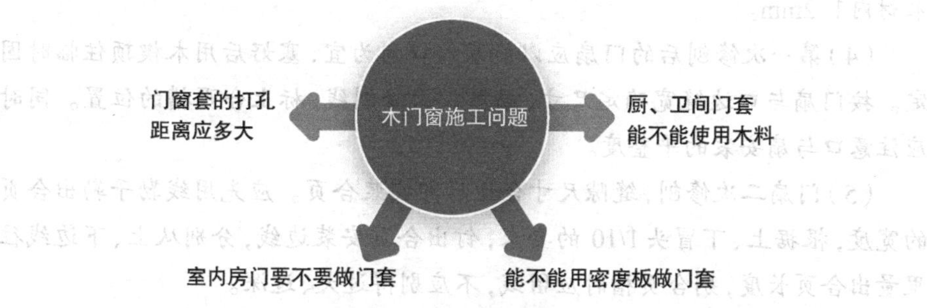

图 4-25　木门窗施工问题

（1）门窗套的打孔距离不可过大。在木门窗套施工中，首先应在基层墙面内打孔、下木模。木模上下间距小于 300mm，每行间距小于 150mm。然后按设计门窗贴脸宽度及门口宽度锯切大芯板，用圆钉固定在墙面及门洞口，圆钉要钉在木模上。检查底层垫板牢固安全后，可做防火阻燃涂料涂刷处理。

（2）室内房门做不做门套没有硬性规定。装门套可以更美观。如果不做门套，安装成品门之前，门洞要先安装好门框（门框背面做防腐处理），固定牢固后（按质量标准安装）抹灰处理好。

（3）用密度板可以做门套。在家居装修施工过程中，很多工人会告诉业主不能用密度板做门套，容易变形。其实密度板在生产过程中做过防水处理，其吸湿性比木材小，形状稳定性、抗菌性都较好，而且结构均匀，板面平滑细腻，尺寸稳定性好，是可以做门套的。用密度板做门套前，要先确定密度板是否环保。环保性好的密度板才可以用于门套制作。

（4）卫浴间和厨房可以包木门套。有些业主觉得厨房和卫浴间的湿度大，因此不能包木门套，其实这是一种错误的观点。在做门套时，所用的材料不会太靠近地面，包套用的材料可以在反面做一层油漆保护，并用灰胶封闭缝隙，这样水分进不来，在使用过程中也不会吸潮变形。

施工重点

（1）先确定门的开启方向及小五金型号和安装位置，其中对开门还要确定门扇扇口的裁口位置。

（2）检查门口尺寸是否正确，边角是否方正，有无窜角；检查门口高度时，应量门的两侧；检查门口宽度时，应量门口的上、中、下三点，并在门扇的相应部位定点画线。

（3）将门扇靠在框上画出相应的尺寸线，如果扇大，则应根据框的尺寸将大的部分刨去；如果扇小，则应绑木条，用胶和钉子钉牢，钉帽要砸扁，并钉入木材内1~2mm。

（4）第一次修刨后的门扇应以能塞入口内为宜，塞好后用木楔顶住临时固定。按门扇与口边缝宽确定尺寸，画第二次修刨线，标上合页槽的位置。同时应注意口与扇安装的平整度。

（5）门扇二次修刨，缝隙尺寸合适后即安装合页。应先用线勒子勒出合页的宽度，根据上、下冒头1/10的要求，钉出合页安装边线，分别从上、下边线往里量出合页长度，剔合页槽时应留线，不应剔得过大、过深。

（6）合页槽剔好后，即安装上、下合页，安装时应先拧一个螺钉，然后关上门检查缝隙是否合适、口与扇是否平整，无问题后方可将螺钉全部拧上拧紧。木螺钉应钉入全长的1/3，拧入2/3。如果门窗为黄花松或其他硬木，则在安装前应先打眼。眼的孔径为木螺钉的0.9，眼深为螺线长的2/3，打眼后再拧螺钉，以防安装劈裂或螺钉拧断。

(7)安装对开扇：应将门扇的宽度用尺量好再确定中间对口缝的裁口深度。如采用企口榫时，对口缝的裁口深度及裁口方向应满足装锁要求，然后修刨到准确尺寸。

(8)五金安装应按设计图纸要求，不得遗漏。一般门锁、碰珠、拉手等距地高度为95~100cm，插销应在拉手下面，对开门扇装暗插销时，安装工艺同自由门。不宜在中冒头与立梃的结合处安装门锁。

3. 了解铝合金门窗施工问题

铝合金门窗安装前应核定类型、规格、开启方向是否合乎要求，零部件和组合件是否齐全。洞口位置、尺寸及方向应核实，有问题的应提前进行剔凿或找平处理。安装过程中，门窗框与墙体之间需留有15~20mm的间隙，并用弹性材料填嵌饱满，表面用密封胶密封。不得将门窗框直接埋入墙体，或用水泥砂浆填缝。密封条安装应留有比门窗的装配边长20~30mm的余量，转角处应从斜面断开，并用胶黏剂粘贴牢固。

施工重点

(1)预埋件安装：洞口预埋铁件的间距必须与门窗框上设置的连接件配套。门窗框上铁脚间距一般为500mm，设置在框转角处的铁脚位置应距转角边缘100~200mm；门窗洞口墙体厚度方向的预埋铁件中心线如无规定设计要求时，距内墙面为100~150mm。

(2)门窗框安装：铝框上的保护膜在安装前后不得撕除或损坏。框安装在洞口的安装线上，调整正、侧面垂直度、水平度和对角线合格后，用对拔木楔临时固定。木楔应垫在边、横框能受力的部位，以免框被挤压变形；组合门窗应先按设计要求进行预拼装，然后先装通长拼樘料，后装分段拼樘料，最后安装基本门窗框。门窗横向及竖向组合应采用套插，搭接应形成曲面组合，搭接量一般不少于10mm，以避免因门窗冷热伸缩和建筑物变形而引起的门窗之间裂缝。缝隙要用密封胶条密封。若门窗框采用明螺栓连接，则应用与门窗颜色相同的密封材料将其掩埋密封。

(3)门窗安装：框与扇是配套组装而成的，开启扇需整扇安装，门的固定扇应在地面处与竖框之间安装踢脚板；内外平开门装扇，在门上框钻孔插入门轴，门下地面里埋设地脚并装置门轴；也可在门扇的上部加装油压闭门器或在门扇下部加装门定位器。平开窗可采用横式或竖式不锈钢滑移合页，保持窗扇开启在90°上下自行定位。门窗扇开启时应灵活无卡阻、关闭时四周应严密无

缝隙；平开门窗的玻璃下部应垫减震垫块，外侧应用玻璃胶填封，使玻璃与铝框连成整体；当采用橡胶压条固定玻璃时，先将橡胶压条嵌入玻璃两侧密封，然后将玻璃挤紧，上面不再注胶。选用橡胶压条时，规格要与凹槽的实际尺寸相符，其长度不得短于玻璃边缘长度，且所嵌的胶条要和玻璃槽口贴紧，不得松动。

4. 了解塑钢门窗施工问题

门窗安装五金配件时，应钻孔后用自攻螺钉拧入，不得直接拧入。各种固定螺钉拧紧程度应基本一致，以免变形。固定连结件可用1.5mm厚的冷轧钢板制作，宽度不小于15mm，不得安装在中横框、中竖框的接头上，以免外框膨胀受限而变形。两个固定连结件（节点）的间距应小于或等于600mm。固定连接件应在距离框的四个角、中横框、中竖框100~150mm处设置。

施工重点

（1）门窗框安装连接铁件：先把接结铁件与门窗框成45°放入门窗框背面的燕尾槽内，顺时针方向把连接件扳成直角，然后成孔旋进$\phi 4\times 15$mm自攻螺钉固定，严禁用锤子敲打门窗框子，以免损坏。

（2）立樘子：为防止门窗框受木楔挤压变形，木楔应塞在门窗角、中竖框、中横框等能受力的部位。门窗框固定后，应开启门窗扇，反复检查开关灵活度，如有问题应及时调整；用膨胀螺栓固定连接件时，每个连接件上的螺栓不能少于两个。如洞口是预埋木砖，则用两个螺钉将连接件紧固于木砖上。

（3）塞缝：门窗洞口面层粉刷前，除去安装时临时固定的木楔，在门窗周围缝隙内塞入发泡轻质材料，使之形成柔性连接，以适应热胀冷缩。从框底清理灰渣，嵌入的密封膏应填实均匀。连结件与墙面之间的空隙内，也需注满密封膏，其胶液应冒出连结件1~2mm。严禁用水泥砂浆或麻刀灰填塞，以免门窗框架受震变形。

（4）安装小五金：塑料门窗安装小五金时，必须先在框架上钻孔，然后用自攻螺钉拧入，严禁直接锤击打入。

（5）安装玻璃：扇、框连在一起的半玻平开门，可在安装后直接装玻璃。对于可拆卸的窗扇，如推拉窗扇，可先将玻璃装在扇上，再把扇装在框上。

5. 了解全玻璃门和玻璃施工问题

全玻璃门的边缘不得与硬质材料直接接触，玻璃边缘与槽底空隙应不小于5mm。玻璃安装可以嵌入墙体，并保证地面和顶部的槽口深度：当玻璃厚度为5~6mm时，深度为8mm；当玻璃厚度为8~12mm时，深度为10mm。玻璃与槽口的前后空隙：当玻璃厚为5~6mm时，空隙为2.5mm；当玻璃厚为8~12mm时，空隙为3mm。这些缝隙用弹性密封胶或橡胶条填嵌。

施工重点

（1）安装玻璃门的弹簧与定位销：确保门底弹簧转轴与门顶定位销的中心线在同一垂直线上。

（2）安装玻璃门扇上下门夹：如果门扇的上下边框距门横框及地面的缝隙超过规定值，即门扇高度不够，则可在上下门夹内的玻璃底部垫木胶合板条；如果门扇高度超过安装尺寸，则需裁去玻璃扇的多余部分。如果是钢化玻璃，则需要重新定制安装尺寸。

（3）安装门扇：先将门框横梁上的定位销用本身的调节螺钉调出横梁平面2mm，再将玻璃门扇竖起来，把门扇下门夹的转动销连结件的孔位对准门底弹簧的转动销轴，并转动门扇将孔位套入销轴上，然后把门扇转动90°，使之与门框横梁成直角。把门扇上门夹中的转动连结件的孔对准门框横框的定位销，调节定位销的调节螺钉，将定位销插入孔内15mm左右。

（4）安装拉手：全玻璃门扇上的拉手孔洞，一般在裁割玻璃时加工完成。拉手连接部分插入孔洞中不能过紧，应略有松动；如插入过松，应在插入部分缠上软质胶带。安装前应在拉手插入玻璃的部分涂少许玻璃胶。

6. 门窗施工的预算价格

门窗施工的参考报价表如表4-11和表4-12所示。

表4-11　门工程参考报价表

序号	工程项目	单位	单价（元）	说明
厨房、卫浴间门				
1	厨房、卫生间防水门	樘	420	门上限价格为270元/樘，含门的安装费用，不包门套本身费用
室内房门				
1	做新门含门套（平板门）（红、白榉）	樘	1370	门：3cm×2cm杉木龙骨或15mm广州合资夹板条形框架结构，外封广州5mm B板，3mm国产红榉木面板封面，四周用0.7cm×4.5cm实木线条收边。门套：15mm国产大芯板铺底，外实木线条收口，合页上限价格为10元/副

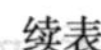

续表

序号	工程项目	单位	单价（元）	说明
2	做新门含门套（造型门）（红、白榉）	樘	1600	门：3cm×2cm杉木龙骨或15mm国产夹板条形框架结构，外封广州5mm B板，3mm国产红榉木面板封面，四周用0.7cm×4.5cm实木线条收边。门套：15mm国产大芯板铺底，外实木线条收口，合页上限价格为10元/副
3	做新门含门套（手扫漆）（水曲柳）	樘	1550	门：3cm×2cm杉木龙骨或15mm国产夹板条形框架结构，外封广州5mm B板，3mm国产水曲柳面板封面，四周用0.7cm×4.5cm实木线条收边。门套：15mm国产大芯板铺底，外实木线条收口，合页上限价格为10元/副
4	做新门含门套（黑胡桃木平板门）	樘	1550	门：3cm×2cm杉木龙骨或15mm国产绿叶夹板条形框架结构，外封广州5mm B板，3mm胡桃木面板封面，四周用0.7cm×4.5cm黑胡桃木线条收边。门套：15mm国产大芯板铺底，外实木线条收边，合页上限价格为10元/副
5	做新门含门套（黑胡桃木造型门）	樘	1800	门：3cm×2cm杉木龙骨或15mm国产夹板条形框架结构，外封广州5mm B板，3mm胡桃木面板封面，四周用0.7cm×4.5cm黑胡桃木线条收边。门套：15mm国产大芯板铺底，外实木线条收边，合页上限价格为10元/副
6	做新门含门套（樱桃木面平板门）	樘	1370	30mm×20mm杉木龙骨或15mm广州合资夹板条形框架结构，外封广州合资5mm夹板，冠华3mm樱桃木面板封面，四周用樱桃木线条收边。15mm国产大芯板铺底，外贴70mm木线条包门套。合页上限价格为10元/副
			某品牌塑钢门	
1	平开塑钢门（木纹另计）	m^2	600	国产型材，单层白玻，国产配件
2	平开塑钢门（木纹另计）	m^2	750	国产型材，双玻，国产配件
3	推拉塑钢门（木纹另计）	m^2	560	国产型材，单层白玻，国产配件
4	推拉塑钢门（木纹另计）	m^2	670	国产型材，双玻，国产配件
5	**牌塑钢门、窗	m^2	680	5mm白玻、**牌塑钢、含人工费用
6	**牌塑钢门、窗	m^2	1360	5mm白玻、**牌塑钢、含人工费用
7	**牌塑钢门、窗	m^2	800	5mm白玻、**牌塑钢、含人工费用

表 4-12　门套、窗套工程的参考报价表

序号	工程项目	单位	单价（元）	说明
				包门套
1	包门套（红榉、樱桃单面）	m	95	15mm大芯板铺底，用合资红榉、樱桃面板外贴7cm×0.7cm榉木线条来包门套，限门套厚度为20cm内宽
2	包门套（红榉、樱桃双面）	m	115	15mm大芯板铺底，用合资红榉、樱桃面板外贴7cm×0.7cm榉木线条来包门套，限门套厚度为20cm内宽
3	索色包门套（樱桃单面）	m	155	15mm大芯板铺底，用合资樱桃面板外贴7cm×0.7cm樱桃木线条来包门套，限门套厚度为20cm内宽
4	索色包门套（樱桃双面）	m	200	15mm大芯板铺底，用合资樱桃面板外贴7cm×0.7cm樱桃木线条来包门套，限门套厚度为20cm内宽
5	包门套（黑胡桃单面）	m	120	15mm大芯板铺底，用合资黑胡桃面板外贴7cm×0.7cm黑胡桃木线条来包门套，限门套厚度为20cm内宽
6	包门套（黑胡桃双面）	m	145	15mm大芯板铺底，用合资黑胡桃面板外贴7cm×0.7cm黑胡桃木线条来包门套，限门套厚度为20cm内宽
7	推拉门套（红榉、樱桃单面）	m	130	15mm大芯板铺底，用合资红榉、樱桃面板外贴7cm×0.7cm榉木线条来包门套，限20cm内宽。滑轮上限价格为25元/副，国产铝轨
8	推拉门套（红榉双面）	m	145	15mm大芯板铺底，用合资红榉面板外贴7cm×0.7cm榉木线条来包门套，限20cm内宽。滑轮上限价格为25元/副，国产铝轨
9	索色推拉门套（樱桃单面）	m	190	15mm大芯板铺底，用合资樱桃面板外贴7cm×0.7cm樱桃木线条来包门套，限20cm内宽。滑轮上限价格为25元/副，国产铝轨
10	推拉门套（樱桃双面）	m	155	15mm大芯板铺底，合资樱桃面板外贴7cm×0.7cm樱桃木线条包门套，限20cm内宽。滑轮上限价格为25元/副，国产铝轨
11	索色推拉门套（樱桃双面）	m	215	15mm大芯板铺底，合资樱桃面板外贴7cm×0.7cm樱桃木线条包门套，限20cm内宽。滑轮上限价格为25元/副，国产铝轨
12	推拉门套（黑胡桃单面）	m	145	15mm大芯板铺底，合资黑胡桃面板外贴7cm×0.7cm黑胡桃木线条包门套，限20cm内宽。滑轮上限价格为25元/副，国产铝轨
13	推拉门套（黑胡桃双面）	m	170	15mm大芯板铺底，合资黑胡桃面板外贴7cm×0.7cm黑胡桃木线条包门套，限20cm内宽。滑轮上限价格为25元/副，国产铝轨
14	和式推拉门扇（红榉）	m^2	625	15mm大芯板结构，夹5mm全磨砂玻璃，实木线条收口，普通方格实榉木线条压边，外贴合资3mm榉木面板
15	和式推拉门扇（黑胡桃）	m^2	695	15mm大芯板结构，夹5mm全磨砂玻璃，实木线条收口，普通方格实黑胡桃木线条压边，外贴合资3mm黑胡桃木面板
16	和式推拉门扇（樱桃）	m^2	625	15mm大芯板结构，夹5mm 全磨砂玻璃，实木线条收口，普通方格实樱桃木线条压边，外贴合资3mm樱桃木面板

续表

序号	工程项目	单位	单价（元）	说明
17	索色和式推拉门扇（樱桃木）	m^2	720	15mm大芯板结构，夹5mm全磨砂玻璃，实木线条收口，普通方格实樱桃木线条压边，外贴合资3mm樱桃木面板
				夹板、面板包窗套
1	包窗套（平窗红榉）	m	86	9mm广州B板铺底，用合资红榉面板外贴7cm×0.7cm榉木线条来包门套，限窗套厚度为20cm内宽，防潮、防水费用另计
2	包窗套（平窗黑胡桃）	m	98	9mm广州B板铺底，用合资胡桃面板外贴7cm×0.7cm黑胡桃木线条来包门套，限窗套厚度为20cm内宽，防潮、防水费用另计
3	包窗套（外凸窗红榉）	m	120	9mm广州B板铺底，用合资红榉面板外贴7cm×0.7cm榉木线条来包门套，限窗套厚度为20cm内宽，防潮、防水费用另计
4	包窗套（外凸窗黑胡桃）	m	130	9mm广州B板铺底，用合资胡桃面板外贴7cm×0.7cm胡桃木线条来包门套，限窗套厚度为20cm内宽，防潮、防水费用另计
5	包窗套（外凸窗黑胡桃）宽为20cm以上	m	149	9mm广州B板铺底，用合资胡桃面板外贴7cm×0.7cm胡桃木线条来包门套，宽为20cm以上，防潮、防水费用另计
6	索色包窗套（平窗樱桃木）	m	180	9mm广州B板铺底，用合资樱桃木面板外贴7cm×0.7cm黑胡桃木线条来包门套，限窗套厚度为20cm内宽，防潮、防水费用另计

十二 地板施工——确定铺装方向，可避免材料浪费

1. 确定木地板铺设走向，节约成本

如果木地板的铺设走向不合理，不仅会使装修出来的空间显得窄小、拥挤，而且会增加地板材料的用量，无形中增加了预算成本。因此，学会计算木地板铺设走向是十分必要的，如图4-26所示。以客厅的长边走向为准，如果客厅铺木地板的话，则其他的房间也要按同一个方向铺。如果客厅不铺木地板，那么以餐厅的长边走向为准，其他的房间也按同一个方向铺。如果餐厅不铺木地板，那么各个房间可以独立铺设，以各个房间长边走向为准，不需要按同一方向铺如图4-26所示。

2. 了解实木地板施工问题

实木地板的铺设方法如图4-27所示。

（1）实铺式木地板的施工细节。实铺式木地板基层采用梯形截面木搁栅，木搁栅的间距一般为300mm，中间可填一些轻质材料，以减低人行走时的空鼓声音，并改善保温隔热效果。为增强整体性，木搁栅之上铺钉毛地板，最后在毛地板上接或粘接木地板。另外在木地板与墙的交接处，要用踢脚板压盖。为散发潮气，可在踢脚板上开孔通风。

图 4-26　规划好地板的铺设走向，才能够节约资金

实铺式施工法

实木地板的铺设方法

架空式施工法

图 4-27　实木地板的铺设方法

（2）架空式木地板的施工细节。首先将木搁栅铺于地板上，间距一般保持在200~400mm，若将木搁栅两端直接搁置在基础墙体上，由于跨度比较大，木料的断面也要增大，这样用料就会多。为了节省材料，可以选择在木搁栅下设置架空木楞或者地垄墙。架空木楞在垂直于木搁栅方向上布置，两端设置在基础墙之上，然后根据木搁栅的断面来确定距离，通常是在1.5~1.8m。这样就能够合理地设计出剪刀撑，从而加强稳固性。

预防实木地板变形的方法

（1）地面防潮处理方法：一般采用“三油两毡”（三层沥青两层油毡纸，再在上面抹一层水泥，阻止有害气体释放）；更简单的处理方法是铺一层防潮膜。

（2）通过安装来防止板块膨胀：有的在龙骨上加一层毛地板；有的安装要求板块间留有0.2mm 宽的缝隙；有的要求室内四角留有活板方便透气；有的要求墙边地板的伸缩缝内设有弹簧；有的采用铝合金龙骨；有的采用轨道式木地板安装等方法。

（3）板块防潮的处理方法：背板企口涂漆、涂蜡，覆铝铂、覆塑料等。

3. 了解实木复合地板施工问题

所有木地板运到施工安装现场后，应拆包后在室内存放一个星期以上，使木地板与居室温度、湿度相适应后才能使用。在安装木地板前，应进行挑选，剔除有明显质量缺陷的不合格品。将颜色花纹一致的铺在同一房间，有轻微质量缺陷但不影响使用的，可摆放在床、柜等家具底部，同一房间的板厚必须一致。购买时，应按实际铺装面积计算用量并增加10%的损耗，一次购买齐备。

施工重点

（1）铺地垫：在基层表面上，先满铺地垫，或铺一块装一块，接缝处不得叠压。接缝处也可采用胶带粘接，地垫与墙之间应留10~12mm空隙。

（2）装地板：复合地板铺装可从任意处开始，不限制方向。顺墙铺装复合地板，有凹槽口的一面靠着墙，墙壁和地板之间留出10~12mm缝隙，在缝隙插入与间距同厚度的木条。铺第一排锯下的端板，用作第二排地板的第一块，以此类推。最后一排通常比其他的地板窄一些，把最后一块和已铺地板边缘对齐，量出与墙壁的距离，加8~12mm间隙后锯掉，用回力钩放入最后排并排紧。地板完全铺好后，应静置24小时。

4. 地板施工的预算价格

地板施工的参考报价表如表4-13所示。

表 4-13　地板工程的标价表

序号	工程项目	单位	单价（元）	说明
1	铺漆板	m^2	82	含防潮棉费用、合资9mm棉板费用、辅料费用、人工费用，不含主材及打蜡
2	铺索板	m^2	138	含防潮棉费用、合资9mm棉板费用、打磨费用、油漆三遍费用、辅料费用、人工费用，不含主材及打蜡费用

第五章 不同家居风格的预算

不同的家居风格，典型的材料、造型等代表元素是不同的，有些需要硬装造型的配合，有些则完全依靠后期软装装饰，即使是顶面、墙面完全不做造型的同一户型，在完全依靠软装装饰的情况下，选择的风格不同，花费也是有区别的。本章共包含了11个任务，分别介绍了家居风格的确定方法、根据家居风格制定预算的方法以及9种常见家居风格的风格要素、代表性建材价格、代表性家具价格、代表性软装价格以及省钱小窍门。

本章要点

- 了解不同风格的要素
- 了解不同风格的代表建材价格
- 了解不同风格的代表家具价格
- 了解不同风格的代表软装价格
- 了解不同风格的省钱窍门

家居风格是打造美好居室的“总纲领”。业主可以通过了解不同的风格来确定装修的要素、价位等，有效地把控预算。

一 家居风格的确定方法

家居风格可以说是家庭装修的准则，有风格做指导，可以迅速地确定整体色彩的搭配、材质的选择、造型的设计以及家具和软装的款式等。可以从居室面积、装修档次、个人喜好、居住人口等方面来考虑家居风格，如图5-1所示。

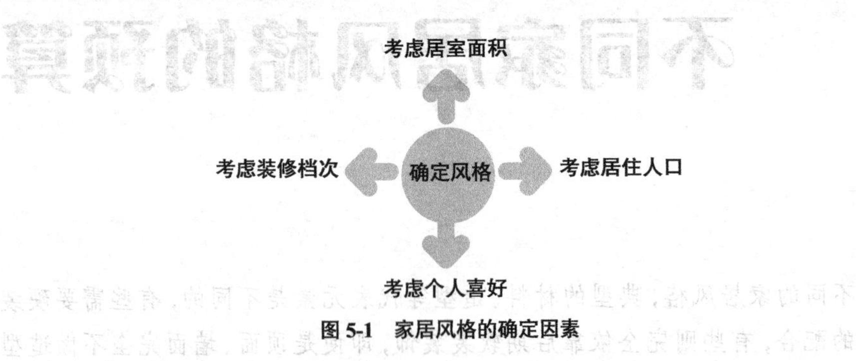

图5-1 家居风格的确定因素

1. 考虑居室面积

在选择居室的设计风格时，首先应考虑的是居室的面积，中等户型和大户型的限制较少，但小户型的限制就比较多，配色较厚重的风格就不适合用于小户型，如中式、欧式、美式乡村风格等；无论是造型还是配色，比较简约的风格就比较适合小户型，使整体风格不会显得很拥挤，例如简约风格、北欧风格等。

2. 考虑装修档次

家居风格的选择也可以从装修档次来考虑。不同档次的装修范围内有若干对应的风格可以选择，例如中式风格就是比较耗费资金的一种风格，因此计划简单装修的人群就不适合选择此风格。

3. 考虑个人喜好

装修资金没有限制的人群，可以根据个人喜好来确定家居风格。如喜欢简洁感的装修风格，可选择简约风格、日式风格等；喜欢自然感的装修风格可选择小美式风格、地中海风格、田园风格、东南亚风格等；喜欢复古或华丽感的装修风格，可选择中式风格、欧式风格、法式风格等。

4. 考虑居住人口

若家中人口较多，在选择家居风格时还应考虑家人的喜好，例如有老人居住，就不建议选择过于时尚或前卫性的风格，如工业风格、现代时尚风格等，而建议选择较为稳重一些、接受年龄范围较为广泛的风格，例如新中式风格等。

二 根据家居风格制定预算

目前，家装中较为常用的风格有：现代简约风格、现代时尚风格、新中式风格、简欧风格、北欧风格、工业风格、小美式风格、田园风格、地中海风格以及东南亚风格等。不同家居风格具备各自不同的特点，所需花费的资金也是不同的，在确定好装修档次后，就可以根据计划资金的数额，在适合的范围内确定家居风格，具体如表5-1所示。

表5-1 不同家居风格的预算范围

家居风格	适合装修档次	整体预算估价（万元）	适合户型
现代简约风格、北欧风格	简单装修、普通装修、中档装修	5~15	MINI户型、小户型
工业风格、现代时尚风格、小美式风格、地中海风格	普通装修、中档装修	15~20	小户型、中户型、大户型
新中式风格、简欧风格、田园风格	中档装修、高档装修	18~35	中户型、大户型

提 示

这些家居风格的档次并不是绝对的，表5-1只是根据风格的硬装特点以及所需户型大小进行大致划分。实际上，每种风格中的软装都是没有上限的。也就是说，简单装修类别的家居风格，若选择较为昂贵的软装，也可以变成中档装修；中档装修若选择高价格的软装，也可以变为高档装修。

三 现代简约风格的参考预算

1. 现代简约风格的要素

现代简约风格讲求简洁、实用，设计元素、色彩、照明、原材料均简化至最少的程度，但对色彩和材料的质感要求很高，往往能达到以简胜繁的效果（见图5-2）。墙面很少采用造型，这样设计出来的空间，总是能节省出许多预算费用。在规划预算时，建议将重点放在后期的软装部分，且秉持“少而精”的原则来搭配，放宽重点空间中重点部位的费用，精简其他部分的费用。

图 5-2　简约风格的家居造型以直线为主，装饰讲求“以少胜多”

2. 现代简约风格典型的硬装建材预算

（1）纯色光滑面涂料或乳胶漆

各种色彩的光滑面涂料或乳胶漆是简约风格家居中最常用的顶面和墙面材料，没有任何纹理的质感能够塑造出宽敞的视觉感，可根据喜好和居室面积来选择色彩（见图5-3）。

图 5-3　乳胶漆背景墙

预算估价：市场价为25~55元/平方米。

（2）无色系大理石

无色系大理石包括黑色、灰色、白色系的大理石，这些颜色属于简约风格的代表色。不宜选择纹理太复杂的款式，通常将其用在客厅中装饰主题墙，可以搭配不锈钢边条或黑镜（见图5-4）。

预算估价：市场价为150~300元/平方米。

（3）玻化砖

玻化砖有“地砖之王”的美誉，表面光亮，性能稳定，较好打理，装饰效果可媲美石材，符合简约风格追求实用性和宽敞感的理念，建议使用部位为公共区的地面（见图5-5）。

图 5-4　无色系大理石背景墙

图 5-5　玻化砖地面

预算估价：市场价为100~220元/平方米。

（4）纯色镜面

常用的纯色镜面包括银镜、灰镜、黑镜等，其完全没有花纹，能扩大空间感并增强时尚感，表现出简约的特点。可单独用在主题墙上，也可以搭配石膏板或木纹饰面板等做直线条的造型（见图5-6）。

预算估价：市场价为130~200元/平方米。

（5）纯色或简约花纹壁纸

纯色或简约花纹的壁纸符合简约的主旨，适合用在客厅背景墙、卧室或书房墙面上，可与涂料或乳胶漆、石膏板等材料搭配来制造层次感（见图5-7）。

预算估价：市场价为50~150元/平方米。

图5-6　银镜电视墙

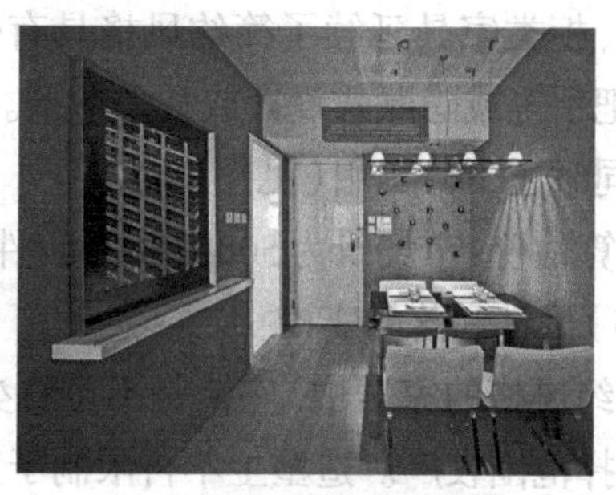

图5-7　简洁花纹壁纸墙面

3. 现代简约风格典型的家具预算

（1）直线条沙发

沙发造型以直线条、少曲线、造型简洁的款式最具代表性，材料主体部分多为布艺或皮料，腿部多为金属、塑料或木质材料。色彩可为黑、白、灰，也可为亮丽的彩色，但同一张沙发色彩不会超过3种（见图5-8）。

预算估价：市场价为600~2000元/套。

图5-8　直线条沙发

（2）几何形简洁几类

几类家具并不仅限于方正的直线造型，圆形等几何形状也可选择，但整体造型要求简洁、大气。材质上的选择范围比较广泛，除了石材、木材等，玻璃、金属、塑料及合成材料均可（见图5-9）。

预算估价：市场价为350~1300元/个。

（3）多功能直线条床

低矮、直线条、色彩明快的床是简约风格中比较具有代表性的家具，如果是将其用在小卧室，其同时兼具储物功能或可折叠功能的特性更能体现简约特点，整体上以板式家具为主（见图5-10）。

预算估价：市场价为1000~2500元/张。

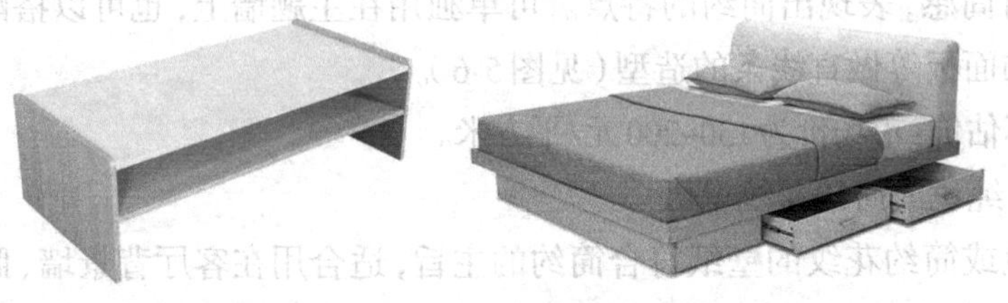

图5-9　几何形简洁茶几　　图5-10　多功能直线条床

（4）实用式桌、柜

桌、柜类家具延续了简约风格具有代表性的直线条造型，整体十分简练、大气，把手等或隐藏式设计或长条造型。横平竖直的造型不会占用过多的空间面积，同时还十分实用（见图5-11）。

预算估价：市场价为500~2800元/件。

（5）设计利落的座椅

简约风格的家居中，座椅是不可缺少的活跃空间氛围的家具，它的材质和色彩选择范围较广。造型上不再限制于直线条的款式，即使是弧度的设计也非常利落（见图5-12）。

预算估价：市场价为100~350元/把。

图5-11　实用式桌　　图5-12　利落线条的座椅

4. 现代简约风格典型的软装预算

（1）简洁的灯具

卧室、书房中多使用吸顶灯，完全贴在天花板上显得很简练。客厅或餐厅内多使用棱角分明的吊灯，造型以简洁为主，很少使用壁灯、射灯等。灯具虽然造型简练，但材料种类很多（见图5-13）。

预算估价：市场价为900~1300元/盏。

（2）简练线条装饰画

装饰画的简约不仅体现在造型上也体现在配色上，色彩或为黑、白、灰，或为少量彩色，画框基本没有雕花和弧线，简练却十分经典。搭配时，建议尽量选择单幅作品，若成组，则最多不宜超过三幅（见图5-14）。

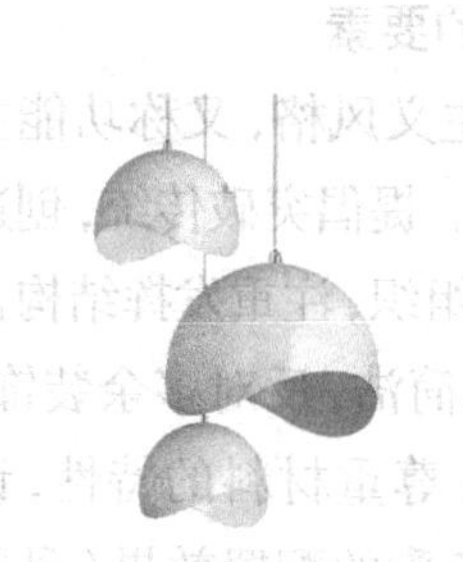

图5-13　造型简洁的灯具

图5-14　简约装饰画

预算估价：市场价为300~550元/组。

（3）素色或少量几何纹理的布艺

简约风格中的布艺多为素色的款式，例如灰色、白色、米色等，面积越大的布艺（比如窗帘和地毯）越素净和低调，面积小的布艺则可适当选择亮丽一些的彩色或带有一些几何形状的纹理（见图5-15）。

预算估价：市场价为100~400元/组。

（4）大气线条、少材质组合的小饰品

小饰品造型简洁，材质多为陶瓷、木、玻璃或金属。色彩以黑、白、银等无色系最具代表性，也可选择红、黄等亮丽色彩。同一房间内，数量不宜过多，且建议成组使用（见图5-16）。

图5-15　少量几何纹理布艺

图5-16　大气线条小饰品

预算估价：市场价为50~200元/个。

省钱窍门

现在多数户型中，客厅和餐厅在同一个开敞式的空间中。在现代简约风格的家居中，整体效果追求简洁、利落。当公共区中所使用的家具材料或色彩的数量过多时，也会给人一种啰唆的感觉，所以更建议选购设计师设计好的成套的产品，这样不仅整体效果美观，在同一家店选购还有利于砍价和保证售后服务，比单独购买更省钱。

四 现代时尚风格的参考预算

1. 现代时尚风格的要素

现代风格即现代主义风格，又称功能主义，是工业社会的产物。提倡突破传统，创造革新，重视功能和空间组织，注重发挥结构构成本身的形式美，造型简洁，反对多余装饰，崇尚合理的构成工艺；尊重材料的特性，讲究材料本身的质地和色彩的配置效果（见图5-17）。因现代风格对造型的简洁化要求，所以在预算中可节省大量不必要的开支。

图 5-17 空间内的吊顶设计简洁，预算主要花费在沙发、茶几、灯具等软装饰上

2. 现代时尚风格典型的硬装建材预算

（1）时尚图案壁纸

现代风格家居中的重点墙面部分常会使用一些具有时尚感的壁纸或壁纸画，使用面积不会很大且通常会搭配其他材料做造型，常用的有抽象图案、具有艺术感的具象图案、几何或线条图案（见图5-18）。

预算估价：市场价为90~220元/平方米。

（2）大理石

现代风格家居中无色系和棕色系的大理石使用频率很高，用在背景墙或整体墙面上时多做抛光处理，再搭配不锈钢包边或嵌条，营造时尚感。除此之外地面、各处台面也经常使用（见图5-19）。

预算估价：市场价为120~380元/平方米。

图 5-18 时尚图案壁纸背景墙

图 5-19 大理石背景墙

（3）镜面玻璃

超白镜、黑镜、灰镜、茶镜以及烤漆玻璃等玻璃类材料具有强烈的时尚感和现代感，与现代风格搭配非常协调，经常会出现在背景墙或衣柜柜门上，玻

璃造型以条形或块面造型最为常见，个性一些的可直接选择整幅图案式的烤漆玻璃作为背景墙，但图案需符合风格特征（见图5-20）。

预算估价：市场价为105~380元/平方米。

（4）不锈钢

不锈钢的表面具有镜面反射作用，可与周围环境中的各种色彩、景物交相辉映，时尚而不夸张，很符合现代风格追求创造革新的需求（见图5-21）。

预算估价：市场价为15~35元/米。

图5-20　镜面玻璃背景墙

图5-21　不锈钢条背景墙

（5）棕色或黑、灰色的饰面板

棕色或黑、灰色的木纹饰面板更符合现代风格的特征。它们会结合现代的制作工艺，用在背景墙部分，造型不会过于复杂，大气而简洁，常会搭配不锈钢组合造型（见图5-22）。

预算估价：市场价为115~248元/张。

（6）仿石材纹理地砖

仿石材纹理地砖具有类似石材的效果，但纹理和色彩更丰富，价格更优惠，也比较好打理，所以经常在地面上铺设来丰富现代风格居室中的层次感（见图5-23）。

预算估价：市场价为120~280元/平方米。

图5-22　棕色饰面板背景墙

图5-23　仿石材纹理地砖

3. 现代时尚风格典型的家具预算

（1）结构式沙发

沙发造型不仅仅限于常规的款式，常用的直线条简洁款式更多地出现在主沙发上，而双人沙发或单人沙发则在讲求功能性的基础上，更多地体现出结构的设计，例如无扶手的曲线造型等，常用材料有皮革、丝绒和布艺，搭配金属、塑料或木腿等（见图5-24）。

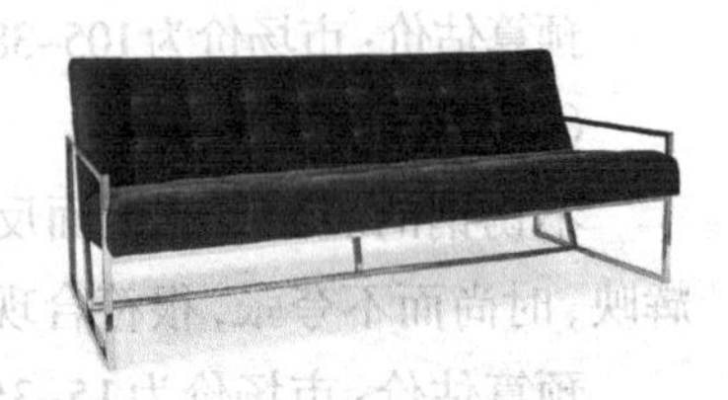

图5-24 结构式沙发

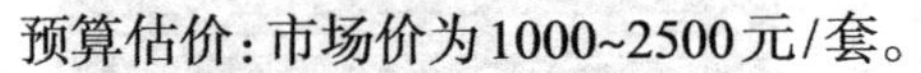

预算估价：市场价为1000~2500元/套。

（2）不规则造型几类

几类是现代风格家居中不可缺少的活跃氛围的元素，除了规矩的形状外，不规则的形状也非常具有代表性，材料方面非常丰富，例如实体金属、玻璃、板式、大理石等（见图5-25）。

图5-25 不规则造型茶几

预算估价：市场价为600~1400元/张。

（3）具有设计感的床

床头多使用软包造型，但并不像欧式床那么复杂，包边材料较多样，例如布艺、不锈钢、板式木等。除了常见的直腿床外，还有很多讲求结构设计的款式，例如将前后腿部连接起来的大跨度弧线腿床（见图5-26）。

预算估价：市场价为1500~3500元/张。

（4）板式桌、柜

追求简洁、精炼的特性使得板式桌、柜成为此风格的最佳搭配伙伴，其中以电视柜、衣柜、收纳柜、装饰柜以及写字桌等为主（见图5-27）。

预算估价：市场价为2150~3650元/件。

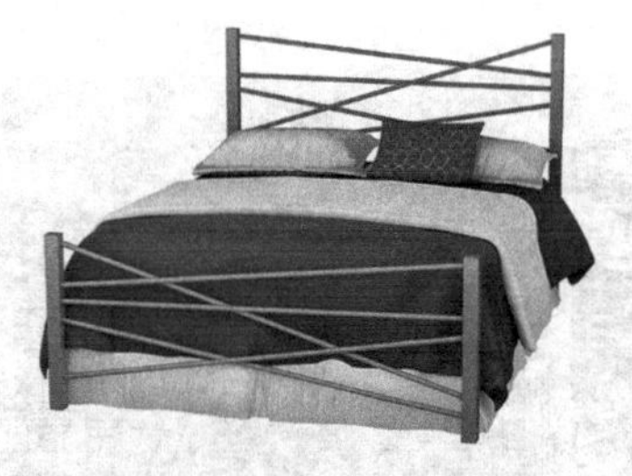

图5-26 具有设计感的床

图5-27 板式柜

（5）变化多端的座椅

座椅不似沙发那样限制性比较大，而是更随意，虽然可能只有寥寥几个线条，但是结构的变化却是充满惊喜的，是现代风格居室中的点睛之笔，材料使用上没有什么限制，金属、曲木、皮革、布艺甚至是玻璃纤维等新型材料都可组合（见图5-28）。

图5-28　变化多端的座椅

预算估价：市场价为800~1500元/张。

4. 现代时尚风格典型的软装预算

（1）大气线条的灯具

现代风格所用的灯具，多以大气的线条为主，少复杂的曲线，材料多以金属、玻璃为主。除此之外，金属罩面的落地灯、壁灯、台灯等局部性灯具也很常用（见图5-29）。

预算估价：市场价为500~1200元/盏。

（2）无框抽象装饰画

抽象派装饰画画面上没有规律性，属于非具象画面，充满了各种颜色的抽象派，搭配上无框的装饰手法，悬挂在现代风格的家居中，能够增添时尚感和艺术性，彰显居住者的涵养和品位（见图5-30）。

图5-29　大气线条的灯具

图5-30　无框抽象装饰画

预算估价：市场价为150~450元/组。

（3）少花纹、纯色或条纹布艺

为了衬托出居室内具有现代风格特点的大件家具，并避免混乱感，花纹少、纯色或条纹图案的布艺比较常用，面积越大，色彩越素净，如窗帘、地毯；小面积的布艺的色彩范围会略大一些，偶尔会加一点亮片或长毛材质，例如靠枕（见图5-31）。

预算估价：市场价为200~400元/组。

（4）金属材料的小饰品

金属材料的小饰品造型种类多样，包括抽象人物、动物还是微观建筑等造型，它们具有十分亮眼的金属光泽，虽然小却极具现代特点，能够提升空间的趣味性（见图5-32）。

图5-31　少花纹布艺

图5-32　金属材料的小饰品

预算估价：市场价为100~300元/个。

省钱窍门

现代风格家居体现的是一种时尚和简练的融合，如何在控制数量的前提下体现出个性是最重要的，在家具的购买上，无需全部选择代表性的款式，1~2款重点装饰可花费多一点的资金，其他部分可放松处理，选择与主体家具色彩或材质呼应的高性价比款式，既能表现风格的特征，又能够节省资金。

五 新中式风格的参考预算

1. 新中式风格的要素

新中式风格家居的主材往往取材于自然，如用来代替木材的装饰面板、石材等，尤其是装饰面板，最能够表现出浑厚的韵味（见图5-33）。因此，在前期的预算规划中，应多预留出实木等材料的预算支出，但也不必太拘泥于此，只要熟知材料的特点，就能够对其合理运用，即使是玻璃、金属等，一样可以展现出新中式风格的特点。

图5-33 新中式风格中木料的使用比例仍然很多，将预算重点放在此类材料上更容易体现风格特点

2. 新中式风格典型的硬装建材预算

（1）木质材料

使用木质材料要做一些留白的设计，利用木质材料的纹理结合其他材料，塑造出多层次的质感。如在回字形吊顶上勾勒出一圈细长的实木线条，或是电视机背景墙用实木线条勾勒出中式花窗造型等（见图5-34）。

图5-34 木质材料背景墙

预算估价：市场价为350~750元/平方米。

（2）新中式壁纸

新中式风格的壁纸具有清淡优雅之风，多带有书法文字或花鸟、梅兰竹菊、山水、祥云、回纹、古代侍女等中式图案，色彩淡雅、柔和，一般比较简单（见图5-35）。

预算估价：市场价为140~280元/卷。

（3）浅色乳胶漆或涂料

使用一些浅色乳胶漆或涂料来涂刷墙面，例如白色、淡黄色、米色等，搭配木质造型或壁纸，能够形成比较明快的节奏感，体现出新中式风格中留白的意境（见图5-36）。

预算估价：市场价为35~55元/平方米。

图 5-35　新中式壁纸背景墙

图 5-36　浅色乳胶漆背景墙

（4）天然石材

石材纹理自然、独特且具有时尚感，用途比较广泛。在新中式住宅中适量地选用一些石材可以提升整体的现代感，可以用来装饰地面，也可以搭配木料做造型用在背景墙上（见图5-37）。

预算估价：市场价为350~720元/平方米。

（5）不锈钢

新中式风格住宅中除了会较多运用一些实木线条外，还会经常将金色或银色的不锈钢设计加入到墙面造型中。如在背景的石材造型四周包裹不锈钢，使不锈钢与石材的硬朗质感良好地融合在一起，使古典和时尚融合（见图5-38）。

预算估价：市场价为15~35元/米。

图 5-37　天然石材背景墙

图 5-38　不锈钢条背景墙

3. 新中式风格典型的家具预算

（1）木框架组合材质沙发

木框架组合材质沙发可以分为两类，一类是实木沙发，基本不使用雕花造型，整体造型比较简洁，多为直线条，有些还会涂刷彩色油漆；一类是复合材质的沙发，框架部分也常使用木料，或木料搭配藤等，靠背和扶手材料较丰富，除了实木还有纯色布艺、中式印花布艺、中式丝绸刺绣、中式印花丝绸等（见图5-39）。

预算估价：市场价为5800~7800元/套。

图5-39　木质框架组合材质沙发

（2）彩漆实木座椅

新中式风格的实木座椅在造型上凝聚了传统家具的精粹，同样使用圈椅、官帽椅、太师椅等椅子的外形，但去掉了其雕花部分。除了深色实木外，还出现了浅色实木和红、蓝、绿、黑等彩漆款（见图5-40）。

预算估价：市场价为290~1500元/把。

（3）中式造型金属椅

除了实木材质的座椅外，新中式风格的座椅还加入了金属材料，例如金属圈椅、金属和实木混合的官帽椅等，是古典和现代的完美融合（见图5-41）。

预算估价：市场价为280~500元/把。

图5-40　彩漆实木座椅

图5-41　中式造型金属椅

（4）简化中式造型几、案

几案的造型比较简洁，其虽然会带有一些束腰类的造型，但基本不使用小且密集的雕花造型，而是大刀阔斧地将直线条或整体式的卷纹、回纹等用在腿部或脚部（见图5-42）。

预算估价：市场价为380~1200元/张。

（5）做旧实木柜、彩绘实木柜

彩色油漆或彩色油漆加彩绘的柜子，表面做一些类似掉漆等形态的做旧处理，具有传承的感觉，非常适合放在玄关、过道或卧室内做装饰，能够为新中式的居室增添个性和艺术氛围（见图5-43）。

预算估价：市场价为1900~2500元/个。

图5-42　简化中式造型茶几

图5-43　做旧实木柜

（6）实木+玻璃或金属桌

实木餐桌除了完全的实木结构类型外，有些款式会在桌面运用通透的钢化玻璃，四周用实木包裹，餐桌腿造型简洁且具有厚重感，突破传统中式餐桌的繁复造型，以简洁的直线条取胜（见图5-44）。

预算估价：市场价为3700~6800元/张。

（7）简洁造型架子床

架子床仍然是非常具有代表性的家具，但是造型上简化了很多，不加入雕花设计，多为直线条造型，材质有实木也有复合木，整体感觉较轻盈，顶面可搭配白纱烘托氛围（见图5-45）。

预算估价：市场价为5800~7600元/张。

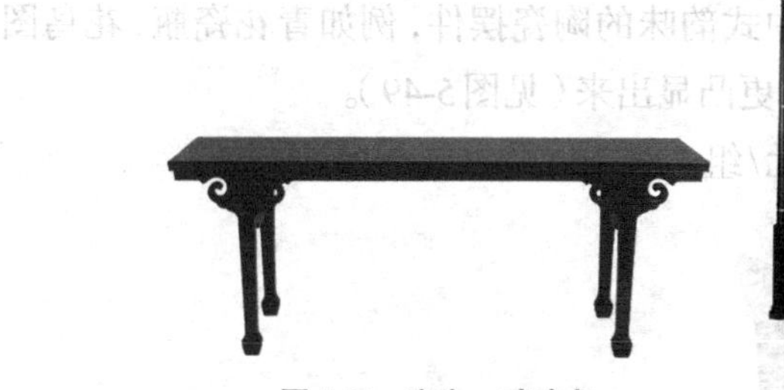

图5-44　实木+玻璃桌

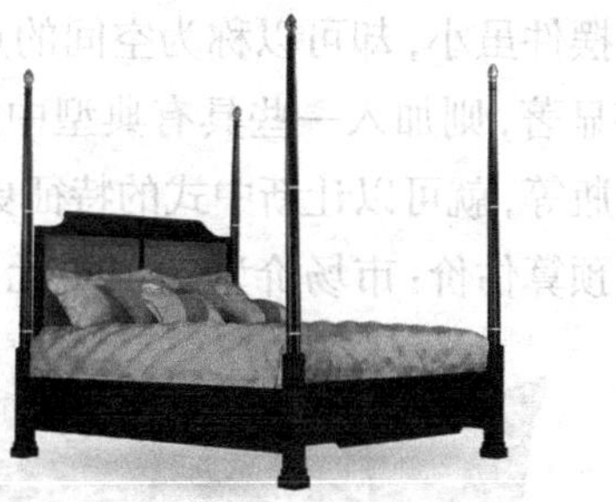

图5-45　简洁造型架子床

4. 新中式风格典型的软装预算

（1）金属框架中式符号吊灯

新中式风格的吊灯仍然带有传统的文化符号，但不像中式灯具那样具象，雕花等复杂的元素大为减少，整体更简洁、时尚；不再仅限于实木结构，而是更多地使用现代材料，如各种金属等（见图5-46）。

预算估价：市场价为800~1500元/盏。

（2）水墨抽象画

除了国画、书法等传统韵味较浓郁的装饰画可以用在新中式风格的住宅中外，一些创意性的水墨抽象画也可以用来表现新中式风格中的传统意境，黑白或彩色均可（见图5-47）。

预算估价：市场价为360~650元/组。

图5-46 金属框架中式符号灯

图5-47 水墨抽象画

（3）传统元素织物

新中式风格的织物以棉麻和丝绸为主，色彩多为清雅的米色、杏色或富丽的宫廷蓝、红、黄、绿等。图案较简洁，通过刺绣或印制呈现，较多地使用简化的回纹以及山水花鸟等（见图5-48）。

预算估价：市场价为180~360元/组。

（4）中式韵味陶瓷摆件

摆件虽小，却可以称为空间的点睛之笔，如果家具等大件装饰的中式元素不够显著，则加入一些具有典型中式韵味的陶瓷摆件，例如青花瓷瓶、花鸟图案瓷瓶等，就可以让新中式的特征更凸显出来（见图5-49）。

预算估价：市场价为78~460元/组。

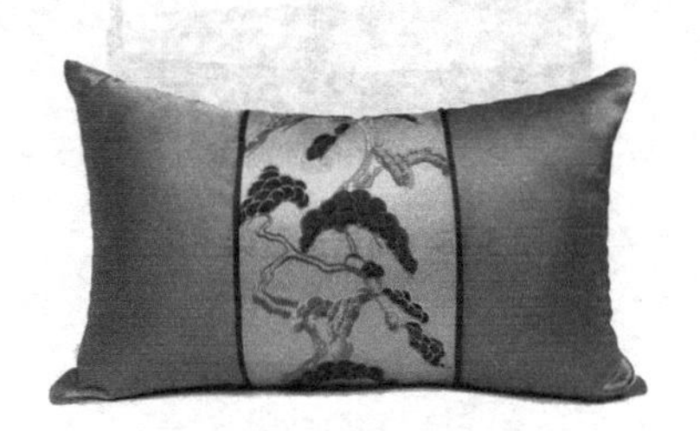

图5-48 传统元素织物

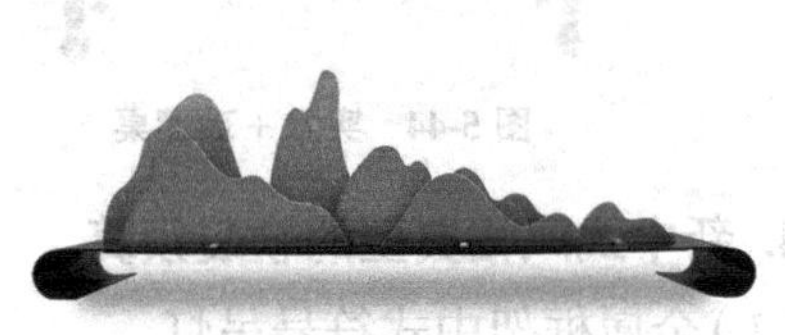

图5-49 中式韵味陶瓷摆件

省钱窍门

在设计新中式风格的空间时，可先选购大幅的花鸟图装饰画，并在设计中将装饰画融入墙面的造型设计中。而大幅的花鸟图装饰画因占据着较大的墙面面积，因而在设计时就可以相应地减少墙面的实木或大理石造型，达到节省预算支出的目的。同样的办法还可运用到餐厅主题墙的设计、卧室床头背景墙的设计中等，既节省了装修的预算，又保证了新中式风格的设计效果。

六　简欧风格的参考预算

1. 简欧风格的要素

简欧风格家居不再使用复杂的、大量的顶面和墙面造型，例如跌级式吊灯和护墙板等，而是以乳胶漆、壁纸等材料搭配无雕花装饰的石膏线或大理石来做造型，门窗的设计以直线条为主，硬装的底色大多以白色、淡色为主（见图5-50）。总体来说，硬装造型上有两个特征，一是对称，多为方形；二是使用的材料细节上具有精致感。如果从节约资金的角度出发，则一个空间内可以设计一面重点墙面，而其他部分不使用造型。

图5-50　简欧风格的居室整体造型都比欧式简洁，讲求的是展现欧式神韵而不是体现奢华

2. 简欧风格典型的硬装建材预算

（1）线条造型

简欧家居为了凸显简洁感很少会使用护墙板，为了在细节上表现欧式造型特征，通常是把石膏线或木线用在重点墙面上，做具有欧式特点的造型（见图5-51）。

预算估价：市场价为15~35元/米。

（2）壁纸

除了大马士革纹、佩兹利纹等古典欧式纹理的壁纸外，简欧居室内还可以使用条纹和碎花图案的壁纸，在同一个空间中很少会单独使用壁纸来贴墙，而在主题墙部分会搭配一些造型，再在其他墙面部分或全部粘贴壁纸，或仅主题墙粘贴壁纸，后者更符合简欧风格（见图5-52）。

预算估价：市场价为180~420元/卷。

图 5-51　线条造型背景墙

图 5-52　壁纸背景墙

（3）雕花石膏造型吊顶

简欧风格的家居仍会采用吊顶，但层级结构更简单一些。除此之外，如果房间高度比较低，则可以用石膏雕花直接粘贴在顶面上。雕花石膏通常是围绕着吊灯来布置的，以凸显细节上的精致感（见图5-53）。

预算估价：市场价为145~210元/平方米。

（4）大理石地面

根据户型的特点来选择简欧居室的地面材料，如果是复式或别墅，一层可以整体铺贴大理石，加入一些拼花设计，来彰显大气感；如果是平层结构，则可以在公共区铺设大理石，面积小的情况下，可以不做拼花或做小块面的拼花（见图5-54）。

预算估价：市场价为150~360元/平方米。

图 5-53　雕花石膏造型吊顶

图 5-54　大理石地面

（5）复合木地板

舒适感的营造是简欧风格区别于古典欧式风格的一个显著特征，所以在非公共区域内，使用一些木质地板能够增添居室温馨的感觉（见图5-55）。

预算估价：市场价为85~200元/平方米。

（6）简化的壁炉

壁炉是欧式设计的精华所在，在简欧居室中也是很常见的硬装造型。现代简化壁炉与古典欧式壁炉的区别是，它的造型更简洁一些，整体具有欧式特点但不再使用繁复的雕花（见图5-56）。

预算估价：市场价为1500~2800元/个。

图5-55　复合木地板地面

图5-56　简化壁炉背景墙

3. 简欧风格典型家具预算

（1）线条具有西式特征的沙发

简欧风格的沙发体积被缩小，同时雕花、鎏金等设计或只出现在扶手或腿部，或完全不使用。除了丝绒和皮料，还加入了不少布艺的款式。仍然使用弧度，但更多地融入了直线（见图5-57）。

预算估价：市场价为3100~5800元/张。

（2）少雕花的简约曲线座椅

简欧风格的座椅在外形上以曲线为主，但给人的感觉更简洁，偶尔会在背部或腿部使用非常少的雕花，材质不再局限于实木，金属、布艺等也较多地被使用（见图5-58）。

预算估价：市场价为260~380元/把。

图5-57　西式特征沙发

图5-58　少雕花简洁曲线座椅

（3）少雕花的兽腿几类

简欧风格的几类主要分为两大类，一类仍会带有一些雕花和描金设计，但并不复杂，材质以实木搭配石材为主；另一类是比较简洁的款式，材料除了实木外还会加入金属或玻璃材料（见图5-59）。

预算估价：市场价为800~1500元/张。

（4）曲线腿造型桌、柜

简欧风格的桌、柜除了会使用实木材料外，还加入了金属、混油等材料，整体造型和装饰不再华丽，而是从细节上来凸显欧式感觉，如底部边缘使用起伏的弧度或使用曲线腿等（见图5-60）。

预算估价：市场价为1150~2600元/件。

（5）简洁曲线软包床

靠背或立板的下沿使用简洁的大幅度曲线，床头板部分多使用舒适的皮质软包，且腿部比较矮，这些都是简洁曲线软包床的特点，它用在简欧风格的卧室中，更能够彰显风格特点（见图5-61）。

预算估价：市场价为1900~3500元/张。

图5-59 少雕花兽腿茶几

图5-60 曲线腿造型柜

图5-61 简洁曲线软包床

4. 简欧风格典型的软装预算

（1）线条柔和的水晶吊灯

水晶吊灯的框架造型以柔和感的曲线为构架，不使用或很少使用复杂的雕花，灯使用仿烛台款式，下方悬挂水晶装饰的吊灯，能够为简欧风格的家居增添低调的华丽感（见图5-62）。

预算估价：市场价为550~1300元/盏。

（2）现代油画

简欧家居除了适合使用一些画框造型比较简单但带有欧式特征的古典西洋油画外，还适合使用一些具有现代感的油画，例如立体油画、抽象油画等（见图5-63）。

预算估价：市场价为150~420元/幅。

（3）金属摆件

金属摆件是简欧风格区别于古典欧式风格的一个显著元素。金属摆件有两种类型，一类是纯粹的金属，此类摆件表面不会处理得很光滑，独具个性和艺术感；另一类是金属和玻璃结合的类型，金属部分通常会比较光亮（见图5-64）。

预算估价：市场价为150~280元/件。

图5-62　线条柔和的水晶吊灯

图5-63　现代油画

图5-64　金属摆件

（4）树脂摆件

树脂摆件是一种具有传承性的软装，但与古典欧式风格比较起来，简欧风格的树脂摆件的材质更丰富，没有特别的取材限制，整体给人以典雅之感（见图5-65）。

预算估价：市场价为65~220元/组。

（5）简化欧式图案布艺

简欧风格布艺减少了植绒材料的使用，更多的是使用丝光面料和棉质材料来表现低调的华丽感和多元感，图案或为简化后的欧式经典图案或为比较现代的欧式水晶灯、人物头像等（见图5-66）。

预算估价：市场价为120~320元/组。

图5-65　树脂摆件

图5-66　简化欧式图案布艺

省钱窍门

由于墙面造型比较简约，所以简欧风格的家居中，家具成系列使用更容易塑造出含有底蕴的效果。若从节约资金的角度来考虑，则可以成套选择主要家具，例如沙发、茶几和餐桌椅，用比较引人注意的家具来彰显风格特征和精致感，其他的小件家具则可以选择同色系但价格低一些的产品。

七　北欧风格的参考预算

1. 北欧风格的要素

北欧风格设计貌似不经意，一切都浑然天成。但每个空间都有一个视觉中心，而这个中心的主导者就是色彩。北欧风格色彩搭配之所以令人印象深刻，是因为它总能获得令人舒服的视觉效果——多使用中性色进行柔和过渡，即使用黑、白、灰营造强烈效果；也总有稳定空间的元素打破它的视觉膨胀感，如用素色家具或中性色软装来压制（见图5-67）。而通过色彩的对比变化，形成空间的装饰效果，可以节省大量的装修成本。

图5-67　浅淡的空间色调，简约的墙顶面设计，都使得北欧风格既时尚典雅，又可节省出大量的装修预算

2. 典型北欧风格的硬装建材预算

（1）乳胶漆或涂料

北欧家居中的视觉中心就是色彩，尤其是墙面位于视线的水平线上，是非常具有聚焦效果的。此时，由于基本不使用纹样和图案装饰，所以墙面的色彩主要依靠乳胶漆或涂料来表现，亚光的款式更符合北欧风格的意境（见图5-68）。

预算估价：市场价为25~55元/平方米。

（2）白色或彩色砖墙

使用清水砖而后涂刷白色或彩色涂料制作成的砖墙经常被用作电视墙或沙发墙，它具有自然的凹凸质感和颗粒状的漆面，表现出原始、自然且纯净的感觉，能够丰富墙面的层次（见图5-69）。

预算估价：市场价为150~180元/平方米。

（3）3D立体白砖纹壁纸

3D立体白砖纹壁纸自带背胶，可以粘贴在水泥、涂料基层上，当无法实现白砖墙的施工时，就可以用这种使用起来很方便的壁纸来替代，将其用在背景墙上。它的质感和立体感略逊于白砖墙，但便于擦洗和打理（见图5-70）。

预算估价：市场价为13~55元/平方米。

（4）浅色木地板

木材料是北欧风格的灵魂，地面面积较大，所以常使用各种木地板做装饰，如强化木地板、复合木地板甚至是实木地板等。色彩方面，很少使用深色或红色系，而白色、浅灰色、浅原木色、浅棕色等使用较多（见图5-71）。

预算估价：市场价为150~280元/平方米。

图5-68　乳胶漆墙面

图5-69　白色砖墙

图5-70　3D立体白砖纹壁纸背景墙

图5-71　浅色木地板地面

（5）木饰面板

木饰面板具有木材的温馨感，可与木地板地面交相辉映，更充分的展现出北欧风格自然、淳朴的气质。与木地板相似的是，北欧风格中使用的木饰面板，多为浅色系（见图5-72）。

预算估价：市场价为110~280元/张。

（6）北欧风格墙贴

北欧风格的墙面完全不使用纹样和图案装饰，但装饰画却是很常见的装饰手段，而类似装饰画的墙贴与装饰画相比极具趣味性，可以用在玄关墙、电视墙、沙发墙等位置。需注意的是，色彩不宜过于花哨，黑、灰色或低调的彩色款

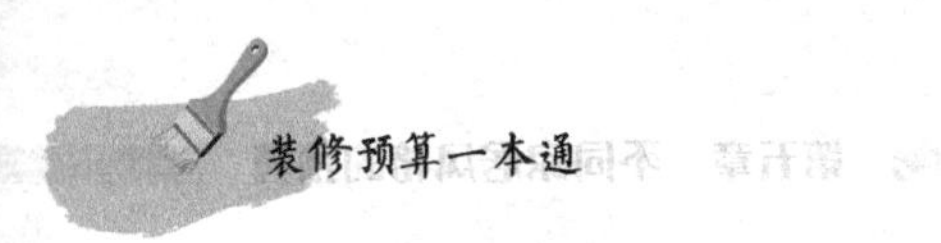

式更具北欧韵味（见图5-73）。

预算估价：市场价为45~80元/组。

图5-72　木饰面板柜

图5-73　北欧风格墙贴背景墙

3. 北欧风格典型的家具预算

（1）低矮的布艺沙发

低矮的布艺沙发，完全没有雕花装饰，造型简洁，特征显著，小户型和大户型均适用。材料组合以布艺搭配木腿的款式为主，面层偶尔也会使用一些低调的皮质材料，例如麂皮（见图5-74）。

预算估价：市场价为120~3800元/套。

（2）几何形极简几类

圆形、圆弧、三角形带有低矮竖立边的茶几、角几等是最具北欧特点的几类款式。除此之外，长条形的几类也比较常用。材料以全实木、全铁艺、版式木或大理石面搭配铁艺比较常见（见图5-75）。

预算估价：市场价为200~900元/张。

（3）简洁而又舒适的床

北欧风格的床以简练的线条、优美的流动弧线为主，抛弃多余的装饰造型，其设计很符合人体工程学，有舒适的坐卧感。材料主要以各种实木为主，单人床有时会使用黑色铁艺制作（见图5-76）。

预算估价：市场价为1600~2900元/张。

图5-74　低矮的布艺沙发

图5-75　几何形极简茶几

图5-76　简洁而又舒适的床

（4）无雕花桌、柜

桌、柜的整体感都非常轻盈，同样没有雕花装饰，多采用直来直去的线条。

桌类主要以各种原木色的实木为主，而柜类除了原木色的实木外，还有一些带有拼色柜门的版式款式，拼色设计活泼但不刺激（见图5-77）。

预算估价：市场价为1300~2500元/件。

（5）北欧风格的座椅

伊姆斯椅、天鹅椅、鹈鹕椅、蛋椅、红蓝椅、幽灵椅和贝克椅等是北欧风格家具中著名的款式，不仅追求造型的美感，同时，在曲线设计上，还讲求与人体的结合。材质除了传统的布料和木腿外，底座部分还会加入新型材料（如玻璃纤维等）（见图5-78）。

预算估价：市场价为220~3100元/把。

图 5-77　无雕花柜

图 5-78　北欧著名座椅

4. 北欧风格典型的软装预算

（1）无图案的灯具

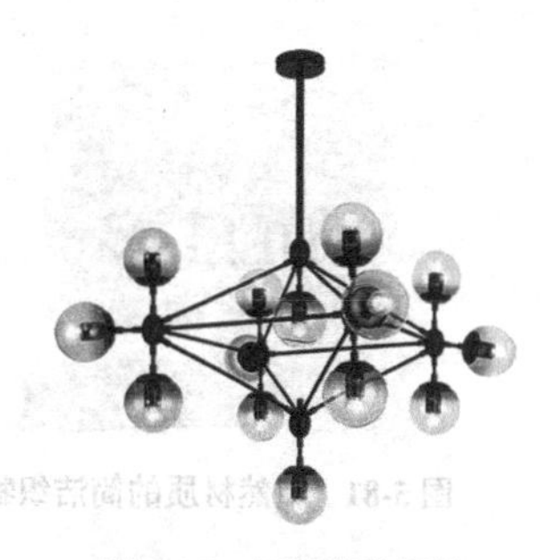

图 5-79　无图案的灯具

北欧风格的灯具极具设计感，以实木和金属材料为主，吊灯、台灯或落地灯的罩面不使用图案，而是以颜色取胜。色彩比较多样化，但都给人非常舒适的感觉，黑、白、原木、红、蓝、粉、绿等都比较多见（见图5-79）。

预算估价：市场价为120~1500元/盏。

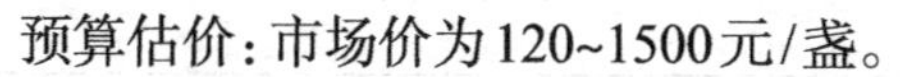

（2）白底装饰画

图 5-80　白底装饰画

北欧装饰画画框造型简洁，宽度较窄，色彩多为黑色、白色或浅色原木。画面底色以白底最为常见；图案多为大叶片的植物、麋鹿等北欧动物或几何形状的色块、英文字母等，色彩以黑色、白色、灰色及各种低彩度的彩色较为常用（见图5-80）。

预算估价：市场价为220~500元/组。

（3）自然材质的简洁织物

织物材料上以自然的棉麻为主，不使用点缀和装饰，除了用作窗帘、靠枕、地毯等外，还常被用于装饰墙面。织物色彩多简单素雅，例如灰色、白色、果绿、灰蓝、茱萸粉等；图案以纯色图案、动物图案和带有几何图形的纹理图案最常见，例如拼色三角形、火烈鸟图案等（见图5-81）。

预算估价：市场价为120~320元/组。

（4）实木或陶瓷材料的小饰品

装饰品数量无需过多，能调节空间层次即可。可选几何造型或北欧地区的各种动物造型，材料以木和陶瓷最具代表性，偶尔也会使用金属和玻璃等材料。色彩多为无色系的黑、白和浅木色（见图5-82）。

预算估价：市场价为60~380元/组。

（5）大叶片绿植

北欧家居中的自然韵味主要是靠各种绿植来营造的，具有代表性的是琴叶榕、龟背竹等大叶片的绿植或仙人柱，花器可以选择米白色的麻布袋、纯白色无花纹的陶瓷盆或浅木色的编织筐等（见图5-83）。

预算估价：市场价为120~350元/组。

图5-81　自然材质的简洁织物

图5-82　陶瓷小饰品

图5-83　大叶片绿植

省钱窍门

北欧风格的家居讲求极简，所以在家具选择上以实用为主，装饰性的家具就可以去除。那么，在数量精简的情况下，主体家具选择有代表性的款式就更容易突出风格特征。具有代表性的主体家具可以多花一些资金来购置，例如典型的北欧风格座椅等。而其他家具（例如茶几等）就可以选择便宜一些的，这样既美观又能节约资金。

八　工业风格的参考预算

1. 工业风格的要素

图 5-84　工业风格的最大特点就是“裸露”建筑本色

工业风格家居空间的一个典型特点就是“裸露”建筑的本色，例如不做任何修饰的红砖墙、水泥墙，仅涂刷油漆的管道等（见图5-84）。其装饰上多使用皮质、老旧的元素，铁艺、水泥以及裸露，是工业风最重要的表现形式，表现在硬装材料上主要有裸露的不均匀水泥涂层和错综管道的屋顶、各种刷黑漆处理或带有锈迹的铁质管道、带有水泥抹缝的红砖墙、水泥墙面或地面等。因此，如果原建筑是砖混结构，则在硬装方面可以节省很多资金；若非砖混结构，则选一两种代表元素即可，这样也可以节约资金。

2. 工业风格典型的硬装建材预算

（1）红砖墙面

墙体是体现风格的重要元素，其设计是十分独特的，直接以裸露的红色砖块构成墙壁，或者裸露大部分而小部分抹上水泥。除此之外还能在砖头之上进行粉刷，不管是涂上黑色、白色或是灰色，都能带给室内一种老旧却又摩登的视觉效果，十分适合工业风的粗犷氛围（见图5-85）。

预算估价：市场价为90~180元/平方米。

（2）仿砖纹文化石

如果建筑结构是砖混结构，那么只需要处理一下水泥面将底层裸露即可。除此之外，如果楼板承重允许，则还可以砌筑砖墙。在上面两种方案都没法实现的情况下，就可以用仿砖纹的文化石来代替红砖（见图5-86）。

预算估价：市场价为80~130元/平方米。

图 5-85　红砖墙背景墙

图 5-86　仿砖纹文化石背景墙

（3）原始的水泥墙面、顶面

如果砖墙制作过于麻烦，则还可以用水泥简单地涂抹墙面和顶面，无论底层是什么材料都可以实施，表面无需处理得特别光滑和平整，追求的就是原始的效果（见图5-87）。

图5-87　水泥墙

预算估价：市场价为15~20元/平方米。

（4）水泥纤维板

单独使用水泥或红砖会显得略有些单调，可以在一些墙面使用水泥纤维板来调节层次感。建议选购方形板或切割成方形，这样拼接起来比较有节奏感，勾缝处理时可以明显一些（见图5-88）。

图5-88　水泥纤维板墙

预算估价：市场价为55~75元/平方米。

（5）水泥地面

工厂的地面通常是用水泥处理的，所以工业风的家居中，地面通常使用一些具有原始感的水泥材料。水泥地面制作有两种方式，一种是简单地涂抹，然后将表面磨光，这种方式比较便宜；另一种是做成自流平地面，表面亮度高，可以做纹理，这种方式价格比较高（见图5-89）。

预算估价：市场价为65~120元/平方米。

（6）仿旧木地板地面

除了水泥地面，仿水泥质感或带有做旧纹理效果的木地板也很适合工业风家居，地板上还可以带一些有涂鸦感的字母或图案。通常来说，复合木地板款式较多也更好打理（见图5-90）。

预算估价：市场价为60~155元/平方米。

图5-89　水泥地面

图5-90　仿旧木地板地面

（7）“谷仓门”

因为工厂中通常不会使用太多的门，所以家居中隐私性不强的空间就可以只使用垭口，而需要用门的空间，可多用做旧的实木板条拼接成的“谷仓门”，有的还会采用外露式的吊轨做成推拉门（见图5-91）。

图5-91　谷仓门

预算估价：市场价为800~1500元/扇。

3. 工业风格典型的家具预算

（1）皮革拉扣沙发

工业风家居中使用的沙发多为皮革材料的款式，因承袭了欧式和美式沙发的一些特点，所以主体部分上带有拉扣、扶手有圆弧造型、边角部分偶尔会使用铆钉。搭配关键在于皮的颜色与材质，带有磨旧感与经典色的皮革更具有风格特征（见图5-92）。

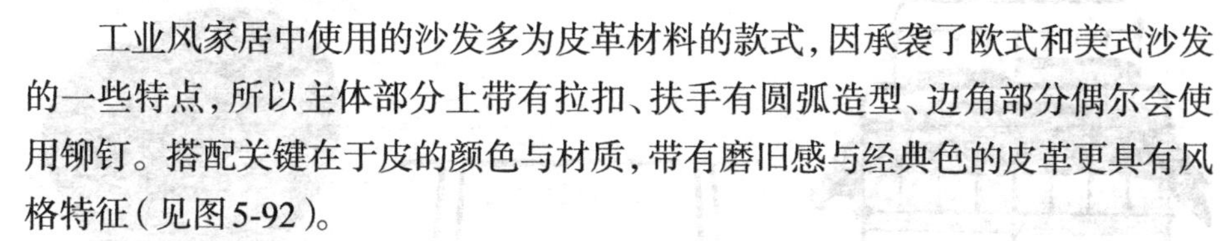

预算估价：市场价为1800~3500元/套。

（2）黑色铁艺+做旧木几类

典型的工业风几类通常腿部或框架都带有黑色的铁艺，面层是经过做旧处理的实木板，有一些款式的腿部连接处构件会做成突出式的设计，来体现工业感（见图5-93）。

预算估价：市场价为320~660元/个。

图5-92　皮革拉扣沙发

图5-93　黑色铁艺+做旧木茶几

（3）金属水管造型床

工业风的床仍然以金属为主，有单独金属、金属和做旧木板以及金属和皮质三种类型，金属部分多为黑色铁管或组合的款式，造型中会使用一些铁质三通、直通等管件来连接铁管（见图5-94）。

预算估价：市场价为1500~3000元/张。

（4）老旧原木桌、柜

工业风的桌、柜类家具常有原木的踪迹，许多铁制框架的桌、柜会用原木

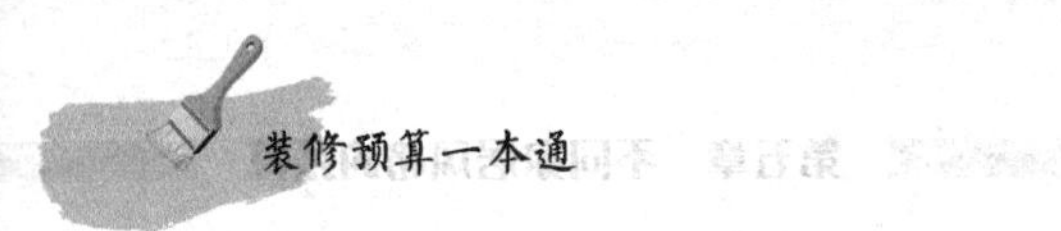

板来作为桌面、柜面以及柜门，如此一来就能够完整地展现木纹的深浅与纹路变化（见图5-95）。

预算估价：市场价为600~1800元/件。

（5）金属座椅

金属是工业风的代表材料，不过金属多偏冷硬，所以应多与做旧木混搭制成椅子，或涂刷成明度比较高的彩色，例如红色、蓝色或黄色等，这样既能使得家中明亮减弱冷感又不失粗犷感（见图5-96）。

预算估价：市场价为220~800元/张。

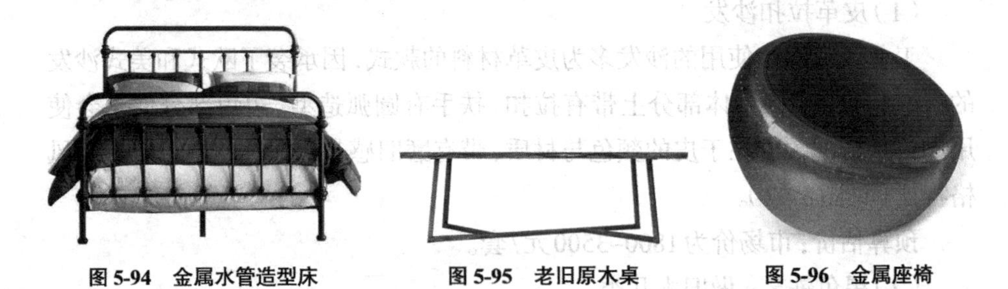

图5-94　金属水管造型床　　图5-95　老旧原木桌　　图5-96　金属座椅

4. 工业风格典型的软装预算

（1）裸露灯泡的灯具

金属骨架和双关节灯具，以及样式多变的钨丝灯泡和用布料编织的电线，都是工业风格家居中非常重要的元素，装上这样的灯具能改变整个家居空间的氛围（见图5-97）。

预算估价：市场价为120~280元/盏。

（2）复古木版画

做旧实木不仅用在硬装和家具上，具有典型工业风格的装饰画也是以做旧实木为底制作的。通过粘贴、彩绘等方式制成具有浓郁复古感的木版画，其画面多以美式人物、复古车、建筑等为主（见图5-98）。

预算估价：市场价为60~290元/组。

图5-97　裸露灯泡的灯具

图5-98　复古木版画

（3）做旧感的织物

织物以棉麻或毛皮为主，例如棉麻窗帘、靠枕以及毛皮地毯，色彩则多为无色系中的黑、白、灰单独或组合使用，以及一些做旧感的低彩度色，图案特征与版画类似（见图5-99）。

预算估价：市场价为120~320元/组。

（4）铁皮饰品

各种铁皮娃娃、铁皮汽车或摩托车、铁皮电话亭、铁皮摄像机、金属机器零件等，都充满了工业气息，与工业风家居搭配能够强化风格特征（见图5-100）。

预算估价：市场价为70~280元/组。

（5）微、小型绿植

比起花艺来说工业风家居的整体氛围与绿植更搭调，尤其是小型和微型的盆栽，可以摆放在桌面或柜面上，比较具有个性的方式是使用花盆灯，即将钨丝灯泡、黑色铁艺和绿植组合起来（见图5-101）。

预算估价：市场价为40~160元/组。

图5-99　做旧感的织物

图5-100　铁皮饰品

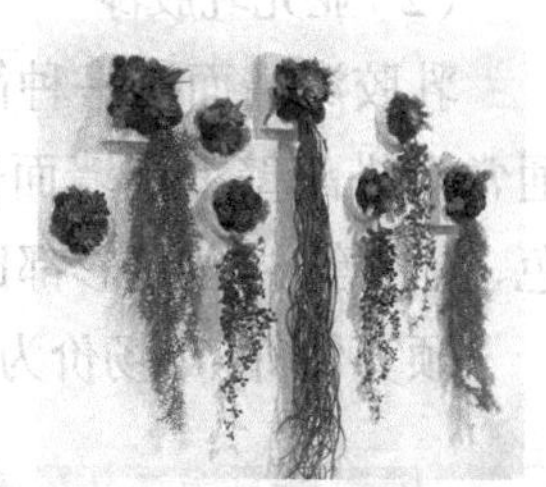

图5-101　微型绿植

省钱窍门

工业风家具的一个特点就是老旧，特别是茶几、桌、柜一类的家具，多采用做旧的木板搭配铁框架制成，然而此类家具中的一些比较有个性的款式并不便宜，如果居住地有不错的二手市场，则可以试着购买一些二手实木板的家具和铁框，让装修师傅组装或自己组装，无需做过于复杂的表面装饰，清理干净就已非常个性，同时还能节约一部分资金。

九　小美式风格的参考预算

1. 小美式风格的要素

小美式风格具有简约而大气的气质，整体设计干净、利落而且现代实用，

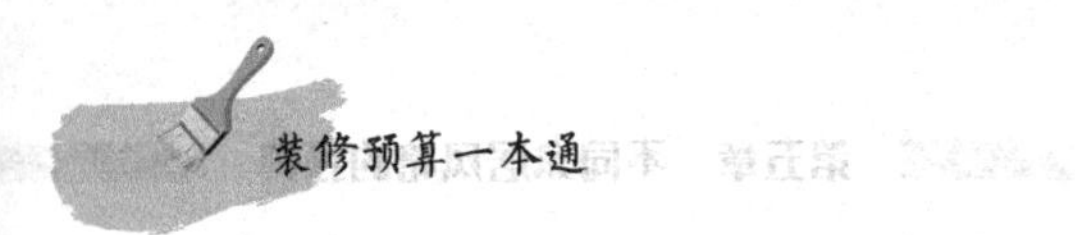

既有美式情怀又能够让人感觉温暖而舒适，即使是小户型低矮楼层，也可以使用。它延续美式乡村风格一些特点的同时又加入了一些变化，例如仍较多地使用木质材料，但不再是厚重的实木，更多地使用的是复合板搭配白色喷漆的做法（见图5-102）。配色上减少了大地色的使用，加入了白色、蓝色、米色等色彩，使得居室的整体色彩搭配更清新。

图 5-102　墙面上使用了较多轻巧的木质造型，让人感觉自然舒爽

2. 小美式风格典型的硬装建材预算

（1）拱形造型

拱形造型通常用在垭口、墙面造型的顶部以及门窗套等位置，有两种做法，一是用结构材料直接造型，涂刷乳胶漆；二是底层用龙骨打底，而后面层使用复合板材，表面涂装白色混油漆（见图5-103）。

预算估价：市场价为1000~2500元/项。

（2）亚光乳胶漆

乳胶漆墙面有一种简洁、干净的感觉，在简约美式风格中会大量地使用，通常会搭配壁纸或墙面造型来组合，可选颜色比较丰富，如白色、淡米色、灰色、蓝色等，这些色彩都比较常用（见图5-104）。

预算估价：市场价为25~35元/平方米。

图 5-103　拱形垭口

图 5-104　亚光乳胶漆墙面

（3）无雕花石膏线

在无吊顶的居室中，无雕花的简洁石膏线能够让顶面和墙面的转折有一个过渡，使层次更丰富。除此之外，由石膏板直接切割成宽条的石膏线还可以用在墙面部分做直线造型，搭配壁纸，表现美式特征（见图5-105）。

预算估价：市场价为15~35元/米。

（4）条纹、格子或花鸟图案壁纸

在小美式风格的家居中，花鸟图案以及条纹和格子图案的壁纸使用频率较高，大多数情况下会选择配色比较柔和的款式，材质不再限于纸浆壁纸，扩大到了无纺布等材料（见图5-106）。

预算估价：市场价为120~280元/卷。

图 5-105 无雕花石膏顶角线

图 5-106 花鸟图案壁纸背景墙

（5）复合木地板

减少了仿古地砖的使用比例，更多的是在地面整体铺设复合木地板，深棕色系的款式因略显厚重而比较少使用，多以中调色或浅色为主（见图5-107）。

预算估价：市场价为105~280元/平方米。

（6）简约造型的壁炉

壁炉是美式风格的代表元素之一，简约美式壁炉的造型比乡村风格更简约一些，壁炉厚度有所减小，色彩多为浅色，且多为假壁炉，更多的是起到一种烘托氛围和装饰的作用（见图5-108）。

预算估价：市场价为1100~2200元/个。

图 5-107 复合木地板地面

图 5-108 简约造型壁炉背景墙

（7）墙裙

墙裙比护墙板包裹墙面的面积大大减少，只有其不到一半的高度，可以使

图 5-109　墙裙

用石膏板制作，但更多的是使用定制或混油手法制作，色彩多以白色为主，既能表现出美式特征又不会显得过于厚重，符合简约的理念（见图 5-109）。

预算估价：市场价为350~500元/平方米。

3. 小美式风格典型的家具预算

（1）舒适的沙发

小美式风格的沙发追求使用的舒适性，造型简化不再使用雕花。选材上或在框架部分使用实木或完全不使用实木，坐垫及靠背仍以皮料或布艺为主，但色彩范围扩大，除了做旧的棕色系外，非做旧感的蓝色、黄色、米色甚至是动感拼色也常使用（见图5-110）。

预算估价：市场价为1500~3200元/套。

（2）直线造型实木几

常用的几类仍然是实木的款式，但外形更简洁，多以直线为主。另外除了棕色等实木本色外还增加了白色和白色与木色拼色的款式（见图 5-111）。

预算估价：市场价为1100~2800元/张。

图 5-110　舒适的沙发

图 5-111　直线造型实木几

（3）美式元素金属几

带有美式造型符号的金属框架几类家具，与具有舒适感的皮质或布艺沙发组合，能够表现出简美家居的多元性，增添现代感和时尚感（见图 5-112）。

预算估价：市场价为1200~2100元/张。

（4）彩色漆实木或金属腿桌

除了造型简洁一些的实木桌外，小美式住宅中还经常使用以直线条为主的、彩色油漆的木桌或具有低调奢华感的金属腿桌（见图 5-113）。

预算估价：市场价为900~2200元/张。

（5）布艺或实木床

具有代表性的小美式风格的床框架部分是木本色或白色实木材料的，也有一部分是布艺的款式，床头采用直线或大弧度曲线，不带雕花设计（见图5-114）。

预算估价：市场价为2000~3500元/张。

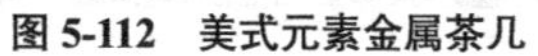

图5-112　美式元素金属茶几

图5-113　彩色漆实木腿桌

图5-114　布艺床

4. 小美式风格典型的软装预算

（1）亮面金属玻璃罩灯具

小美式风格的灯具除了延续具有乡村风格特征但更简约的黑色铁艺灯具外，还更多使用了金色亮面金属框架的、玻璃灯罩的灯具，与家具形成碰撞，体现融合性（见图5-115）。

图5-115　亮面金属玻璃罩灯具

预算估价：市场价为380~1200元/盏。

（2）清新色的装饰画

很少再使用乡村风格中做旧感的装饰画，小美式风格的装饰画配色更清新，或为黑白摄影画或以低彩度的彩色为主。除了花草、建筑等美式代表性元素的画面外，也可以使用抽象作品（见图5-116）。

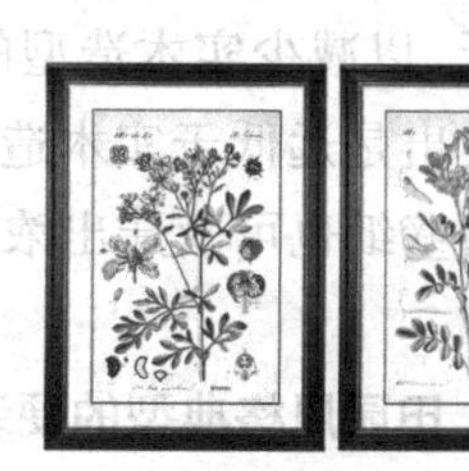

图5-116　清新色装饰画

预算估价：市场价为150~350元/组。

（3）动感线条织物

与整体风格特征呼应的是，织物很少再使用本色的棉麻，更多地使用一些现代感的动感图案，例如色块拼接、动感线条等（见图5-117）。

图5-117　动感线条织物

预算估价：市场价为160~350元/组。

（4）亮面金属摆件

小美式风格的摆件分为两大类型，一类是复古风，与乡村风格的摆件很类似；另一类是比较现代化和低调奢华的带有亮面金属设计的款式，金属大多是与灯具相同的金色（见图5-118）。

图5-118　亮面金属摆件

预算估价：市场价为160~410元/组。

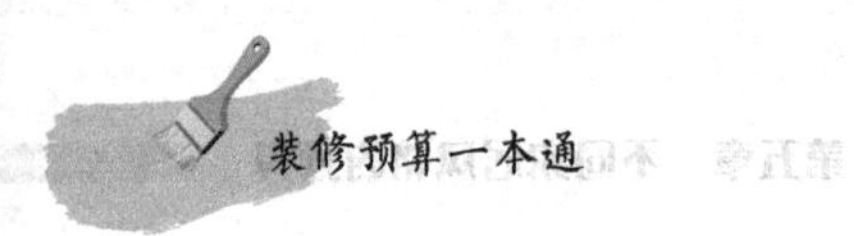

省钱窍门

小美式风格的家具虽然造型比乡村风格更简洁，但做工却并不马虎，它非常注重细节的设计。而决定家具价格的因素主要包括材料和做工。如果预算不是很宽松，则可以选购一些具有小美式特征但造型部分或材料组合的细节设计比较少的款式，例如以直线为主、少弧度或无材料拼接的款式，价格就会低很多。

十　田园风格的参考预算

1. 田园风格的要素

田园风格在室内环境中力求表现悠闲、舒畅、自然的田园生活情趣，要点在于巧妙设置室内绿化，力求营造出自然、简朴、高雅的氛围。因此，田园风格会运用到大量的原木材质与带有田园气息的壁纸。节省田园风格预算的关键点就在这里。通过在墙面设计大量的花卉壁纸，以减少实木造型的面积。花卉壁纸的预算支出是远低于实木造型的，而且通过大量的墙面壁纸也可营造出浓郁的田园气息（见图5-119）。

图 5-119　碎花是田园风格的代表元素，可用布艺或壁纸表现

2. 田园风格典型的硬装建材预算

（1）砖墙

砖墙具有质朴的感觉，常用的有红砖和涂刷白色涂料的白砖，前者很少大量使用，会少量用在背景墙部分，后者既可搭配墙裙等设计组合使用，也可以整面墙式使用（见图5-120）。

图 5-120　砖墙背景墙

预算估价：市场价为90~160元/平方米。

（2）仿古砖

仿古砖是田园风格地面材料的首选，粗糙的感觉能够让人感受到它朴实无华的内在，其非常耐看，能够塑造出一种淡淡的清新之感（见图5-121）。

图 5-121　仿古砖地面

预算估价：市场价为145~320元/平方米。

(3)百叶门窗

带有百叶的门和窗很适合田园家居，通常选择白色的款式，有时也会使用原木色，顶部可以是平直的，可做成拱形。除了作为门窗使用外，还可以将几个门窗进行组合作为隔断(见图5-122)。

预算估价：市场价为700~850元/扇。

(4)碎花、格纹壁纸和壁布

具有田园代表性元素的各种碎花、格纹壁纸和壁布是田园风格家居中非常常用的壁面材料，其中碎花图案的壁纸款式通常是浅色或白色底(见图5-123)。

预算估价：市场价为190~320元/卷。

图5-122　百叶窗

图5-123　碎花壁纸墙面

(5)乳胶漆

在田园风格的家居中，会使用一些彩色乳胶漆，例如草绿色、米黄色、淡黄色、水粉色等的乳胶漆，来表现田园风格的惬意感(见图5-124)。

预算估价：市场价为25~35元/平方米。

(6)墙裙

田园风格中的实木墙裙以白色木质为主，除了实木的做法外，还可以在墙裙上沿的位置使用腰线，上部分刷乳胶漆或涂料，下部分粘贴壁纸来做造型(见图5-125)。

预算估价：市场价为150~360元/平方米。

图5-124　乳胶漆墙面

图5-125　墙裙

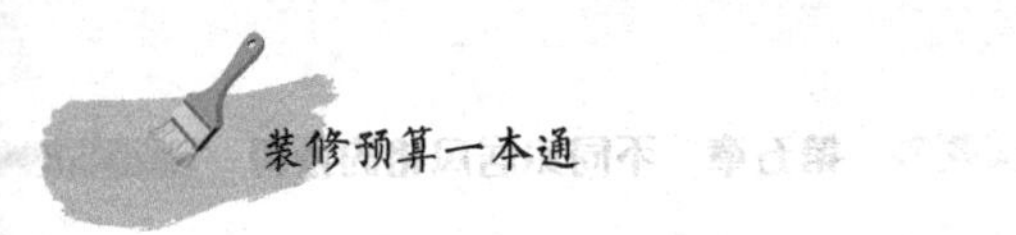

3. 田园风格典型的家具预算

（1）碎花、格纹布艺沙发

田园风格的沙发以布艺款式为主，在图案上一般选用小碎花、小方格、条纹一类的图案，色彩上多粉嫩、清新，来表现大自然的舒适和宁静（见图5-126）。

图5-126　格纹布艺沙发

预算估价：市场价为1000~2200元/套。

（2）象牙白实木框架家具

象牙白实木框架家具常出现在英式田园和韩式田园风格中，使用高档的桦木、楸木等做框架，配以优雅的造型和细致的线条，每一件家具都给人温婉内敛而不张扬的感觉（见图5-127）。

图5-127　象牙白实木框架沙发

预算估价：市场价为1800~3600元/套。

（3）藤、竹家具

藤、竹等材料属于自然类材料，用其制作的几、椅、储物柜等都非常简朴，具有浓郁的田园风情（见图5-128）。

预算估价：市场价为230~460元/件。

（4）实木高背、四柱床

在田园风格中，床以实木材质为主，有彩色油漆和实木本色两类，前者出现得比较多，例如白色、绿色实木床。造型上比较有代表性的是高背床和四柱床，床柱会搭配一些圆球、圆柱等造型（见图5-129）。

预算估价：市场价为1100~2500元/张。

图5-128　藤制家具

图5-129　实木高背床

4. 田园风格典型的软装预算

（1）田园风格的灯具

田园风格的灯具主体部分多使用铁艺、铜和树脂等，造型上会大量使用田园元素，例如各种花、草、树、木的形态；灯罩多采用碎花、条纹等布艺形式，多伴随着吊穗、蝴蝶结、蕾丝等装饰，除此之外，还会使用带有暗纹的玻璃灯罩（见图5-130）。

图5-130　田园风格的灯具

预算估价：市场价为560~1300元/盏。

（2）自然题材的装饰画

田园风格的装饰画以自然风景、植物花草、动物等自然元素为主，画面色彩多平和、舒适，即使是对比色也会经过调和降低刺激感再使用，例如淡粉色和深绿色的组合（见图5-131）。

图5-131　自然题材的装饰画

预算估价：市场价为110~420元/组。

（3）自然色及图案织物

无论是哪一种田园风格，都可以使用具有共同特点的织物，即由自然配色和图案构成主体的款式，或者是条纹、格子的图案，材质以棉麻为主，偶尔会使用白色蕾丝；造型以简约为主，窗帘会带有帘头但不会太繁复（见图5-132）。

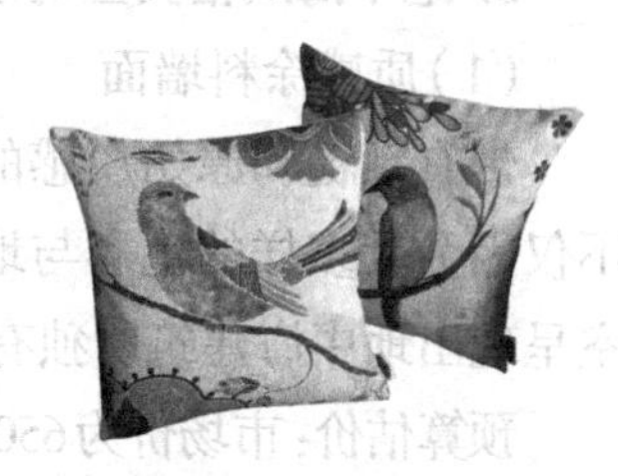

图5-132　自然色图案织物

预算估价：市场价为210~460元/组。

（4）花草或动物元素摆件

田园风格所使用的工艺品具有浓郁的田园特点，造型或图案为花草、动物（见图5-133）等自然元素。材质非常多样化，除了实木外，树脂、藤、铁艺、草编等均适合。树脂类以白色或浅色为主，其他类别材料则多为本色。

图5-133　动物元素摆件

预算估价：市场价为130~320元/组。

省钱窍门

田园风格虽然包括很多分类，但硬装上区别不是很大，如果想要节约资金，就可以稍作造型用壁纸搭配乳胶漆或涂料。重点部分用软装来塑造，选择一种喜欢的田园风格，主要家具和大型布艺选择典型的款式，小件家具和软装可以随意一些，选择价格低一些但具有田园韵味的款式，就又可以节约一些资金。

十一 地中海风格的参考预算

1. 地中海风格的要素

地中海风格因富有浓郁的地中海人文风情和地域特征而得名。一般通过空间设计上连续的拱门、马蹄形窗等来体现空间的通透性，用栈桥状露台和开放式房间功能分区来体现开放性；通过一系列开放性和通透性的建筑装饰语言来表达地中海装修风格的自由精神内涵（见图5-134）。因此，在地中海风格的装修中，多以带有圆润弧度的造型为主。

图 5-134 开放的空间和具有弧度的门、家具是地中海风格的集中体现

2. 地中海风格典型的硬装建材预算

（1）质感涂料墙面

带有粗糙和原始质感的涂料，是地中海装修风格中比较重要的装饰材质，不仅因为其多样的色彩与地中海的气质相符，也因其凹凸不平的质感，可令居室呈现出地中海建筑所独有的特点（见图5-135）。

预算估价：市场价为650~120元/平方米。

（2）蓝、白为主的马赛克

马赛克是地中海家居中非常重要的一种装饰材料，通常以蓝色和白色为主，两色相拼或加入其他色彩相拼，常用的有玻璃、陶瓷和贝壳材质。使用时，除了厨卫空间外，也可以用在客厅、餐厅等空间的背景墙和地面上（见图5-136）。

预算估价：市场价为300~420元/平方米。

图 5-135 质感涂料墙面

图 5-136 蓝白混合马赛克背景墙

（3）海洋元素的壁纸

典型的地中海壁纸会带有一些海洋元素图案，图案尺寸不会特别大，有时还会与条纹组合起来使用，色彩都比较淡雅、清新（见图5-137）。

预算估价：市场价为125~320元/卷。

（4）仿古地砖

地中海风格的家居中，仿古地砖不仅仅会用在地面上（见图5-138），还经常采用菱形拼贴的方式用在背景墙上，来彰显地中海风格中淳朴的一面。

预算估价：市场价为90~280元/平方米。

图5-137　海洋元素壁纸墙面

图5-138　仿古地砖地面

（5）圆润拱形造型

装饰设计上把其他风格中所用的拱形都称为地中海拱形，可以说拱形是地中海风格的绝对代表性元素，圆润的拱形不仅用在垭口部位，还会用在墙面、门窗等顶部位置，有时甚至会使用连续的拱形（见图5-139）。

预算估价：市场价为800~1800元/项。

（6）白漆或蓝漆实木

实木材料通常会被涂刷上白色或蓝色的混油漆，用在客厅餐厅的顶面、墙面等地方，以烘托地中海风格的自然气息（见图5-140）。

预算估价：市场价为210~520元/平方米。

图5-139　拱形造型垭口

图5-140　蓝漆实木背景墙

3. 地中海风格典型的家具预算

（1）蓝白条纹、格纹的布艺沙发

布艺沙发是地中海风格中很具有代表性的家具，最典型的是蓝白条纹或格

纹的棉麻材料款式，有时还会搭配一些碎花图案，以表现地中海风格中的田园气息（见图5-141）。

图 5-141　蓝白格纹布艺沙发

预算估价：市场价为800~4100元/套。

（2）圆润造型木制家具

与硬装部分的拱形组合起来非常协调的是线条简单、造型圆润的木质家具，沙发会将木材用在框架部分，桌椅等通常会完全使用实木材质，颜色为木本色或涂刷白色、蓝色油漆（见图5-142）。

图 5-142　圆润造型木质沙发

预算估价：市场价为1200~4800元/件。

（3）船型家具

船型家具是地中海风格家居中独有的，具有浓郁的海洋气息，常出现的有船型储物柜、船型儿童床等，多为实木材料（见图5-143）。

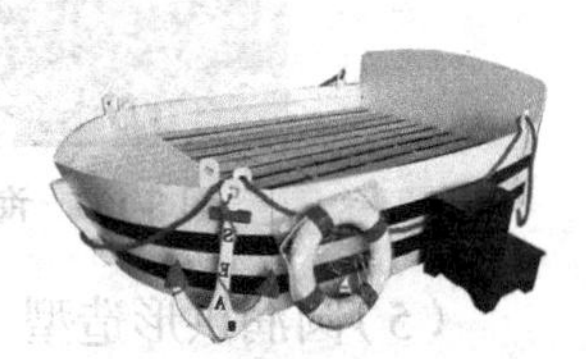
图 5-143　船型床

预算估价：市场价为180~5200元/件。

（4）做旧本色木家具

除了蓝白组合的家具外，线条比较简单的、带有做旧感的实木本色家具也是地中海风格中比较有代表性的一类，它能够表现出地中海风格中亲切、淳朴的一面（见图5-144）。

图 5-144　做旧本色木茶几

预算估价：市场价为800~5200元/件。

（5）彩绘实木家具

在实木家具的表面涂刷了混油漆后，用手绘的方式为其增加一些田园元素的图案，例如用各种植物花草或花鸟来表现地中海风格中的田园气息和惬意感（见图5-145）。

图 5-145　彩绘实木沙发

预算估价：市场价为1100~3800元/件。

4. 地中海风格典型的软装预算

（1）蒂梵尼灯具

蒂梵尼灯具主材是彩色玻璃，按设计图稿手工切割成所需形状，然后将一片一片的玻璃研磨后用铜箔包边，再用锡按图案将玻璃焊接起来。该类灯具丰富的色彩和地中海风格所具备的奔放、纯美的特点非常相符（见图5-146）。

预算估价：市场价为100~420元/盏。

（2）吊扇灯

地中海吊扇灯是灯和吊扇的完美结合，既具灯的装饰性，又具风扇的实用性，可以将古典美和现代美完美地体现出来。常在餐厅与餐桌及座椅中搭配使用，装饰效果十分出众（见图5-147）。

预算估价：市场价为1200~1500元/盏。

图5-146　蒂凡尼灯具　　图5-147　吊扇灯

（3）铁艺摆件

无论是铁艺烛台、钟表、相框、挂件，还是铁艺花器等，都可以成为地中海风格家居中独特的风格装饰品，摆放在木制的地中海家具上，能够丰富整体装饰的层次感（见图5-148）。

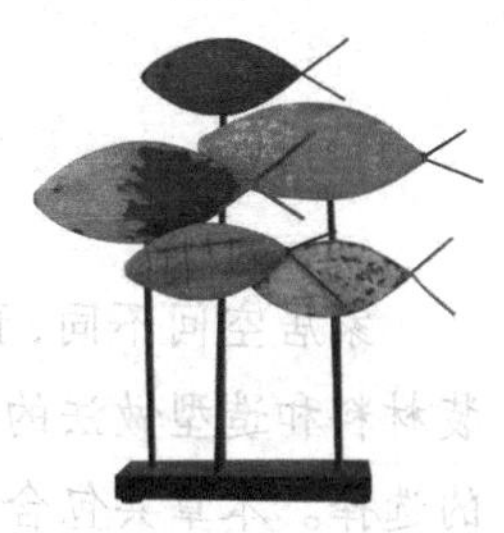

图5-148　铁艺摆件

预算估价：市场价为120~360元/组。

（4）海洋元素造型的饰品

海洋元素造型的饰品是地中海风格独有的代表性装饰，能够塑造出浓郁的海洋风情，常用的有帆船模型、救生圈、水手结、贝壳工艺品、木雕刷漆的海鸟和鱼类等（见图5-149）。

图5-149　海洋元素造型的饰品

预算估价：市场价为50~280元/组。

（5）海洋风的布艺织物

与地中海风格的布艺沙发相同的是，海洋风的布艺织物同样以天然棉麻材料为主，或纯色，或条纹格纹，还有可能是带有海洋元素印花的款式。

预算估价：市场价为85~480元/组。

省钱窍门

地中海风格的基础是明亮、大胆、色彩丰富，塑造地中海风格不需要太多的技巧，只需大胆而自由地运用色彩、样式即可完成。墙面选择一到两种典型材料搭配拱形，既可以节约资金，又可以塑造出基调，而后再选择一套典型家具搭配一些绿植来强化风格特点即可。总体花费无需过多，只要典型就可以。

第六章

不同家居空间的预算

家居空间不同，预算的分配方式也有所区别，且每一个空间都有不同的硬装材料和造型做法的选择。了解这些方面有利于在规划预算时，做出适合自己的选择。本章共包含了7个任务，分别介绍了客厅预算规划、餐厅预算规划、卧室预算规划、书房预算规划、厨房预算规划、卫浴间预算规划和不同户型不同档次的家居整体预算参考表。

本章要点

- 了解不同空间的省钱原则
- 了解不同空间、不同吊顶的预算
- 了解不同空间、不同墙面的预算
- 了解不同空间、不同地面的预算
- 家居整体预算参考

根据功能的不同，家居中的主要空间通常包括客厅、餐厅、卧室、书房、厨房和卫浴间。在进行预算分配时，如果资金有限，客厅和餐厅等公共区域可以在硬装和软装上都作为重点，而其他空间可注重舒适性，将重点放在软装上。在同一个空间中，顶面造型的不同、墙面及地面材质的不同也会影响整体预算额度，了解这些预算的差别可以更好地掌控预算。

一　客厅预算规划

1. 客厅预算的省钱原则

（1）小客厅的设计从实用角度出发

如果客厅的面积不大且不希望花费太多资金，则在进行设计时可以从实用角度出发，选择简洁一些的风格，并将电视墙作为设计重点，顶面少做或不做造型，用更多的资金选择舒适的家具。

（2）大客厅的设计要将钱用在"刀刃上"

当客厅的面积比较大的时候，装饰客厅花费的资金就会比较多，可以将预算的重点放在能体现出家居风格的代表性部位上，例如欧式风格将典型造型和材料用在电视墙或沙发墙上，其他墙面不做造型，而后搭配一些典型家具，就可以节约部分资金。

（3）购物时多做比较

选择的风格比较古典时，无论是材料还是家具价格都会比较高，有了心仪的款式时，不要急于购买，而需先弄清楚材料、做工等详细情况，而后再寻找类似的款式，货比三家，在相同等级的情况下，如果有做活动或者可以团购的商家，就可以节约不少资金。

（4）充分利用可改造的旧家具

如果家中有质量比较好的旧家具，则可以通过一些改造手段使其与新居的装饰风格相符，例如更换布罩、做旧处理等。特别是小件的家具，很适合用这种方式来处理，例如用旧皮箱作茶几等。

2. 不同造型的客厅顶面的预算差别

（1）平顶

平顶是不做任何吊顶造型，在原建筑顶面上涂刷乳胶漆或涂料的一种设计方式，非常适合层高低或面积小的客厅（见图6-1）。

图 6-1　平顶

预算估价：市场价为25~35元/平方米。

（2）整体式吊顶

图6-2　整体式吊顶

整体式吊顶是用石膏板距离原顶面一定高度做整体式的吊顶，通常两边或四边会留有一定的距离，搭配暗藏灯槽设计出具有延伸感的灯光效果，具有简洁、大方的效果，适合中等面积有一定高度的客厅（见图6-2）。

预算估价：市场价为95~110元/平方米。

（3）藻井式吊顶

图6-3　藻井式吊顶

藻井式吊顶的产生原因是室内有“井”字形的梁，是为了弱化梁的压抑感而设计的吊顶形式。现在在一些没有梁但高度足够的居室内，为了表现风格特点，也会做一些“井”字形的假梁，搭配装饰线塑造出一个丰富的顶面造型，如欧式、美式乡村、田园、东南亚等风格的家居，多会采用这种造型的吊顶（见图6-3）。

预算估价：市场价为155~210元/平方米。

（4）局部吊顶

图6-4　局部吊顶

在墙面重点位置的上方做一些宽度比较窄的局部性吊顶，反而可以通过高度差在视觉上拉伸原房间的高度，很适合面积中等但较低矮的客厅，这样的吊顶造型不需过于复杂，简洁、大方最佳（见图6-4）。

预算估价：市场价为75~110元/平方米。

（5）跌级式吊顶

图6-5　跌级式吊顶

跌级吊顶是最为复杂的一种吊顶形式，它可能不止一个层次，边缘还可以搭配一些雕花石膏线做装饰，适合面积大、高度高的客厅。在设计这种吊顶时需要搭配各种灯具一起使用才能塑造出华丽的感觉，如镶嵌吸顶灯、悬挂吊顶，或是在边缘安装筒灯或是射灯等（见图6-5）。

预算估价：市场价为125~165元/平方米。

3. 不同造型的客厅背景墙的预算差别

（1）壁纸、壁布

壁纸和壁布花样繁多、施工简单、更换容易。随着工艺的进步，它们的性能越来越强，环保且遮盖力强，不仅有花纹的款式，还有整幅画面的款式。用在客厅背景墙上可以起到非常好的装饰效果，尤其适合经济型的装修（见图6-6）。

图 6-6 壁纸背景墙

预算估价：市场价为85~220元/平方米。

（2）文化石

文化石是仿照各式原石的样式而生产的。它的造型非常多样，且非常逼真，远看有乱石堆砌的效果，是天然原石的最佳替代材料，能够塑造出粗犷感的效果，很适合自然类装饰风格（见图6-7）。

图 6-7 文化石背景墙

预算估价：市场价为108~350元/平方米。

（3）玻璃、金属材料

现代人追求个性和时尚，所以使用既时尚又具有简洁感的材料设计电视墙是非常流行的一种做法。例如，用各种玻璃组合金属等，既美观大方，又易于清洁，适合的风格也比较多样（见图6-8）。

图 6-8 玻璃背景墙

预算估价：市场价为180~320元/平方米。

（4）木纹饰面板

木纹饰面板是实木材料的最佳替代品，它的底层是人造板，面层是木贴皮，有原生木皮也有人造木皮，款式非常多样，适合多种家居风格，是制造背景墙和柜体非常好的材料（见图6-9）。

图 6-9 木纹饰面板背景墙

预算估价：市场价为66~165元/平方米。

（5）石膏板造型

石膏板的可塑性非常高，且价格较低，可以直接粘贴在墙面做造型，也可以搭配基层板材做立体造型，表面可涂刷彩色乳胶漆、涂料，还可搭配各种线条做几何造型，简洁而又丰富（见图6-10）。

预算估价：市场价为105~195元/平方米。

（6）大理石

大理石的种类很多，其纹理和色泽浑然天成，具有低调的华丽感，但大面积的使用容易让人感觉冷硬，所以非常适合小范围用在背景墙来体现居住者的品味（见图6-11）。

预算估价：市场价为200~450元/平方米。

图6-10　石膏板造型背景墙

图6-11　大理石背景墙

4. 不同材料的客厅地面的预算差别

（1）大理石拼花

大理石拼花适合面积较大的客厅，可以提升整体的装修档次。其有两种设计方式，一种是设计在客厅的正中心位置，拼花的面积与沙发摆放所占的面积大致相等，比较华丽；另一种是将浅色大板斜向粘贴，深色大理石切割成小的菱形，放在浅色大板的角部，比较活泼（见图6-12）。

图6-12　大理石拼花地面

预算估价：市场价为180~380元/平方米。

（2）仿古地砖

仿古地砖是特意烧成仿古的感觉以彰显其淳朴感，其凹凸质感与纹理使地面充满了变化，它适合美式乡村、田园风等装修风格。用在客厅时，可选择斜贴的铺贴形式（见图6-13）。

图6-13　仿古地砖地面

预算估价：市场价为65~180元/平方米。

（3）实木地板

实木触感温润，纹理具有无可比拟的天然变化，朴素而温馨，能够为家居增添温暖的氛围，但其价格较高，打理相对较难，且对空间的湿度要求较高（见图6-14）。

预算估价：市场价为260~500元/平方米。

（4）复合地板

复合地板具有多样化的纹理，适用于各种风格的客厅，比起实木地板来说，它更易于打理，适合任何地区使用。色彩可结合客厅的面积来选择，除了非常宽敞的空间外，建议以浅色系款式为主（见图6-15）。

预算估价：市场价为85~280元/平方米。

图6-14　实木地板地面

图6-15　复合地板地面

（5）玻化砖

玻化砖就是瓷质抛光砖。它被称为“地砖之王”。其吸水率低、硬度高、不易有划痕，可以仿制各种石材的纹理，其光亮的质感具有高反光的效果，简洁而大气，非常适合用在客厅中（见图6-16）。

预算估价：市场价为100~280元/平方米。

图6-16　玻化砖地面

二　餐厅预算规划

1. 餐厅预算的省钱原则

（1）减少顶面的复杂程度

影响顶面造价的因素有两个，一是材料的类型，二是造型的复杂程度。在材料相同的情况下，造型越复杂，所使用的材料数量就越多、人工费用也越贵。除了一些追求奢华感的别墅外，一些平层家居餐厅的面积都比较小，建议使用以直线条为主的、比较简洁的吊顶，这样给人的感觉会比较舒适，同时还能减少资金的投入。

（2）选择款式简洁一些的家具

做工越复杂价格越高同样适用于家具上，尤其在一些古典风格的家具中，由于有各种雕花设计，价格相当高。在餐厅中，家具的种类比较少，若预算有限，就可以选择在风格范围内比较简洁的款式。特别是小餐厅中，小巧的、可折叠的餐桌椅，简洁、美观、价格低，是很好的选择。

（3）开敞式隔板或柜子储物更省钱

餐边柜或储物柜安装上门板后就多了很多工序，价格自然也就高一些，使用开敞式的隔板或柜子来储物，是餐厅节省资金的窍门之一。这类储物设计不仅省钱，还具有提升整体品位的作用。

（4）墙面使用施工简单的材料

由于位置的限制，餐厅通常仅有一面墙适合做背景墙。除了一些非常华丽的风格外，大部分餐厅可以使用施工简单的材料来装饰墙面，使整体装饰有一个主次区分的同时，减少造型和人工费用，达到省钱的目的，例如使用玻璃、壁纸，或简单地涂刷乳胶漆搭配色彩突出的装饰画等。

2. 餐厅不同造型顶面的预算差别

（1）正方形吊顶

正方形的吊顶设计适合比较方正的餐厅，吊顶的中心部分安装吊灯，刚好可以照射在餐桌上。此种吊顶下面的餐桌可使用长方形餐桌、正方形餐桌及圆形餐桌等，是比较容易搭配家具的一种吊顶形式（见图6-17）。

图 6-17　正方形吊顶

预算估价：市场价为115~135元/平方米。

（2）长方形吊顶

长方形吊顶通常是四边下吊中间内凹的一种造型，其四周会设计一些筒灯或射灯等辅助性光源，来烘托氛围（见图6-18）。

图 6-18　长方形吊顶

预算估价：市场价为125~135元/平方米。

（3）圆形吊顶

圆形吊顶有两种设计形式，一种是类似长方形吊顶，但中间是圆形的内凹造型，另一种是中间整体下吊做成圆形，四周为原有顶面，中间安装吊灯，如果四周宽度足够，则还可以使用辅助光源（见图6-19）。

预算估价：市场价为125~155元/平方米。

（4）镂空装饰吊顶

通常是在正方形或长方形吊顶的中间安装一些镂空式的雕花格，并在上方安装一些暗藏灯带，让灯光透过雕花格散发出来，营造出一种温馨的餐厅氛围，适合具有中式韵味的餐厅（见图6-20）。

预算估价：市场价为240~380元/平方米。

图 6-19　圆形吊顶

图 6-20　镂空装饰吊顶

3. 不同造型的餐厅背景墙的预算差别

（1）镜面墙

镜面墙适合面积比较小的餐厅，它能够扩大餐厅视觉上的面积。超白镜、黑镜、灰镜等均适合，可成条纹状切割拼接或搭配石膏板、板材等做造型，能扩展墙面面积并增添时尚感（见图6-21）。

图 6-21　镜面墙

预算估价：市场价为220~280元/平方米。

（2）壁纸

餐厅墙面壁纸的运用方式较多，例如全部满铺，与石膏线或护墙板组合成背景墙，而后点缀装饰画等，适合各种风格的餐厅。因为面积较大，所以壁纸的纹理和色彩都不宜过于明显和花哨，色彩较淡雅、纹理规则一些的壁纸款式最佳（见图6-22）。

预算估价：市场价为85~190元/平方米。

（3）砖墙

砖墙的制作有两种方式，一是底层使用红砖表面涂刷白色涂料，二是直接使用红砖。具有颗粒感的背景墙很适合搭配原木色的餐桌

图 6-22　壁纸背景墙

椅，具有简约、纯净而温馨的氛围（见图6-23）。

预算估价：市场价为40~180元/平方米。

（4）彩色乳胶漆

餐厅需要一些能够促进食欲的色彩，如苹果绿、橙色、黄色等欢快的色彩能够让人心情愉悦。当餐厅面积不大时，就可以简单地用彩色乳胶漆装饰背景墙，搭配装饰画、搁板组合摆件等来烘托氛围（见图6-24）。

预算估价：市场价为25~55元/平方米。

图6-23　砖墙

图6-24　彩色乳胶漆背景墙

（5）大理石造型

可以用一种大理石款式与造型结合，也可以采取不同色彩拼花的铺设方式，组成餐厅的背景墙主体。大理石经过处理后光泽度非常高，加以多变的纹理，华丽但并不让人感觉单调、庸俗（见图6-25）。

预算估价：市场价为450~680元/平方米。

（6）浅色系饰面板

大多数餐厅的面积都是有限的，所以使用浅色系的饰面板是比较能够彰显宽敞感的做法。饰面板可以做成横向条纹或竖向条纹的样式，中间可以做凹陷造型形成一定间隔排列，也可以镶嵌不锈钢条等材料（见图6-26）。

预算估价：市场价为50~135元/平方米。

图6-25　大理石造型背景墙

图6-26　浅色系饰面板背景墙

4. 不同材料的餐厅地面的预算差别

（1）玻化砖

玻化砖具有通透的光泽，铺设在餐厅的地面上，可以像一面镜子一样反射自然光线，使餐厅显得更整洁。同时，玻化砖非常耐磨，可以避免餐桌椅滑动在地砖上留下划痕（见图6-27）。

图 6-27　玻化砖地面

预算估价：市场价为100~450元/平方米。

（2）亚光砖

亚光砖能够吸收一定的光线，避免餐厅形成光污染，使餐厅具有舒适、柔软的感觉，当墙面以白色或浅色为主时，就很适合使用亚光砖（见图6-28）。

图 6-28　亚光砖地面

预算估价：市场价为45~85元/平方米。

（3）深色复合地板

餐厅顶面通常是白色或接近白色的浅色材料，地面使用深色的木地板，可以在增添温馨感的同时与顶面形成对比，拉大视觉上的高度差。同时，深色的地板还能够使空间的重心稳定，无论搭配深色餐桌椅，还是浅色餐桌椅都具有稳定的感觉。之所以建议选择复合材质，是因为它好打理（见图6-29）。

图 6-29　深色复合地板地面

预算估价：市场价为65~185元/平方米。

（4）地砖拼花

地砖拼花的形式有两种，一种是以一定规律排列的全拼花；另一种是局部地面拼花，在餐桌的正下方，拼花的面积略大于餐桌的面积，极具美感。两种不同的地面拼花都会为原本单调的餐厅，带来丰富的视觉变化，增添空间的设计感（见图6-30）。

图 6-30　地砖拼花地面

预算估价：市场价为65~180元/平方米。

三 卧室预算规划

1. 卧室装修的省钱原则

(1)前期规划多花精力

在进行卧室设计时,首先应考虑使用者的性别和年龄等因素,根据使用者的不同,来确定室内墙面是否需要做一些造型、有哪些部位需要考虑安全性等,减少不必要的装饰性部位,而后再去选择造型和材料。这样不仅能够让不同的使用者感到舒适,还可以节约很多资金。

(2)将床头墙作为重点设计

通常来说,卧室内只要有一个背景墙就足以满足装饰需求,将床头墙作为造型重点是因为作为卧室中心的床依靠在这面墙上。床头墙的设计并不一定是复杂的,只要与其他墙面有明显的区别即可,有了主体后,其他墙面就可以进行简单的处理,例如涂刷乳胶漆或粘贴壁纸。有了主次层次后,即使花费很少的资金,效果也不会差。

(3)将钱用在材料的质量上

人的睡眠时间占据了每天1/3的时间,如果卧室中使用的材料不够环保,则会对人体健康造成危害,所以不如减少造型,用省出来的钱购买一些高环保性的材料。这也是节约资金的一种方式。

(4)减少顶面造型

如果卧室的房高非常高,则做一些吊顶可以减轻空旷感,那么这时吊顶就是必要的设计;如果卧室高度不是很高,则建议尽量少做顶面造型。层级过多的顶面造型,在人躺在床上的时候,会给人一种压顶的感觉,使人没有安全感,从而导致人睡眠不佳等情况的出现,时间长了容易患上神经衰弱等疾病。

2. 不同造型的卧室顶面的预算差别

(1)石膏线吊顶

石膏线不仅有直线的款式,还有很多加工好的圆形、曲线等款式。石膏线可以直接粘贴在顶面的四角或中间,组成一定的造型,搭配灯具,美观且不占用房高,适合欧式、美式风格的卧室(见图6-31)。

图6-31 石膏线吊顶

预算估价:市场价为105~238元/组。

(2)长方形吊顶

卧室通常来说都是长方形的,而使用四

边下吊中间内凹的长方形吊顶，从视觉上来说，比例会非常舒适。在中间安装主灯后，四周和吊顶上层还可以安装一些辅助灯具，来烘托温馨的氛围（见图6-32）。

预算估价：市场价为125~135元/平方米。

（3）局部吊顶

卧室内的局部吊顶有两种形式，一种是比较有规则性的设计，例如设计在床头上方，这种形式适合成人卧室；另一种是比较随性的设计，将圆形等形状比较随意地分布在顶面上，这种形式通常用在儿童房中（见图6-33）。

预算估价：市场价为75~110元/平方米。

图6-32　长方形吊顶

图6-33　局部吊顶

（4）一体式吊顶

一体式吊顶就是将吊顶和床头墙做连接式的设计，从侧面看是一条L形或倒U形的线条。此种吊顶不适合安装吊灯，通常用筒灯做主灯，造型两侧可以安装暗藏灯带，是一种很有气氛的吊顶设计，这种形式适合年轻人（见图6-34）。

预算估价：市场价为110~160元/平方米。

3. 不同造型的卧室背景墙的预算差别

（1）皮革软包墙

皮革软包床头是比较常用的一种卧室床头墙设计，在欧式卧室中，通常是将靠床头的墙从顶面到地面设计成方块状的皮革软包，呈斜拼的形式排列；在现代风格的卧室中，则通常是将皮革软包呈竖条纹的形式排列，然后在皮革的纹理与颜色上寻求变化（见图6-35）。

预算估价：市场价为380~560元/平方米。

图 6-34　一体式吊顶

图 6-35　皮革软包背景墙

（2）布艺硬包墙

硬包床头墙表面使用的是布艺材料，基层不使用海绵，所以比较有菱角、触感比较硬挺，具有一种利落、干脆的装饰效果，最常用于现代风格的卧室中（见图6-36）。

预算估价：市场价为260~320元/平方米。

（3）壁纸、壁布墙

卧室内的壁纸和壁布背景墙有两种常见形式，一种是简单的平铺，而后搭配具有特点的床和装饰画来丰富墙面内容；另一种是搭配一些简单的造型，适合采用壁纸画或分块的方式铺设（见图6-37）。

预算估价：市场价为35~350元/平方米。

图 6-36　布艺硬包背景墙

图 6-37　壁布背景墙

（4）石膏板造型墙

使用石膏板来塑造床头墙宜结合居室风格来设计造型，如欧式风格的卧室可设计成带有欧式元素的造型；现代风格的卧室可设计成几何造型的样式等（见图6-38）。

预算估价：市场价为155~260元/平方米。

（5）线条造型墙

此种床头墙适合设计在新中式、简欧、美式等风格的卧室内，采用木线或者石膏线，做一些直线为主的造型，简洁而具有浓郁的风格特征（见图6-39）。

预算估价：市场价为110~260元/平方米。

图 6-38　石膏板造型墙

图 6-39　线条造型墙

（6）乳胶漆或涂料背景墙

卧室内的乳胶漆或涂料背景墙通常会搭配一些造型或拼色方式来设计，例如设计成地中海式的拱形，或是床头墙使用彩色漆而其他墙面使用白色漆等，这是一种操作简单且比较经济的装饰方式（见图6-40）。

图 6-40　乳胶漆背景墙

预算估价：市场价为25~75元/平方米。

4. 不同材料的卧室地面的预算差别

（1）竹地板

竹地板是一种非常环保的材料，且非常有质感，铺设在卧室中能够增添文雅韵味。另外，竹地板冬暖夏凉、防水防潮、护养简单的特点也迎合了卧室空间对于地板的特殊要求，同时它还适应于地热的环境。如今，在越来越多的地热住宅中，竹地板表现出非常明显的优势（见图6-41）。

图 6-41　竹地板地面

预算估价：市场价为240~350元/平方米。

（2）软木地板

软木地板的原料是橡树的树皮，具有很好的弹性与韧性，铺设时如果原来底层有地板可不必拆除而可直接铺在其上，能够增强空间使用的舒适性，避免摔倒后的磕碰，很适合儿童房和老人房（见图6-42）。

图 6-42　软木地板地面

预算估价：市场价为300~800元/平方米。

（3）地毯

地毯具有丰厚的触感和柔软的质地，能消除地面的冰凉感，且可以吸音，使卧室更舒适的同时更富质感。尤其是简单的纯色地毯，最适合用于卧室的整体铺装，柔软的质地加入波点的变化，为冬天的居室融入浓浓的舒适暖意（见图6-43）。

图 6-43　地毯地面

预算估价：市场价为50~130元/平方米。

（4）实木地板

卧室非常适合使用实木地板进行装饰，实木地板脚感好、质感高档。但需要注意的是，实木地板需要在非潮湿的地区使用。另外，实木地板的天然木材气味也有利于舒缓人的心情（见图6-44）。

图 6-44　实木地板地面

预算估价：市场价为350~500元/平方米。

（5）亮面漆复合地板

涂刷了亮面漆的木地板反光性较高且具有通透感，卧室内灯光较柔和，不用担心有光污染的问题，且使用亮面漆地板能够增添卧室的整洁感（见图6-45）。

图 6-45　亮面漆复合地板地面

预算估价：市场价为260~320元/平方米。

四　书房预算规划

1. 书房预算的省钱原则

（1）规划位置后再确定装饰形式

书房并不一定是一个独立的空间，其位置取决于主人的需要。如果家居空间面积较大，就可以规划一个单独的空间作为书房；如果面积较小，就可以在其他空间中规划出部分空间兼做书房。独立式书房的预算金额可以多一些，若是后一种形式的书房，则可少分配一些资金。

（2）用书柜充当背景墙

若书房面积不大，则可以将储物家具与背景墙的设计结合起来，或做成整面墙式的书橱，或用两组书橱组合中间悬挂装饰画，也可以仅仅搭建几块隔板，再搭配一些灯光和小饰品，这样既可以充分利用空间面积，又完成了具有学术氛围的背景墙设计，是非常省钱的做法。

（3）装饰画墙增添艺术感

若除了书橱所占据的墙面外，还有空余较多的墙面，则可以用装饰画墙的方式来使空间变得更丰满。书房中的装饰画墙数量不宜过多、色彩不宜过于艳丽，水墨画、水彩画或简单的摄影画、书法作品等是比较适合的选择。

（4）层高低不做吊顶

当书房的层高较低，就不建议做吊顶，这也是节约资金的一种方式。在书桌附近使用台灯或落地灯就可以满足阅读需求，而后安装一盏主灯搭配如轨道射灯、暗藏灯等辅助光源来烘托氛围，即使不做吊顶也不会影响整体效果。

2. 不同造型的书房顶面的预算差别

（1）平顶

平顶是不使用任何吊顶造型、仅在原顶面上做涂装的一种设计方式，适合层高低的书房。为了避免单调，可以在四周安装一圈石膏顶角线做装饰，是否带有花纹可结合风格来选择（见图6-46）。

预算估价：市场价为25~35元/平方米。

（2）局部式吊顶

此种吊顶设计适合层高略低的书房，通常做法是四周下吊一定距离，中间内凹。采用这种方式吊顶的书房，适合安装筒灯，需要安装中央空调的书房同样适用（见图6-47）。

预算估价：市场价为95~110元/平方米。

图6-46　平顶

图6-47　局部式吊顶

（3）整体式吊顶

此种吊顶设计大气而不乏层次感，但较适合层高略高或面积较宽敞的书房。有两种设计方式，一种是用石膏板在原顶面的一定距离下方，做平面式的吊顶，门口或窗帘位置留空，可做暗藏灯槽；另一种是中间和四周均下吊一定距离，两部分中间留一定空隙，可安装灯槽（见图6-48）。

图 6-48　整体式吊顶

预算估价：市场价为105~165元/平方米。

3. 不同造型的书房背景墙的预算差别

（1）定制书柜墙

书柜墙的设计有两种方式：一种是用整体式的书柜兼做背景墙，可以在中间位置设计空位来悬挂装饰画；另一种是将原墙体拆除，直接用书柜兼做隔墙来扩展室内面积，这种方式适合小面积书房（见图6-49）。

图 6-49　定制书柜墙

预算估价：市场价为320~580元/平方米。

（2）素雅纹理壁纸

书房使用壁纸来粘贴墙面，能很好地烘托氛围，选择素雅纹理的壁纸，使书房显得温馨而又能够让人沉淀思绪，过于花哨和大纹理的款式则不适合使用（见图6-50）。

图 6-50　素雅纹理壁纸背景墙

预算估价：市场价为55~120元/平方米。

（3）浅色乳胶漆

采光对于书房来说是非常重要的，好的采光可以减少眼睛的使用压力。如果使用乳胶漆装饰书房墙，则应一直保持浅色调的明亮色系，这样不仅有利于保护眼睛，还会增进人们阅读的愉悦性（见图6-51）。

图 6-51　浅色乳胶漆背景墙

预算估价：市场价为25~35元/平方米。

（4）浅色墙裙造型

墙裙的高度通常为90~1100cm，在其上方搭配乳胶漆或壁纸都很合适，墙裙可以根据书房的风格涂刷成白色或彩色混油，也可以选择色彩比较浅淡的饰面板或实木，涂刷清漆饰面（见图6-52）。

图6-52　浅色墙裙背景墙

预算估价：市场价为150~300元/平方米。

4. 不同材料的书房地面的预算差别

（1）深色实木地板

如果是独立式的书房，则使用实木地板既可以吸音又能够塑造舒适的氛围，地板要选择深色调是因为这样可以拉开与顶面的差距，让整体比例更协调，同时具有一种沉淀感（见图6-53）。

预算估价：市场价为320~550元/平方米。

（2）凹凸纹理复合地板

表面带有浮雕凹凸纹理设计的复合地板，观感上非常高级，且不容易出现划痕，纹理具有一些吸音效果，适合各种风格的书房（见图6-54）。

预算估价：市场价为180~360元/平方米。

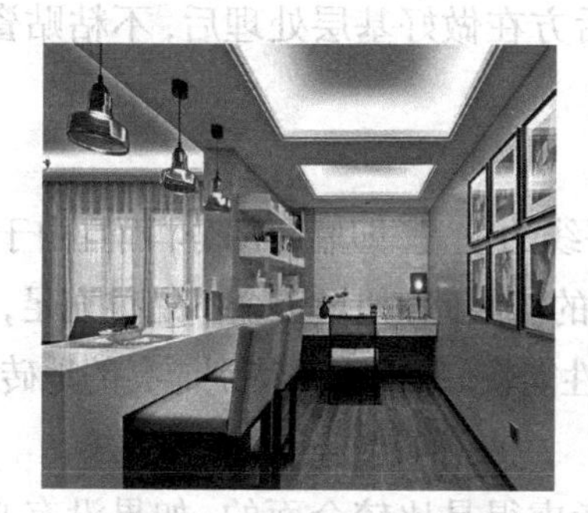

图6-53　深色实木地板地面

图6-54　凹凸纹理复合地板地面

（3）短绒地毯

短绒地毯比长毛地毯好打理，可以满铺在书房的地面上，来增加踩踏的舒适感，且可以吸音。可以选择深一些的色彩，来为书房提供静谧的居室氛围，创造更舒适的阅读环境（见图6-55）。

预算估价：市场价为50~130元/平方米。

（4）少纹理地砖

少纹理地砖不带有明显的或复杂的纹理，其主要功能是为书房提供一些柔和的反射。通过地砖颜色与反光效果，使整体空间更显明亮、通透（见图6-56）。

预算估价：市场价为80~180元/平方米。

图 6-55 短融地毯地面

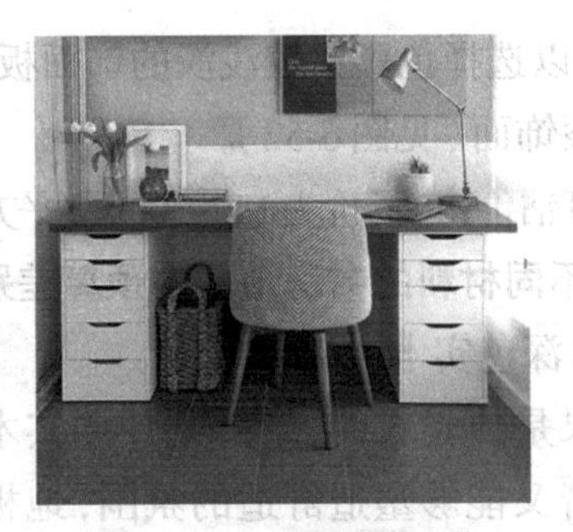

图 6-56 少纹理地砖地面

五 厨房预算规划

1. 厨房预算的省钱原则

（1）不选花纹突出的墙砖或橱柜后方不贴砖

不同纹理的砖，其价格的差距是较大的。如果厨房的面积较小，大面积墙被橱柜覆盖，则可以选择比较干净、透亮但纹理和工艺比较简单的砖，这样就可以节约很大一笔资金。同时，橱柜后方在做好基层处理后，不粘贴瓷砖，也可以节约一笔资金。

（2）选防滑性好价格低的地砖

人们通常会将视觉的焦点放在水平线的位置，即墙面部分，而且由于厨房会有一些水渍，其防滑性能也是非常重要的。因此，如果资金不是很充足，则可以在厨房地面铺设颜色比较干净的、防滑性能较好、但不是特别漂亮的地砖。

（3）减少改造费用

建筑商在进行户型规划时，通常考虑得是比较全面的，如果没有必要，则不建议挪动空间的位置。例如，将卫浴间和厨房对调，因这两个空间内的管线都比较多，改动会花费大量的资金。

（4）尽量集中采购

现在很多商家的服务都比较全面，同一个品牌中可能包含橱柜，还可能会包含吊顶等材料。如果遇到这样的品牌，则可以选择在一家购买，遇到其折扣力度大的时候还会赠送灶具，也便于砍价。

2. 不同造型的厨房顶面的预算差别

（1）印花铝扣板吊顶

铝扣板以铝合金为基材，具有质轻、防潮、防火、易清洗等优点，是非常适合厨房使用的一种吊顶材料，印花铝扣板包括多个系列，适用于不同风格的厨房（见图6-57）。

预算估价：市场价为110~215元/平方米。

（2）镜面铝扣板吊顶

镜面铝扣板表面像银镜一样，具有良好的反射性，特别适合设计在小空间的厨房中，可达到拓展视觉空间的效果（见图6-58）。

预算估价：市场价为125~180元/平方米。

图 6-57　印花铝扣板吊顶

图 6-58　镜面铝扣板吊顶

（3）防火石膏板吊顶

石膏板吊顶适合大面积的厨房或敞开式的厨房，使厨房的吊顶设计独具美感和造型感。需注意的是，厨房石膏板吊顶须具有防火功能，一旦厨房发生火灾，其可以离火自熄，增强安全性（见图6-59）。

预算估价：市场价为110~135元/平方米。

图 6-59　防火石膏板吊顶

3. 不同造型的厨房背景墙的预算差别

（1）仿古砖斜贴

这种瓷砖的铺贴方式适合美式、田园、地中海风格的厨房。一般有两种铺设方式：第一种方式是墙面下方采用直贴的方式，上方采用斜贴的方式；第二种方式是全部墙面都采用斜贴的方式。具体的墙面粘贴方式，可根据不同的仿古砖样式进行设计（见图6-60）。

预算估价：市场价为170~260元/平方米。

（2）暗纹亮面砖

亮面砖的表面反光性非常强，如果同时搭配非常明显的纹理，就会显得很混乱，所以在面积相对较小的厨房内，使用暗纹的亮面砖能够扩大空间并增添整洁感（见图6-61）。

预算估价：市场价为80~170元/平方米。

图 6-60　仿古砖斜贴背景墙

图 6-61　暗纹亮面砖背景墙

（3）玻璃墙

可使用绿玻或烤漆玻璃，后者经过了喷漆上色处理，色彩选择多，且多经过强化处理，具有很高的安全性。同时其还具有不透的特性，易于进行清理、擦洗，很适合用在料理台前的墙面上（见图6-62）。

图 6-62　玻璃背景墙

预算估价：市场价为260~280元/平方米。

4. 不同材料厨房地面的预算差别

（1）防滑砖

对于有年纪较大烹饪者的家庭来说，在厨房中选择防滑性比较好的地砖是必要的，可以避免烹饪者因水渍而滑倒，减轻危险性（见图6-63）。

图 6-63　防滑砖地面

预算估价：市场价为80~200元/平方米。

（2）拼色仿古砖

因为厨房面积的限制，拼花仿古砖一般选择300mm×300mm的尺寸，在四角通常配有马赛克大小的拼花，成一定规律地铺设在厨房地面，其适合田园、地中海等风格的厨房（见图6-64）。

预算估价：市场价为200~420元/平方米。

（3）玻化砖

当厨房成开敞式设计时地面可使用玻化砖来进行装饰，以强化与餐厅的整体感。如果厨房面积不大，则可以选择色调浅的玻化砖，搭配类似色彩的墙面砖，橱柜则选择色调较深的款式，会使厨房显得整洁而活泼（见图6-65）。

预算估价：市场价为100~450元/平方米。

图 6-64　拼色仿古砖地面

图 6-65　玻化砖地面

六　卫浴间预算规划

1. 卫浴间预算的省钱原则

（1）墙地砖使用同种款式

有一些砖可以同时在卫浴间的墙面和地面使用。若是面积非常小的卫浴间，则墙面和地面可以使用同款式的墙砖和地砖，或者选择同款式不同色彩的砖给界面做个分区，这样可以增加购买的面积，有利于砍价。

（2）顶面平吊不做造型

石膏板吊顶比起铝扣板吊顶来说，工序要多很多，尤其是在卫浴间中，不仅要使用防水石膏板，表面还要涂刷具有防水性能的涂料，否则，吊顶很容易因为受潮而掉皮，影响美观性。因此，若非必要，则建议选择铝扣板吊顶，可以在花色上做文章，但尽量不要选择石膏板造型吊顶，这样可以节约很多资金。

（3）使用便宜又个性的材料

有很多效果个性、价格便宜且不怕水淋的材料，例如挹石子、水泥、灰泥涂料等，可以用它们来装饰卫浴间的墙面或地面，对于追求时尚潮流的年轻人来说，这是非常能够展现个性并节约资金的一种选择。

2. 不同造型的卫浴间顶面的预算差别

（1）铝扣板吊顶

铝扣板用在顶面上，可以选择色彩比较浅淡的款式，例如白色、银灰色、米黄色等。如果需要安装浴霸、灯具等，则建议购买集成的款式，集成的款式设计比较合理，同时也有利于砍价（见图6-66）。

预算估价：市场价为110~215元/平方米。

图 6-66　铝扣板吊顶

（2）防水石膏板吊顶

防水石膏板吊顶的具体做法是，用轻钢龙骨做骨架，表面安装具有良好防水性能的石膏板，表面涂刷防水乳胶漆。此种吊顶最具设计感，一般使用在高档的家居设计中，如别墅或大平层的卫浴间中（见图6-67）。

预算估价：市场价为110~135元/平方米。

（3）桑拿板吊顶

桑拿板是经过特殊处理的实木板材，它易于安装、拥有天然木材的优良特性、纹理清晰、环保性好、不变形、具有良好的防水性能。它是条状的，拼接在顶部后，能够增添温馨感和节奏感，也能为卫浴间增添自然气息（见图6-68）。

预算估价：市场价为90~120元/平方米。

图6-67 防水石膏板吊顶

图6-68 桑拿板吊顶

3. 不同造型的卫浴间的背景墙的预算差别

（1）马赛克背景墙

马赛克是非常适合用在卫浴间中的材料，不仅可以装饰墙面，还可以将墙面的设计延伸到地面上，从色彩上做区域的划分。其有两种使用方式，一种是用在马桶后方的墙面上，做类似装饰画的拼贴，可以使用金属、贝壳、玻璃等材质的马赛克；另一种是整体铺贴，适合使用颜色较少的款式（见图6-69）。

图6-69 马赛克背景墙

预算估价：市场价为150~280元/平方米。

（2）大理石墙面

大理石适合使用在较高档的卫浴间中，通常是墙面全部铺贴，使其纹理连贯起来。从视觉上看，卫浴间的墙面就像是由一整块石材组成的，彰显品质感和华丽感。大理石在卫浴间经过无缝隙的工艺处理，水渍与灰尘都能够很好地得到清理（见图6-70）。

预算估价：市场价为55~180元/平方米。

（3）拼花砖墙

这种铺贴方式无论对于小卫浴间还是大卫浴间都很适合，拼花通常会有一个主体位置，例如马桶后方或淋浴区，边缘部分会使用花砖来做过渡，这种方式是层次比较丰富的卫浴间墙面装饰方式（见图6-71）。

预算估价：市场价为170~320元/平方米。

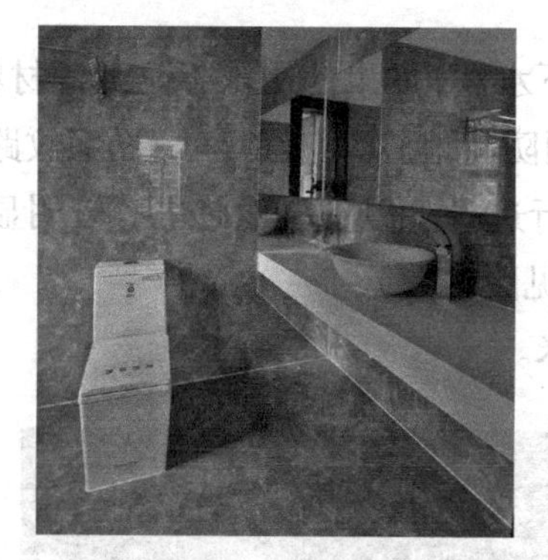

图 6-70 大理石背景墙

图 6-71 拼花砖墙

（4）亚光砖整铺

卫浴间中的灯光比较多，通常包括顶灯、镜前灯等，使用亚光面的砖来铺设墙面，不做任何花式设计，可以避免光源污染，并塑造出比较大气的效果（见图6-72）。

预算估价：市场价为75~160元/平方米。

（5）小尺寸亮光砖

小尺寸亮光砖很适合面积较小的卫浴间使用，适合简约、北欧等家居风格，此类砖色彩较少，若觉得单调，则可选择两种砖做上下组合的拼色设计（见图6-73）。

预算估价：市场价为35~65元/平方米。

图 6-72 亚光砖整铺墙

图 6-73 小尺寸亮光砖墙

4. 不同材料的卫浴间地面的预算差别

（1）碳化木

碳化木属于环保防腐木材，经过高温加工去除了内部的水分及微生物，其防腐、不易变形、耐潮湿、稳定性高，是非常适合卫浴间地面使用的木材（见图6-74）。

预算估价：市场价为78~260元/平方米。

（2）防滑地砖

卫浴间离不开水，难免会在地面留下水渍，如果使用了不防滑的材料，则很容易使人摔倒，所以卫浴间很适合使用防滑地砖。它在尺寸、图案纹路上有多种样式，可根据居室的设计风格来进行选择。但防滑地砖也有较明显的缺点，如积落在凹陷处的灰尘不容易清洁（见图6-75）。

预算估价：市场价为80~200元/平方米。

图6-74 碳化木地面

图6-75 防滑地砖地面

（3）局部马赛克

马赛克是墙面和地面都可以使用的材料，在卫浴间的地面上，通常是采用局部铺贴的方式来进行装饰的，例如铺贴在马桶区域或淋浴区，为整体装饰增添一些变化感。需注意的是，地面不适合使用金属材质、玻璃材质和贝壳材质的马赛克（见图6-76）。

预算估价：市场价为150~350元/平方米。

（4）大理石

在卫浴间中使用大理石做地材，通常是为了搭配大理石墙面而设计的，可以彰显奢华的感觉，但大理石地材的防滑性差，因而可以做一些条纹来防滑（见图6-77）。

预算估价：市场价为55~180元/平方米。

图 6-76　局部马赛克地面

图 6-77　大理石地面

七　整体空间报价参考

1. 一居室的两档报价

经济型和中档型的报价分别如表6-1和表6-2所示。

表 6-1　一居室报价表 1（经济型）

编号	项目名称	单位	数量	单价	合计	材料备注
1	客厅				12034.9	
	顶、墙面乳胶漆（立邦五合一）	m^2	55	55	3025	1. 满刮腻子三遍，打磨平整。 2. 涂刷单色乳胶漆三遍，每遍打磨一次。 3. 每增加一色需增加的调色费用为5元/m^2。 4. 特殊地方工具不能刷到的以刷白为准
	吊顶	m^2	20	105	2100	石膏板费用、30mm × 40mm木方吊顶费用
	地面找平	m^2	23	29	667	32.5号水泥、中粗砂、包含人工费用
	强化复合木地板	m^2	23	85	1955	复合木地板，包含人工费用
	踢脚线	m	18.63	18	335.34	成品踢脚线及辅料费用，包含安装费用
	单面门套	m	4.8	125	600	定制成品复合门套
	电视柜	m	2.2	458	1007.6	细木工板框架，澳松板饰面，面层喷白色混油，柜体内贴波音软片
	装饰柜	m	2.5	458	1145	细木工板框架，五夹板做背板。饰面板饰面，面层清漆施工，二底二面手刷工艺。不含五金件费用
	电视背景墙	项	1	1200	1200	木龙骨做框架，石膏板基层，面层喷涂乳胶漆
2	卧室				7859.8	
	顶、墙面乳胶漆（立邦五合一）	m^2	28	55	1540	1. 满刮腻子三遍，打磨平整。 2. 涂刷单色乳胶漆三遍，每遍打磨一次。 3. 每增加一色需增加的调色费为5元/m^2。 4. 特殊地方工具不能刷到的以刷白为准

续表

编号	项目名称	单位	数量	单价	合计	材料备注
2	地面找平	m^2	10	29	290	含32.5号水泥、中粗砂、人工费用
	地台基层	m^2	10	150	1500	细木工板基层
	踢脚线	m	5.78	18	104	成品踢脚线及辅料费用，含安装费用
	强化复合木地板	m^2	10	85	850	强化复合木地板，包含人工费
	窗套	m	6.75	155	1046.3	成品实木复合烤漆窗套
	窗台台面	m	3.25	350	1137.5	大理石台面
	衣柜	m^2	2.4	580	1392	细木工板框架，五夹板做背板。饰面板饰面，面层清漆施工。二底二面手刷工艺。不含五金件
3	卫浴间				8206	
	防水处理	m^2	3.9	55	214.5	1. 如客户取消此项，则厨卫漏水及造成的一切损失与公司无关。 2. 按防水施工要求清理基层并找平。 3. 涂刷GSA-100高强防水涂料二遍，涂刷均匀，按展开面积计算（防水层沿墙面向上抬高0.3m）。 4. 做闭水必须达到48小时以上
	地砖	m^2	3.9	125	487.5	1. 人工、水泥、砂浆。 2. 300mm×300mm砖。 3. 拼花、小砖及马赛克则按68元/m^2计算。 4. 尺寸范围以最长边计算
	墙砖	m^2	20	135	2700	1. 200mm×300mm砖。 2. 拼花、小砖及马赛克则按68元/m^2计算。含人工费用、辅料费用
	铝扣板吊顶	m^2	3.9	260	1014	轻钢龙骨框架费用，集成铝扣板费用
	门加门套	套	1	1280	1280	定制成品复合实木门
	门锁加门吸	套	1	350	350	成品门吸及门锁
	推拉门	m^2	3.6	600	2160	采用铝合金框架，镶嵌磨砂玻璃
4	厨房				12027	
	地砖	m^2	4.6	125	575	1.300mm×300mm砖。 2.拼花、小砖及马赛克则按68元/m^2计算。含人工费用、辅料费用
	墙砖	m^2	23	125	2875	1.200mm×300mm砖。 2.拼花、小砖及马赛克则按68元/m^2计算。含人工费用、辅料费用

续表

编号	项目名称	单位	数量	单价	合计	材料备注
4	铝扣板吊顶	m^2	4.6	260	1196	轻钢龙骨框架费用，集成铝扣板费用
	门加门套	套	1	1280	1280	定制成品复合实木门费用
	门锁加门吸	套	1	350	350	成品门吸及门锁费用
	橱柜	m	4	1350	5400	成品地柜加吊柜费用
	包管道	m	2.7	130	351	复合柜板费用
5	其他				7038	
	电工	m^2	42	18	756	电路敷设人工费用，含开槽费用、分槽费用、布线管费用，含灯具费用、插座安装费用
	电辅料	m^2	42	6	252	线管费用及管件费用
	电主材	m^2	42	35	1470	$4m^2$、$2.5m^2$、$1.5m^2$多股铜芯线费用。网线、闭路线费用。联塑线管及管件。不含强弱电底盒及面板费用
	水（一卫一厨）	项	1	2400	2400	含冷热水管、管件。不负责移改暖气、天然气，不含煤燃气、监控等特种安装和下水改造。工程验收后，如发生渗漏水现象，只负责维修，不负责其他赔偿。由于装修质量造成的要承担赔偿责任。不含穿墙打孔费用
	下水改造	项	1	260	260	PVC管材及人工费用
	垃圾清运费	项	1	700	700	1. 三楼以上每层加50元。 2. 装修垃圾负责从楼上运到小区指定地点，不包含垃圾外运费用。 3. 如小区内电梯可将材料直接运至所需楼层，按六层计算，电梯使用费用由甲方（业主）承担
	材料搬运费	项	1	1200	1200	1. 不含甲方供应的材料搬运费用。 2. 如小区内不能使用电梯，按实际楼层计算。 3. 如小区内电梯可将材料直接运至所需楼层，使用电梯使用费用由甲方承担
6	工程总造价				47165.7	

7. 工程补充说明

（1）此报价不含物业管理处所收任何费用（各种物业押金、质保金等）。物业管理处所收费用由业主自行承担，如因违规施工而造成的违章处罚由公司负责。

（2）此报价不含税金。

（3）施工中如有增加或减少项目，按照增减项目及数量的变更单据实结算。增项增管理费用，减项不减管理费用。

表 6-2 一居室报价表 2（中档型）

编号	项目名称	单位	数量	单价	合计	备注
1	客厅				18215.8	
	顶、墙面乳胶漆（立邦五合一）	m^2	32.4	55	1782	1. 满刮腻子三遍，打磨平整。 2. 涂刷单色乳胶漆三遍，每遍打磨一次。 3. 每增加一色需增加的调色费用为5元/m^2。 4. 特殊地方工具不能刷到的以刷白为准
	吊顶	m^2	20	156	3120	石膏板费用、30mm×40mm木方吊顶
	地面找平	m^2	23	29	667	32.5号水泥、中粗砂费用、人工费用
	实木复合木地板	m^2	23	198	4554	实木复合木地板费用，含人工费用
	踢脚线	m	18.63	25	465.8	成品踢脚线及辅料费用，含安装费用
	单面门套	m	4.8	290	1392	成品实木门套费用
	电视柜	m	2.2	550	1210	细木工板框架，澳松板饰面，面层喷白色混油，柜体内贴波音软片
	装饰柜	m	2.5	458	1145	细木工板框架，五夹板做背板。饰面板饰面，面层清漆施工，二底二面手刷工艺。不含五金费用
	电视背景墙	项	1	2680	2680	木龙骨做框架，石膏板基层，面层一部分喷涂乳胶漆，一部分为水泥板
	沙发背景墙	项	1	1200	1200	墙面干挂水泥板
2	卧室				12430.6	
	顶、墙面乳胶漆（立邦五合一）	m^2	22	55	1210	1. 满刮腻子三遍，打磨平整。 2. 涂刷单色乳胶漆三遍，每遍打磨一次。 3. 每增加一色需增加的调色费用为5元/m^2。 4. 特殊地方工具不能刷到的以刷白为准
	吊顶	m^2	10.3	156	1606.8	石膏板费用、30mm×40mm木方吊顶费用
	地面找平	m^2	10	29	290	32.5号水泥、中粗砂、人工费用
	地台基层	m^2	10	150	1500	细木工板基层
	踢脚线	m	5.78	18	104	成品踢脚线及辅料费用，含安装费用
	实木复合木地板	m^2	10	198	1980	实木复合木地板，包含人工费
	窗套	m	6.75	155	1046.3	成品实木复合烤漆窗套
	窗台台面	m	3.25	350	1137.5	大理石台面费用
	床头背景墙	项	1	1900	1900	木龙骨做框架，石膏板基层，面层喷涂乳胶漆
	衣柜	m^2	2.4	690	1656	细木工板框架，五夹板做背板，澳松板饰面，面层喷白色混油，柜体内贴饰面板饰面，面层清漆施工，二底二面手刷工艺。不含五金

续表

编号	项目名称	单位	数量	单价	合计	备　注
3	卫浴间				9866	
	防水处理	m²	3.9	55	214.5	1. 如客户取消此项，则厨卫漏水及造成的一切损失与公司无关。 2. 按防水施工要求清理基层并找平。 3. 涂刷GSA-100高强防水涂料二遍，涂刷均匀，按展开面积计算（防水层沿墙面向上抬高0.3m）。 4. 做闭水必须达到48小时以上
	地砖	m²	3.9	165	643.5	300mm×300mm砖，拼花、小砖及马赛克则按68元/m²计算，含人工费用辅料费用
	墙砖	m²	20	175	3500	200mm×300mm砖。拼花、小砖及马赛克则按68元/m²计算。含人工费用、辅料费用
	铝扣板吊顶	m²	3.9	320	1248	轻钢龙骨框架，集成铝扣板
	门加门套	套	1	1650	1650	定制成品复合实木门
	门锁加门吸	套	1	450	450	成品门吸及门锁
	推拉门	m²	3.6	600	2160	铝合金框架，镶嵌磨砂玻璃
4	厨房				15349	
	地砖	m²	4.6	185	851	300mm×300mm砖。拼花、小砖及马赛克则按68元/m²计算。含人工费用、辅料费用
	墙砖	m²	23	185	4255	200mm×300mm砖。拼花、小砖及马赛克则按68元/m²计算。含人工费用、辅料费用
	铝扣板吊顶	m²	4.6	320	1472	轻钢龙骨框架，集成铝扣板费用
	门加门套	套	1	1650	1650	定制成品复合实木门费用
	门锁加门吸	套	1	450	450	成品门吸及门锁费用
	橱柜	m	4	1580	6320	成品地柜加吊柜费用
	包管道	m	2.7	130	351	复合柜板费用
5	其他				7038	
	电工	m²	42	18	756	电路敷设人工费用，含开槽费用、分槽费用、布线管费用，不含灯具、插座安装
	电辅料	m²	42	6	252	线管及管件
	电主材	m²	42	35	1470	4m²、2.5m²、1.5m²多股铜芯线费用。网线、闭路线。联塑线管及管件。不含强弱电底盒及面板

续表

编号	项目名称	单位	数量	单价	合计	备　注
5	水（一卫一厨）	项	1	2400	2400	含冷热水管、管件。不负责移改暖气、天然气，不含燃气、监控等特种安装和下水改造。工程验收后，如发生渗漏水现象，只负责维修，不负责其他赔偿。不含穿墙打孔。负责维修，由于装修质量造成的要承担赔偿责任。含冷热水管费用，管件费用
	下水改造	项	1	260	260	PVC管材及人工费用
	垃圾清运费	项	1	700	700	1. 三楼以上每层加50元。 2. 装修垃圾负责从楼上运到小区指定地点，不包含垃圾外运费用。 3. 如小区内电梯可将材料直接运至所需楼层，按六层计算，电梯使用费用由甲方（业主）承担
	材料搬运费	项	1	1200	1200	1.不含甲方供应的材料搬运。 2. 如小区内不能使用电梯，按实际楼层计算。 3. 如小区内电梯可将材料直接运至所需楼层，电梯使用费用由甲方承担
6	工程总造价				62899.3	

7.工程补充说明

（1）此报价不含物业管理处所收任何费用（各种物业押金、质保金等）。物业管理处所收费用由业主自行承担，如因违规施工而造成的违章处罚由公司负责。

（2）此报价不含税金。

（3）施工中如有增加或减少项目，按照增减项目及数量的变更单据实结算。增项增管理费用，减项不减管理费用。

2. 二居室的两档报价

二居室的经济型和中档型的报价表，分别如表6-3和表6-4所示。

表6-3　二居室报价表1（经济型）

编号	项目名称	单位	数量	单价	合计	备　注
1	客厅				10266.4	
	顶、墙面乳胶漆（立邦五合一）	m^2	51.8	55	2849	1. 满刮腻子三遍，打磨平整。 2. 涂刷单色乳胶漆三遍，每遍打磨一次。 3. 每增加一色需增加的调色费用为5元/m^2。 4. 特殊地方工具不能刷到的以刷白为准
	地面找平	m^2	20.6	29	597.4	32.5号水泥、中粗砂、人工费用
	地砖	m^2	20.6	95	1957	600mm×600mm地砖、辅料、人工费用

续表

编号	项目名称	单位	数量	单价	合计	备　注
1	踢脚线	m	18.5	18	333	成品踢脚线及辅料费用，包含安装费用
	推拉门及门套	项	1	2450	2450	定制成品门及门套费用
	电视背景墙	项	1	780	780	定制图案壁纸费用、辅料费用、人工费用
	电视柜	m	2.5	520	1300	细木工板做框架，澳松板饰面，面层白色混油，柜体内贴波音软片
2	餐厅				2505.5	
	顶、墙面乳胶漆（立邦五合一）	m²	22.4	55	1232	1. 满刮腻子三遍，打磨平整。 2. 涂刷单色乳胶漆三遍，每遍打磨一次。 3. 每增加一色需增加的调色费用为5元/m²。 4. 特殊地方工具不能刷到的以刷白为准
	地面找平	m²	5.5	29	159.5	32.5号水泥、中粗砂费用、人工费用
	地砖	m²	5.5	95	522.5	600mm × 600mm地砖费用、辅料费用、人工费用
	踢脚线	m	9.53	18	171.5	成品踢脚线及辅料费用，包含安装费用
	鞋柜	m	1	420	420	细木工板框架，澳松板饰面，面层白色混油，柜体内贴波音软片
3	主卧				13064.1	
	顶、墙面乳胶漆（立邦五合一）	m²	51.6	55	2838	1. 满刮腻子三遍，打磨平整。 2. 涂刷单色乳胶漆三遍，每遍打磨一次。 3. 每增加一色需增加的调色费为5元/m²。 4. 特殊地方工具不能刷到的以刷白为准
	地面找平	m²	15.4	29	446.6	32.5号水泥、中粗砂费用、含人工费用
	强化复合木地板	m²	15.4	135	2079	强化复合木地板费用、辅料费用、人工费用
	踢脚线	m	15	18	270	成品踢脚线及辅料费用，含安装费用
	门及门套	项	1	1250	1250	定制成品复合实木门费用
	门锁及门吸	项	1	360	360	成品门锁及门吸费用
	窗套	m	5	165	825	定制成品免漆窗套费用
	窗台台面	m	2	230	460	大理石费用
	电视柜	m	1.5	485	727.5	细木工板做框架，澳松板饰面，面层白色混油，柜体内贴波音软片
	衣柜	m²	6.8	560	3808	细木工板做框架，澳松板饰面，面层装饰面板及喷白色混油，柜体内贴波音软片

续表

编号	项目名称	单位	数量	单价	合计	备　注
4	次卧				10191.8	
	顶、墙面乳胶漆（立邦五合一）	m²	36.8	55	2024	1. 满刮腻子三遍，打磨平整。 2. 涂刷单色乳胶漆三遍，每遍打磨一次。 3. 每增加一色需增加的调色费用为5元/m²。 4. 特殊地方工具不能刷到的以刷白为准
	地面找平	m²	9.1	29	263.9	32.5号水泥、中粗砂、人工费用
	强化复合木地板	m²	9.1	135	1228.5	强化复合木地板、辅料、人工费用
	踢脚线	m	11.3	18	203.4	成品踢脚线及辅料，包含安装费用
	门及门套	项	1	1250	1250	定制成品复合实木门
	门锁及门吸	项	1	360	360	成品门锁及门吸
	窗套	m	5	165	825	定制成品免漆窗套
	窗台台面	m	1.5	230	345	大理石
	简易书橱	m	1.5	520	780	细木工板框架，澳松板饰面，面层白色混油
	衣柜	m²	5.2	560	2912	细木工板框架，澳松板饰面，面层装饰面板及喷白色混油，柜体内贴波音软片
5	卫浴间				5276	
	防水处理	m²	3.3	55	181.5	1. 如客户取消此项，则厨卫漏水及造成的一切损失与公司无关。 2. 按防水施工要求清理基层并找平。 3. 涂刷GSA-100高强防水涂料二遍，涂刷均匀，按展开面积计算（防水层沿墙面向上抬高0.3m）。 4. 闭水时间必须达到48小时以上
	地砖	m²	3.3	125	412.5	1. 人工费用、水泥、砂浆。 2. 300mm×300mm砖。 3. 拼花、小砖及马赛克则按68元/m²计算。 4. 尺寸范围以最长边计算
	墙砖	m²	16.4	135	2214	1. 人工费用、水泥、砂浆。 2. 200mm×300mm砖。 3. 拼花、小砖及马赛克则按68元/m²计算。 4. 尺寸范围以最长边计算
	铝扣板吊顶	m²	3.3	260	858	轻钢龙骨框架费用，集成铝扣板费用
	门及门套	项	1	1250	1250	定制成品复合实木门费用
	门锁及门吸	项	1	360	360	成品门锁及门吸费用

续表

编号	项目名称	单位	数量	单价	合计	备 注
6	厨房				15508	
	地砖	m^2	6	125	750	300mm×300mm砖，拼花、小砖及马赛克则按68元/m^2计算。含人工费用、辅料费用
	墙砖	m^2	21.5	125	2687.5	200mm×300mm砖，拼花、小砖及马赛克则按68元/m^2计算。含人工费用、辅料费用
	铝扣板吊顶	m^2	6	260	1560	轻钢龙骨框架费用，集成铝扣板费用
	窗台台面	m	0.5	230	115	大理石费用
	橱柜	m	4.4	1380	6072	成品地柜加吊柜费用
	门及门套	项	1	1250	1250	定制成品复合实木门费用
	门锁及门吸	项	1	360	360	成品门锁及门吸费用
	阳台防水处理	m^2	2.9	55	159.5	1. 如客户取消此项，则厨卫漏水及造成的一切损失与公司无关。 2. 按防水施工要求清理基层并找平。 3. 涂刷GSA-100高强防水涂料二遍，涂刷均匀，按展开面积计算（防水层沿墙面向上抬高0.3m）。 4. 闭水时间必须达到48小时以上
	阳台地砖	m^2	2.9	125	362.5	300mm×300mm砖，拼花、小砖及马赛克则按68元/m^2计算。含人工费用、辅料费用
	阳台墙砖	m^2	11.5	125	1437.5	200mm×300mm砖，拼花、小砖及马赛克则按68元/m^2计算。含人工费用、辅料费用
	阳台铝扣板吊顶	m^2	2.9	260	754	轻钢龙骨框架，集成铝扣板
7	过道				872	
	顶、墙面乳胶漆（立邦五合一）		7.3	55	401.5	1. 满刮腻子三遍，打磨平整。 2. 涂刷单色乳胶漆三遍，每遍打磨一次。 3. 每增加一色需增加的调色费用为5元/m^2。 4. 特殊地方工具不能刷到的以刷白为准
	地面找平	m^2	1.8	29	52.2	32.5号水泥、中粗砂费用、人工费用
	地砖	m^2	4.1	95	389.5	600mm×600mm地砖费用、辅料费用、人工费用
	踢脚线	m	1.6	18	28.8	成品踢脚线及辅料费用，包含安装费用
8	阳台				4042	
	阳台墙地砖	m^2	23	110	2530	32.5号水泥、中粗砂、人工费用，200mm×100mm阳台砖费用

续表

编号	项目名称	单位	数量	单价	合计	备　注
8	阳台防水	m^2	4.8	55	264	1. 如客户取消此项，则厨卫漏水及造成的一切损失与公司无关。 2. 按防水施工要求清理基层并找平。 3. 涂刷GSA-100高强防水涂料两遍，涂刷均匀，按展开面积计算（防水层沿墙面向上抬高0.3m）。 4. 闭水时间必须达到48小时以上
	铝扣板吊顶	m^2	4.8	260	1248	轻钢龙骨框架费用，集成铝扣板费用
9	其他				7828.9	
	电工	m^2	77.1	18	1387.8	电路敷设人工费用，含开槽费用、分槽费用、布线管费用，不含灯具费用、插座安装费用
	电辅料	m^2	77.1	6	462.6	线管费用及管件费用
	电主材	m^2	77.1	35	2698.5	$4m^2$、$2.5m^2$、$1.5m^2$多股铜芯线费用。网线、闭路线。线管及管件费用。不含强弱电底盒及面板费用
	水（一卫一厨）	项	1	1200	1200	不负责移改暖气、天然气，不含燃气、监控等特种安装和下水改造。工程验收后，如发生渗漏水现象，只负责维修，不负责其他赔偿。由于装修质量造成的要承担赔偿责任。不含穿墙打孔
	下水改造	项	1	180	180	PVC管材及人工费用
	垃圾清运费	项	1	600	600	1. 三楼以上每层加50元。 2. 装修垃圾负责从楼上运到小区指定地点，不包含垃圾外运费用。 3. 如小区内电梯可将材料直接运至所需楼层，按六层计算，电梯使用费由甲方（业主）承担
	材料搬运费	项	1	1300	1300	1. 不含甲方供应的材料搬运。 2. 如小区内不能使用电梯，按实际楼层计算。 3. 如小区内电梯可将材料直接运至所需楼层，使用电梯使用费由甲方承担
10	工程总造价				69554.7	

11. 工程补充说明

（1）此报价不含物业管理处所收任何费用（各种物业押金、质保金等）。物业管理处所收费用由业主自行承担，如因违规施工而造成的违章处罚由公司负责。

（2）此报价不含税金。

（3）施工中如有增加或减少项目，按照增减项目及数量的变更单据实结算。增项增管理费用，减项不减管理费用。

表 6-4 二居室报价表 2（中档型）

编号	项目名称	单位	数量	单价	合计	备注
1	客厅				16296.4	
	顶、墙面乳胶漆（立邦五合一）	m^2	41.8	85	3553	1. 满刮腻子三遍，打磨平整。 2. 涂刷单色乳胶漆三遍，每遍打磨一次。 3. 每增加一色需增加的调色费用为5元/m^2。 4. 特殊地方，比如工具不能刷到的，以刷白为准
	吊顶	m^2	4	125	500	石膏板费用、30mm×40mm木龙骨
	地面找平	m^2	20.6	29	597.4	32.5号水泥、中粗砂、人工费用
	强化复合木地板	m^2	20.6	195	4017	强化复合木地板、辅料、人工费用
	踢脚线	m	18.5	24	444	成品踢脚线及辅料，包含安装费用
	推拉门及门套	项	1	2850	2850	定制成品门及门套
	电视背景墙	项	1	1680	1680	大芯板造型、白色混油、烤漆玻璃
	电视柜	m	2.5	750	1875	定制成品实木复合电视柜
	沙发背景墙	项	1	780	780	石膏板、乳胶漆、水银镜
2	餐厅				4540.2	
	顶、墙面乳胶漆（立邦五合一）	m^2	16.7	85	1419.5	1. 满刮腻子三遍，打磨平整。 2. 涂刷单色乳胶漆三遍，每遍打磨一次。 3. 每增加一色需增加的调色费用为5元/m^2。 4. 特殊地方工具不能刷到的以刷白为准
	地面找平	m^2	5.5	29	159.5	32.5号水泥、中粗砂、人工费用
	强化复合木地板	m^2	5.5	195	1072.5	强化复合木地板、辅料、人工费用
	踢脚线	m	9.53	24	228.7	成品踢脚线及辅料，包含安装费用
	餐厅背景墙	项	1	1100	1100	石膏板、乳胶漆、烤漆玻璃
	鞋柜	m	1	560	560	细木工板框架，澳松板饰面，面层白色混油，柜体内贴波音软片
3	主卧				18626.6	
	顶面乳胶漆（立邦五合一）	m^2	15.4	65	1001	1. 满刮腻子三遍，打磨平整。 2. 涂刷单色乳胶漆三遍，每遍打磨一次。 3. 每增加一色需增加的调色费用为5元/m^2。 4. 特殊地方工具不能刷到的以刷白为准
	吊顶	m^2	2	125	250	石膏板、30mm×40mm木龙骨
	墙面找平	m^2	36	29	1044	32.5号水泥、中粗砂、人工费用
	墙面壁纸	m^2	25.6	110	2816	壁纸费用、辅料费用、人工费用
	地面找平	m^2	15.4	29	446.6	32.5号水泥、中粗砂、人工费用
	强化复合木地板	m^2	15.4	195	3003	强化复合木地板费用、辅料费用、人工费用

续表

编号	项目名称	单位	数量	单价	合计	备注
3	踢脚线	m	15	24	360	成品踢脚线及辅料费用，含安装费用
	门及门套	项	1	1650	1650	定制成品复合实木门费用
	门锁及门吸	项	1	420	420	成品门锁及门吸费用
	窗套	m	5	185	925	定制成品免漆窗套费用
	窗台台面	m	2	360	720	大理石费用
	主卧床头背景墙	项	1	650	650	石膏板费用、乳胶漆费用
	电视柜	m	1.5	750	1125	定制成品实木复合电视柜费用
	衣柜	m^2	6.8	620	4216	细木工板做框架，澳松板饰面，面层装饰面板及喷白色混油，柜体内贴装饰面板、清漆施工
	地面找平	m^2	15.4	29	446.6	32.5号水泥、中粗砂费用、人工费用
	强化复合木地板	m^2	15.4	195	3003	强化复合木地板、辅料、人工费用
4	次卧				16090.9	
	顶面乳胶漆（立邦五合一）	m^2	36.8	65	2392	1. 满刮腻子三遍，打磨平整。 2. 涂刷单色乳胶漆三遍，每遍打磨一次。 3. 每增加一色需增加的调色费用为5元/m^2。 4. 特殊地方工具不能刷到的以刷白为准
	墙面找平	m^2	27.7	29	803.3	32.5号水泥、中粗砂费用、人工费用
	墙面壁纸	m^2	27.7	110	3047	壁纸费用、辅料费用、人工费用
	地面找平	m^2	9.1	29	263.9	32.5号水泥、中粗砂费用、人工费用
	强化复合木地板	m^2	9.1	195	1774.5	强化复合木地板费用、辅料费用、人工费用
	踢脚线	m	11.3	24	271.2	成品踢脚线及辅料费用，包含安装费用
	门及门套	项	1	1650	1650	定制成品复合实木门费用
	门锁及门吸	项	1	420	420	成品门锁及门吸费用
	窗套	m	5	185	925	定制成品免漆窗套费用
	窗台台面	m	1.5	360	540	大理石费用
	简易书橱	m	1.5	520	780	细木工板做框架，澳松板饰面，面层白色混油
	衣柜	m^2	5.2	620	3224	细木工板做框架，澳松板饰面，面层装饰面板及喷白色混油，柜体内贴装饰面板、清漆施工
5	卫浴间				6698.9	
	防水处理	m^2	3.3	55	181.5	1. 如客户取消此项，则厨卫漏水及造成的一切损失与公司无关。 2. 按防水施工要求清理基层并找平。 3. 涂刷GSA-100高强防水涂料二遍，涂刷均匀，按展开面积计算（防水层沿墙面向上抬高0.3m）。 4. 闭水时间必须达到48小时以上

续表

编号	项目名称	单位	数量	单价	合计	备注
5	地砖	m^2	3.3	168	554.4	1. 人工、水泥、砂浆。 2. 300mm×300mm砖。 3. 拼花、小砖及马赛克则按68元/m^2计算。 4. 尺寸范围以最长边计算
	墙砖	m^2	16.4	175	2870	1. 人工、水泥、砂浆。 2. 200mm×300mm砖。 3. 拼花、小砖及马赛克则按68元/m^2计算。 4. 尺寸范围以最长边计算
	铝扣板吊顶	m^2	3.3	310	1023	轻钢龙骨框架，集成铝扣板
	门及门套	项	1	1650	1650	定制成品复合实木门
	门锁及门吸	项	1	420	420	成品门锁及门吸
6	厨房				16204.5	
	地砖	m^2	6	155	930	300mm×300mm砖，拼花、小砖及马赛克则按68元/m^2计算。含人工费用、辅料费用
	墙砖	m^2	21.5	155	3332.5	200mm×300mm砖，拼花、小砖及马赛克则按68元/m^2计算。含人工费用、辅料费用
	铝扣板吊顶	m^2	6	310	1860	轻钢龙骨框架费用，集成铝扣板费用
	窗台台面	m	0.5	360	180	大理石费用
	橱柜	m	4.4	1780	7832	成品地柜加吊柜费用
	门及门套	项	1	1650	1650	定制成品复合实木门费用
	门锁及门吸	项	1	420	420	成品门锁及门吸
7	过道				1574.6	
	顶、墙面乳胶漆（立邦五合一）	m^2	7.3	85	620.5	1. 满刮腻子三遍，打磨平整。 2. 涂刷单色乳胶漆三遍，每遍打磨一次。 3. 每增加一色需增加的调色费用为5元/m^2。 4. 特殊地方工具不能刷到的以刷白为准
	吊顶	m^2	4.1	125	512.5	石膏板、30mm×40mm木龙骨
	地面找平	m^2	1.8	29	52.2	32.5号水泥、中粗砂、人工费用
	强化复合木地板	m^2	1.8	195	351	强化复合木地板费用、辅料费用、人工费用
	踢脚线	m	1.6	24	38.4	安装费用及成品踢脚线及辅料费用
8	阳台				4972	
	阳台墙地砖	m^2	23	140	3220	32.5号水泥、中粗砂、人工费用，200mm×100mm阳台砖

续表

编号	项目名称	单位	数量	单价	合计	备注
8	阳台防水	m^2	4.8	55	264	1. 如客户取消此项，则厨卫漏水及造成的一切损失与公司无关。 2. 按防水施工要求清理基层并找平。 3. 涂刷GSA-100高强防水涂料二遍，涂刷均匀，按展开面积计算（防水层沿墙面向上抬高0.3m）。 4. 做闭水处理的时间必须达到48小时以上
	阳台铝扣板吊顶	m^2	4.8	310	1488	轻钢龙骨框架，集成铝扣板
9	其他				7828.9	
	电工	m^2	77.1	18	1387.8	电路敷设人工费用，开槽费用、分槽费用、布线管费用，不含灯具费用、插座安装费用
	电辅料	m^2	77.1	6	462.6	线管及管件费用
	电主材	m^2	77.1	35	2698.5	$4m^2$、$2.5m^2$、$1.5m^2$多股铜芯线。网线、闭路线。联塑线管及管件。不含强弱电底盒及面板
	水（一卫一厨）	项	1	1200	1200	冷热水管、管件。不负责移改暖气、天然气，不含燃气、监控等特种安装和下水改造。工程验收后，如发生渗漏水现象，只负责维修，不负责其他赔偿。由于装修质量造成的要承担赔偿责任
	下水改造	项	1	180	180	PVC管材及人工费用
	垃圾清运费	项	1	600	600	1. 三楼以上每层加50元。 2. 装修垃圾负责从楼上运到小区指定地点，不包含垃圾外运费用。 3. 如小区内电梯可将材料直接运至所需楼层，按六层计算，电梯使用费由甲方（业主）承担
	材料搬运费	项	1	1300	1300	1. 不含甲供材料搬运。 2. 如小区内不能使用电梯，按实际楼层计算。 3. 如小区内电梯可将材料直接运至所需楼层，电梯使用费由甲方承担
10	工程总造价				96282.6	

11. 工程补充说明

（1）此报价不含物业管理处所收任何费用（各种物业押金、质保金等）。物业管理处所收费用由业主自行承担，如因违规施工而造成的违章处罚由公司负责。

（2）此报价不含税金。

（3）施工中如有增加或减少项目，按照增减项目及数量的变更单据实结算。增项增管理费用，减项不减管理费用。

3. 三居室的两档报价

三居室的经济型和中档型的参考报价表分别如表6-5和表6-6所示。

表6-5　三居室报价表1（经济型）

编号	项目名称	单位	数量	单价	合计	备注
1	过道				1255.1	
	顶、墙面乳胶漆（立邦五合一）	m^2	15.1	55	830.5	1.满刮腻子三遍，打磨平整。 2.涂刷单色乳胶漆三遍，每遍打磨一次。 3.每增加一色需增加的调色费用为5元/m^2。 4.特殊地方如工具不能刷到的以刷白为准
	强化复合木地板	m^2	4	85	340	强化复合木地板费用、辅料费用、人工费用
	踢脚线	m	4.7	18	84.6	安装费用，成品踢脚线及辅料费用
2	起居室				9871.5	
	顶、墙面乳胶漆（立邦五合一）	m^2	47.7	55	2623.5	1. 满刮腻子三遍，打磨平整。 2. 涂刷单色乳胶漆三遍，每遍打磨一次。 3. 每增加一色需增加的调色费用为5元/m^2。 4. 特殊地方如工具不能刷到的以刷白为准
	吊顶	m^2	4.6	130	598	石膏板、30mm×40mm木龙骨
	地面找平	m^2	28.1	29	814.9	32.5号水泥、中粗砂费用、人工费用
	强化复合木地板	m^2	28.1	85	2388.5	强化复合木地板费用、辅料费用、人工费用
	踢脚线	m	13.7	18	246.6	成品踢脚线及辅料，包含安装费用
	电视背景墙	项	1	1350	1350	石膏板费用、壁纸费用、乳胶漆费用
	电视柜	项	1	1460	1460	定制成品实木复合电视柜费用
	隔断	项	1	390	390	细木工板框架，澳松板饰面，双面白色混油
3	阳台				5394	
	顶面乳胶漆（立邦五合一）	m^2	8	55	440	1. 满刮腻子三遍，打磨平整 2. 涂刷单色乳胶漆三遍，每遍打磨一次。 3. 每增加一色需增加的调色费用为5元/m^2。 4. 特殊地方工具不能刷到的以刷白为准
	吊顶	m^2	11.6	125	1450	石膏板、30mm×40mm木龙骨
	地面找平	m^2	8	29	232	32.5号水泥、中粗砂费用、人工费用
	地台	m^2	8	150	1200	细木工板、辅料、人工费用
	强化复合木地板	m^2	8	85	680	强化复合木地板、辅料、人工费用
	墙砖	m^2	11.6	120	1392	200mm×300mm砖，拼花、小砖及马赛克则按68元/m^2计算。含人工费用和辅料费用
4	餐厅				3359.6	

续表

编号	项目名称	单位	数量	单价	合计	备注
4	"五合一"顶、墙面乳胶漆	m^2	27.8	55	1529	1. 满刮腻子三遍，打磨平整。 2. 涂刷单色乳胶漆三遍，每遍打磨一次。 3. 每增加一色需增加的调色费用为5元/m^2。 4. 特殊地方如工具不能刷到的以刷白为准
	地面找平	m^2	12	29	348	32.5号水泥、中粗砂、人工费用
	强化复合木地板	m^2	12	85	1020	强化复合木地板费用、辅料费用、人工费用
	踢脚线	m	5.7	18	102.6	成品踢脚线及辅料费用，包含安装费用
	鞋柜	项	1	360	360	定制成品实木复合鞋柜费用
5	主卧				10723.8	
	顶、墙面乳胶漆（立邦五合一）	m^2	64.2	55	3531	1. 满刮腻子三遍，打磨平整。 2. 涂刷单色乳胶漆三遍，每遍打磨一次。 3. 每增加一色需增加的调色费用为5元/m^2。 4. 特殊地方工具不能刷到的以刷白为准
	地面找平	m^2	19.8	29	574.2	32.5号水泥、中粗砂、人工费用
	强化复合木地板	m^2	19.8	85	1683	强化复合木地板、辅料、人工费用
	踢脚线	m	16.7	18	300.6	成品踢脚线及辅料，包含安装费用
	门及门套	项	1	1250	1250	定制成品复合实木门费用
	门锁及门吸	项	1	290	290	成品门锁及门吸费用
	窗套	m	5	155	775	定制成品免漆窗套费用
	窗台台面	m	2.5	180	450	大理石费用
	一体式衣柜	m^2	11	170	1870	细木工板框架，澳松板饰面，白色混油、水银镜，柜体内贴波音软片费用
6	客卧				8593.8	
	顶、墙面乳胶漆（立邦五合一）	m^2	49.2	55	2706	1. 满刮腻子三遍，打磨平整。 2. 涂刷单色乳胶漆三遍，每遍打磨一次。 3. 每增加一色需增加的调色费用为5元/m^2。 4. 特殊地方如工具不能刷到的以刷白为准
	地面找平	m^2	14.2	29	411.8	32.5号水泥、中粗砂、人工费用
	强化复合木地板	m^2	14.2	85	1207	强化复合木地板、辅料、人工费用
	铝扣板吊顶	m^2	3.3	260	858	轻钢龙骨框架，集成铝扣板
	门及门套	项	1	1250	1250	定制成品复合实木门
	门锁及门吸	项	1	360	360	成品门锁及门吸
	踢脚线	m	14.5	18	261	成品踢脚线及辅料，包含安装费用
	门及门套	项	1	1250	1250	定制成品复合实木门
	门锁及门吸	项	1	290	290	成品门锁及门吸

续表

编号	项目名称	单位	数量	单价	合计	备注
7	儿童房				7398	
	顶、墙面乳胶漆（立邦五合一）	m^2	46	55	2530	1. 满刮腻子三遍，打磨平整。 2. 涂刷单色乳胶漆三遍，每遍打磨一次。 3. 每增加一色需增加的调色费用为5元/m^2。 4. 特殊地方工具不能刷到的以刷白为准
	地面找平	m^2	13	29	377	华新32.5号水泥、中粗砂、人工费用
	强化复合木地板	m^2	13	88	1144	强化复合木地板、辅料、人工费用
	踢脚线	m	14	18	252	成品踢脚线及辅料，包含安装费用
	门及门套	项	1	1250	1250	定制成品复合实木门
	门锁及门吸	项	1	290	290	成品门锁及门吸
	窗套	m	5	155	775	定制成品免漆窗套
	窗台台面	m	2	180	360	大理石
	书桌	项	1	420	420	定制成品实木复合书桌
8	主卫				9602.2	
	防水处理	m^2	7.1	55	390.5	1. 如客户取消此项，则厨卫漏水及造成的一切损失与公司无关。 2. 按防水施工要求清理基层并找平。 3. 涂刷GSA-100高强防水涂料二遍，涂刷均匀，按展开面积计算（防水层沿墙面向上抬高0.3m）。 4. 做闭水处理的时间必须达到48小时以上
	地砖	m^2	7.1	142	1008.2	300mm×300mm砖，拼花、小砖及马赛克则按68元/m^2计算。含人工费用和辅料费用
	墙砖	m^2	34.6	120	4152	200mm×300mm砖，拼花、小砖及马赛克则按68元/m^2计算。含人工费用和辅料费用，尺寸范围以最长边计算
	铝扣板吊顶	m^2	7.1	245	1739.5	轻钢龙骨框架，集成铝扣板
	门及门套	项	1	1250	1250	定制成品复合实木门
	门锁及门吸	项	1	290	290	成品门锁及门吸
	内门	项	1	310	310	铝合金框架、磨砂玻璃
	门锁及门吸	项	1	150	150	成品门锁及门吸
	包管道	m	2.6	120	312	200mm×300mm砖，拼花、小砖及马赛克则按68元/m^2计算。含人工费用、辅料费用
9	次卫				9290.2	
	防水处理	m^2	7.1	55	390.5	1. 如客户取消此项，则厨卫漏水及造成的一切损失与公司无关。 2. 按防水施工要求清理基层并找平。 3. 涂刷GSA-100高强防水涂料二遍，涂刷均匀，按展开面积计算（防水层沿墙面向上抬高0.3m）。 4. 做闭水处理的时间必须达到48小时以上

续表

编号	项目名称	单位	数量	单价	合计	备注
9	地砖	m^2	7.1	142	1008.2	300mm×300mm砖，拼花、小砖及马赛克则按68元/m^2计算。含人工费用、辅料费用
	墙砖	m^2	34.6	120	4152	200mm×300mm砖，拼花、小砖及马赛克则按68元/m^2计算。含人工费用、辅料费用
	铝扣板吊顶	m^2	7.1	245	1739.5	轻钢龙骨框架，集成铝扣板
	门及门套	项	1	1250	1250	定制成品复合实木门
	门锁及门吸	项	1	290	290	成品门锁及门吸
	内门	项	1	310	310	铝合金框架、磨砂玻璃
	门锁及门吸	项	1	150	150	成品门锁及门吸
10	厨房				11928	
	地砖	m^2	7	105	735	300mm×300mm砖，拼花、小砖及马赛克则按68元/m^2计算。含人工费用、辅料费用
	墙砖	m^2	14.2	90	1278	200mm×300mm砖，拼花、小砖及马赛克则按68元/m^2计算。含人工费用、辅料费用
	铝扣板吊顶	m^2	7	245	1715	轻钢龙骨框架，集成铝扣板
	窗台台面	m	2	180	360	大理石
	橱柜	m	6	1050	6300	成品地柜加吊柜
	门及门套	项	1	1250	1250	定制成品复合实木门
	门锁及门吸	项	1	290	290	成品门锁及门吸
11	其他				9970.8	
	电工	m^2	157.4	15	2361	电路敷设人工费用，含开槽费用、分槽费用、布线管费用，不含灯具、插座安装
	电辅料	m^2	157.4	5	787	线管及管件
	电主材	m^2	157.4	22	3462.8	$4m^2$、$2.5m^2$、$1.5m^2$多股铜芯线。网线、闭路线。联塑线管及管件。不含强弱电底盒及面板
	水（一卫一厨）	项	1	1200	1200	冷热水管、管件。不负责移改暖气、天然气，不含燃气、监控等特种安装和下水改造。工程验收后，如发生渗漏水现象，只负责维修，不负责其他赔偿。由于装修质量造成的要承担赔偿责任。不含穿墙打孔
	下水改造	项	1	260	260	PVC管材及人工费用
	垃圾清运费	项	1	600	600	1. 三楼以上每层加50元。 2. 装修垃圾负责从楼上运到小区指定地点，不包含垃圾外运费用。 3. 如小区内电梯可将材料直接运至所需楼层，按六层计算，电梯使用费由甲方（业主）承担

续表

编号	项目名称	单位	数量	单价	合计	备注
11	材料搬运费	项	1	1300	1300	1. 不含甲供材料搬运。 2. 如小区内不能使用电梯，按实际楼层计算。 3. 如小区内电梯可将材料直接运至所需楼层，使用电梯使用费由甲方承担
12	工程总造价				87387	

13.工程补充说明

（1）此报价不含物业管理处所收任何费用（各种物业押金、质保金等）。物业管理处所收费用由业主自行承担，如因违规施工而造成的违章处罚由公司负责。

（2）此报价不含税金。

（3）施工中如有增加或减少项目，按照增减项目及数量的变更单据实结算。增项增管理费，减项不减管理费。

表 6-6 三居室报价表 2（中档型）

编号	项目名称	单位	数量	单价	合计	备注
1	过道				1420	
	顶、墙面乳胶漆（立邦五合一）	m²	15.1	55	830.5	1. 满刮腻子三遍，打磨平整。 2. 涂刷单色乳胶漆三遍，每遍打磨一次。 3. 每增加一色需增加的调色费用为5元/m²。 4. 特殊地方如工具不能刷到的以刷白为准
	强化复合木地板	m²	4	118	472	强化复合木地板费用、辅料费用、人工费用
	踢脚线	m	4.7	25	117.5	成品踢脚线及辅料费用，包含安装费用
2	起居室				12610.7	
	顶、墙面乳胶漆（立邦五合一）	m²	47.7	65	3100.5	1. 满刮腻子三遍，打磨平整。 2. 涂刷单色乳胶漆三遍，每遍打磨一次。 3. 每增加一色需增加的调色费用为5元/m²。 4. 特殊地方如工具不能刷到的以刷白为准
	吊顶	m²	4.6	145	667	石膏板、30mm×40mm木龙骨费用
	地面找平	m²	28.1	29	814.9	32.5号水泥、中粗砂费用、人工费用
	强化复合木地板	m²	28.1	118	3315.8	强化复合木地板、辅料、人工费用
	踢脚线	m	13.7	25	342.5	成品踢脚线及辅料，包含安装费用
	电视背景墙	项	1	1800	1800	木龙骨框架、石膏板、壁纸、烤漆玻璃
	电视柜	项	1	2150	2150	定制成品实木复合电视柜
	隔断	项	1	420	420	细木工板框架，澳松板饰面，双面白色混油、水银镜
3	阳台				5890	
	顶面乳胶漆（立邦五合一）	m²	8	55	440	1. 满刮腻子三遍，打磨平整。 2. 涂刷单色乳胶漆三遍，每遍打磨一次。 3. 每增加一色需增加的调色费用为5元/m²。 4. 特殊地方如工具不能刷到的以刷白为准

续表

编号	项目名称	单位	数量	单价	合计	备注
3	吊顶	m^2	11.6	125	1450	石膏板、30mm×40mm木龙骨
	地面找平	m^2	8	29	232	32.5号水泥、中粗砂、人工费用
	地台	m^2	8	150	1200	细木工板、辅料、人工费用
	强化复合木地板	m^2	8	118	944	强化复合木地板、辅料、人工费用
	墙砖	m^2	11.6	140	1624	200mm×300mm砖，拼花、小砖及马赛克则按68元/m^2计算。含人工费用、辅料费用
4	餐厅				4333.5	
	顶、墙面乳胶漆（立邦五合一）	m^2	27.8	65	1807	1. 满刮腻子三遍，打磨平整。 2. 涂刷单色乳胶漆三遍，每遍打磨一次。 3. 每增加一色需增加的调色费用为5元/m^2。 4. 特殊地方如工具不能刷到的以刷白为准
	地面找平	m^2	12	29	348	32.5号水泥、中粗砂、人工费用
	强化复合木地板	m^2	12	118	1416	强化复合木地板、辅料、人工费用
	踢脚线	m	5.7	25	142.5	成品踢脚线及辅料，包含安装费用
	鞋柜	项	1	620	620	定制成品实木复合鞋柜
5	主卧				12554.1	
	顶、墙面乳胶漆（立邦五合一）	m^2	64.2	55	3531	1. 满刮腻子三遍，打磨平整。 2. 涂刷单色乳胶漆三遍，每遍打磨一次。 3. 每增加一色需增加的调色费用为5元/m^2。 4. 特殊地方如工具不能刷到的以刷白为准
	地面找平	m^2	19.8	29	574.2	32.5号水泥、中粗砂、人工费用
	强化复合木地板	m^2	19.8	118	2336.4	强化复合木地板、辅料、人工费用
	踢脚线	m	16.7	25	417.5	成品踢脚线及辅料，包含安装费用
	门及门套	项	1	1680	1680	定制成品复合实木门费用
	门锁及门吸	项	1	330	330	成品门锁及门吸费用
	窗套	m	5	176	880	定制成品免漆窗套
	窗台台面	m	2.5	220	550	大理石
	一体式衣柜	m^2	11	205	2255	细木工板框架，澳松板饰面，白色混油、水银镜，柜体内贴装饰面板，清漆施工
6	客卧				10865.9	
	顶、墙面乳胶漆（立邦五合一）	m^2	49.2	55	2706	1. 满刮腻子三遍，打磨平整。 2. 涂刷单色乳胶漆三遍，每遍打磨一次。 3. 每增加一色需增加的调色费用为5元/m^2。 4. 特殊地方如工具不能刷到的以刷白为准
	地面找平	m^2	14.2	29	411.8	32.5号水泥、中粗砂、人工费用
	强化复合木地板	m^2	14.2	118	1675.6	强化复合木地板、辅料、人工费用
	踢脚线	m	14.5	25	362.5	成品踢脚线及辅料，包含安装费用

续表

编号	项目名称	单位	数量	单价	合计	备注
6	门及门套	项	1	1680	1680	定制成品复合实木门费用
	门锁及门吸	项	1	330	330	成品门锁及门吸费用
	窗套	m	5	176	880	定制成品免漆窗套费用
	窗台台面	m	2	220	440	大理石费用
	衣柜	项	1	2380	2380	定制成品实木复合衣柜费用
7	儿童房				9178.5	
	顶、墙面乳胶漆（立邦五合一）	m^2	46	55	2530	1. 满刮腻子三遍，打磨平整。 2. 涂刷单色乳胶漆三遍，每遍打磨一次。 3. 每增加一色需增加的调色费用为5元/m^2。 4. 特殊地方如工具不能刷到的以刷白为准
	地面找平	m^2	13	29	377	32.5号水泥、中粗砂费用、人工费用
	强化复合木地板	m^2	13	118	1534	强化复合木地板费用、辅料费用、人工费用
	踢脚线	m	14	25	350	成品踢脚线及辅料费用，包含安装费用
	门及门套	项	1	1680	1680	定制成品复合实木门费用
	门锁及门吸	项	1	330	330	成品门锁及门吸费用
	窗套	m	5	176	880	定制成品免漆窗套费用
	窗台台面	m	2	220	440	大理石费用
	书桌	项	1	615	615	定制成品实木复合书桌费用
	床头储物柜	m	1.5	295	442.5	细木工板框架，澳松板饰面，双面白色混油费用
8	主卫				11187.9	
	防水处理	m^2	7.1	55	390.5	1. 如客户取消此项，则厨卫漏水及造成的一切损失与公司无关。 2. 按防水施工要求清理基层并找平。 3. 涂刷GSA-100高强防水涂料二遍，涂刷均匀，按展开面积计算（防水层沿墙面向上抬高0.3m）。 4. 做闭水处理的时间必须达到48小时以上
	地砖	m^2	7.1	178	1263.8	300mm×300mm砖，拼花、小砖及马赛克则按68元/m^2计算。含人工费用、辅料费用
	墙砖	m^2	34.6	135	4671	200mm×300mm砖，拼花、小砖及马赛克则按68元/m^2计算。尺寸范围以最长边计算
	铝扣板吊顶	m^2	7.1	286	2030.6	轻钢龙骨框架、集成铝扣板费用
	门及门套	项	1	1680	1680	定制成品复合实木门费用
	门锁及门吸	项	1	330	330	成品门锁及门吸费用
	内门	项	1	310	310	铝合金框架、磨砂玻璃费用

续表

编号	项目名称	单位	数量	单价	合计	备注
8	门锁及门吸	项	1	200	200	含成品门锁及门吸费用
	包管道	m	2.6	120	312	200mm×300mm砖，拼花、小砖及马赛克则按68元/m^{2}计算。含人工费用、辅料费用
9	次卫				10875.9	
	防水处理	m^2	7.1	55	390.5	1. 如客户取消此项，则厨卫漏水及造成的一切损失与公司无关。 2. 按防水施工要求清理基层并找平。 3. 涂刷GSA-100高强防水涂料二遍，涂刷均匀，按展开面积计算（防水层沿墙面向上抬高0.3m） 4. 做闭水处理的时间必须达到48小时以上
	地砖	m^2	7.1	178	1263.8	300mm×300mm砖，拼花、小砖及马赛克则按68元/m^{2}计算。含人工费用、辅料费用
	墙砖	m^2	34.6	135	4671	200mm×300mm砖，拼花、小砖及马赛克则按68元/m^{2}计算。含人工费用、辅料费用
	铝扣板吊顶	m^2	7.1	286	2030.6	轻钢龙骨框架、集成铝扣板费用
	门及门套	项	1	1680	1680	定制成品复合实木门费用
	门锁及门吸	项	1	330	330	成品门锁及门吸费用
	内门	项	1	310	310	铝合金框架、磨砂玻璃费用
	门锁及门吸	项	1	200	200	成品门锁及门吸费用
10	厨房				16580	
	地砖	m^2	7	138	966	300mm×300mm砖，拼花、小砖及马赛克则按68元/m^{2}计算。含人工费用、辅料费用
	墙砖	m^2	14.2	110	1562	200mm×300mm砖，拼花、小砖及马赛克则按68元/m^{2}计算。含人工费用、辅料费用
	铝扣板吊顶	m^2	7	286	2002	轻钢龙骨框架、集成铝扣板费用
	窗台台面	m	2	220	440	大理石费用
	橱柜	m	6	1600	9600	成品地柜加吊柜费用
	门及门套	项	1	1680	1680	定制成品复合实木门费用
	门锁及门吸	项	1	330	330	成品门锁及门吸费用
11	其他				9970.8	
	电工	m^2	157.4	15	2361	电路敷设人工费用，含开槽费用、分槽费用、布线管费用，不含灯具、插座安装费用
	电辅料	m^2	157.4	5	787	线管及管件
	电主材	m^2	157.4	22	3462.8	4m^2、2.5m^2、1.5m^{2}多股铜芯线。网线、闭路线。联塑线管及管件。不含强弱电底盒及面板

续表

编号	项目名称	单位	数量	单价	合计	备注
11	水（一卫一厨）	项	1	1200	1200	冷热水管、管件。不负责移改暖气、天然气，不含燃气、监控等特种安装和下水改造。工程验收后，如发生渗漏水现象，只负责维修，不负责其他赔偿。由于装修质量造成的要承担赔偿责任。不含穿墙打孔
	下水改造	项	1	260	260	PVC管材及人工费用
	垃圾清运费	项	1	600	600	1. 三楼以上每层加50元。 2. 装修垃圾负责从楼上运到小区指定地点，不包含垃圾外运费用。 3. 如小区内电梯可将材料直接运至所需楼层，按六层计算，电梯使用费由甲方（业主）承担费用
	材料搬运费	项	1	1300	1300	1. 不含甲方供应的材料搬运。 2. 如小区内不能使用电梯，则按实际楼层计算。 3. 如小区内电梯可将材料直接运至所需楼层，则电梯使用费由甲方承担费用
12	工程总造价				105467.3	

13.工程补充说明

（1）此报价不含物业管理处所收任何费用（各种物业押金、质保金等）。物业管理处所收费用由业主自行承担，如因违规施工而造成的违章处罚由公司负责。

（2）此报价不含税金。

（3）施工中如有增加或减少项目，按照增减项目及数量的变更单据实结算。增项增管理费，减项不减管理费。

第七章

不同类型软装饰的预算

在规划预算时，将分配的重点放在软装上，不仅能让生活更舒适，而且软装还能随时更换，满足美观性和便利性。因此，了解不同类型软装的常见款式价格，是非常必要的。本章共包含了6个任务，分别介绍了家具、灯具、布艺织物、装饰画、装饰镜以及工艺品的参考预算等。

本章要点

- 了解不同类型家具的预算
- 了解不同类型灯具的预算
- 了解不同类型布艺织物的预算
- 了解不同类型装饰画的预算
- 了解不同类型装饰镜的预算
- 了解不同类型工艺品的预算

刚开始流行室内装饰的时候，人们总是习惯于将顶面、墙面布满造型。如今，出于环保、舒适性的考虑和人们欣赏水平的不断提升，"重装饰轻装修"的设计理念被越来越多的人所接受，即使墙面没有造型，搭配一些具有设计感的软装，也会让人感觉到家的温馨感。在资金不充足的情况下，将软装作为资金分配的重点是省钱的诀窍，了解不同类型软装饰的价格有利于更好地规划预算。

一　家具的参考预算

1. 家具的预算价格随着样式与材质而变化

无论从空间比例上，还是使用的频率上讲，家具都是各种家装材料中的重中之重。家具的涵盖面较广，从沙发、床具到柜体、茶几等都属于家具的范畴。因此，充分地掌握家具的相关知识是必要的，不仅要了解各种家具样式，而且要注意家具的材质构造及选购搭配等方面的知识（见图7-1）。比如，沙发是家庭中使用最为频繁的家具之一，分为皮质与布艺、L形沙发与组合沙发等，业主根据不同的生活习惯，对其进行不同的选择。而且其材质不同，市场价格也有较大的差别。

图7-1　家具的选购需要搭配空间内的色调，如与墙面或其他软装相呼应

2. 不同床具的预算

（1）沙发床

沙发床（见图7-2）是可以变形的家具，可以根据不同的室内环境要求和需要对其进行组装。它既可以折叠起来当沙发使用，又可以拆解开当床使用。沙发床是现代家具中比较方便的小空间家具，是沙发和床的组合。

图7-2　沙发床

预算估价：市场价为1650~4000元/张。

（2）双层床

双层床（见图7-3）为上下床铺形式的床，是一般居家空间较常使用的。它不仅节省空间，而且可容纳量大。上下铺可根据不同需求分别做休息和放置杂物之用。

图7-3　双层床

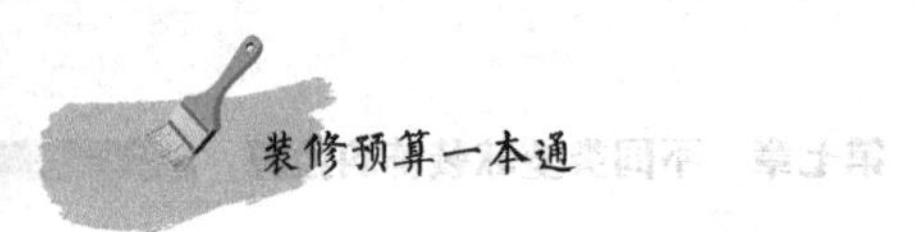

预算估价：市场价为1000~3000元/张。

（3）平板床

平板床（见图7-4）由基本的床头板、床尾板和骨架组成，是最常见的式样。它虽然简单，但床头板、床尾板却可营造出不同的风格。若觉得空间较小，或不希望受到限制，则可舍弃床尾板，让整张床的空间感觉更大。

图7-4 平板床

预算估价：市场价为1500~3200元/张。

（4）欧式软包床

欧式软包床（见图7-5）的床头大多有欧式雕花的弯曲造型，并且板材上有大量的皮革软布或布艺软包。这种床一般会占用较大的卧室空间，但其装饰效果却是其他床具所不能比拟的。

图7-5 欧式软包床

预算估价：市场价为2000~6000元/张。

（5）四柱床

四柱床（见图7-6）最早是欧洲贵族使用的一种床，赋予床丰富的浪漫遐想。古典风格的四柱床上，有代表不同时期风格的繁复雕刻；现代乡村风格的四柱床，可借不同花色布料的使用，将床布置得更加活泼、更具个人风格。

图7-6 四柱床

预算估价：市场价为3500~7000元/张。

3. 不同沙发的预算

（1）全实木沙发

全实木沙发（见图7-7）使用的木材都比较珍贵，具有收藏价值和升值空间，效果典雅高贵，多带有精美的雕花装饰。

图7-7 全实木沙发

预算估价：市场价为3000~6000元/套。

（2）板木结合沙发

板木结合沙发（见图7-8）的框架使用实木，其他部位采用高密度板等板材，价格较低，是目前市场上实木沙发的主流。

图7-8 板木结合沙发

预算估价：市场价为1500~2800元/件。

（3）棉麻布艺沙发

棉麻布艺沙发（见图7-9）面层材料为天然的棉麻材料，主要有纯色、印刷图案和色织图案三种类型，具有浓郁的自然感。

图7-9　棉麻布艺沙发

预算估价：市场价为900~3500元/套。

（4）绒布艺沙发

绒布艺沙发（见图7-10）是采用植绒布、丝绒布等包裹面层的沙发类型，具有比较华丽的装饰效果。

图7-10　绒布艺沙发

预算估价：市场价为1600~3800元/套。

（5）亮面皮沙发

亮面皮沙发（见图7-11）的皮革表面比较光亮，皮革是大多数皮沙发会采用的材质，有天然皮和PU皮两种，后者价格较低。

图7-11　亮面皮沙发

预算估价：市场价为1000~5000元/套。

（6）麂皮沙发

麂皮是具有“翻毛皮”质感的皮料。在大多数情况下，麂皮沙发（见图7-12）内部会使用羽绒材料进行填充，非常温暖、舒适。

图7-12　麂皮沙发

预算估价：市场价为1100~2200元/套。

4. 不同餐桌的预算

（1）实木餐桌

实木餐桌（见图7-13）具有天然、环保、健康的自然之美与原始之美，它强调简单结构与舒适功能的结合，适合简约时尚的家居风格。

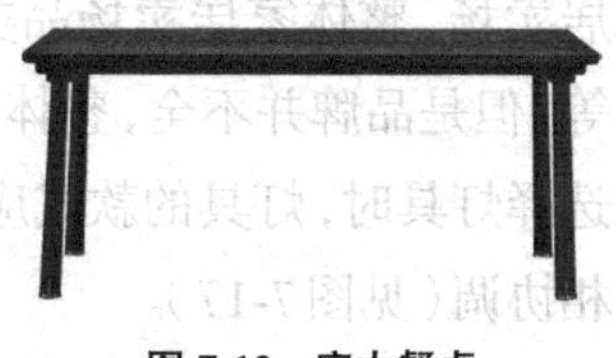

图7-13　实木餐桌

预算估价：市场价为1500~3800元/张。

（2）玻璃餐桌

玻璃餐桌（见图7-14）一般以钢管实木支架或金属支架搭配玻璃台面为主，造型新颖、线条流畅，适合多种家居风格。

图7-14　玻璃餐桌

预算估价：市场价为1000~3000元/张。

(3)大理石餐桌

大理石餐桌(见图7-15)分为天然大理石餐桌和人造大理石餐桌。天然大理石餐桌高雅美观,但是价格相对较高,且由于天然的纹路和细孔易使污渍和油深入,不易清洁。人造大理石餐桌密度高,油污不容易渗入,容易清洁。

图7-15 大理石餐桌

预算估价:市场价为2000~4200元/张。

(4)板式餐桌

板式餐桌(见图7-16)是以人造板为基层造型、面层用饰面板装饰的餐桌,多为直线条款式,简洁、现代。

图7-16 板式餐桌

预算估价:市场价为800~2000元/张。

二 灯具的参考预算

1. 建材批发市场的灯具更划算

销售灯具的卖场很多,有专业的灯具卖场,有整体家居的卖场,还有建材批发市场等。建材批发市场产品的价格相对较低如果追求经济实惠,则可以选择批发市场,这样能节约费用。与批发市场相对的是整体家居卖场,整体家居卖场品类多,也包括灯具等,但是品牌并不全,整体价格相对较高。在选择灯具时,灯具的款式应与整体家居风格相协调(见图7-17)。

图7-17 灯具的款式应与整体家居风格相协调

2. 不同吊灯的预算

(1)金属吊灯

金属吊灯(见图7-18)中金属的主要使用位置为灯架部分,常用的有铁艺、铜和不锈钢,前两种比较复古,后一种比较现代、时尚。

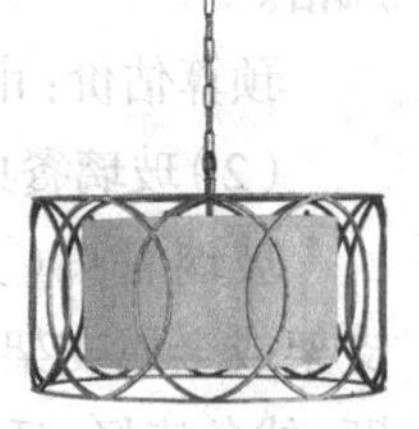
图7-18 金属吊灯

预算估价:市场价为400~1000元/盏。

（2）树脂吊灯

树脂吊灯（见图7-19）是欧式风格中使用得比较多的一种吊灯。树脂重量轻，易于塑形，可仿制各种材料的质感，装饰效果出色。

预算估价：市场价为450~1200元/盏。

（3）实木吊灯

实木吊灯（见图7-20）有两种类型，一种是中式吊灯，所用实木多为深色，搭配雕花造型，古朴而典雅；另一种是北欧吊灯，其多以浅色为主，搭配金属或玻璃罩。

预算估价：市场价为120~350元/盏。

（4）羊皮吊灯

羊皮吊灯（见图7-21）灯光柔和，具有温馨、宁静的氛围，多搭配实木架，羊皮上会有一些彩绘图案。

预算估价：市场价为280~600元/盏。

图7-19　树脂吊灯

图7-20　实木吊灯

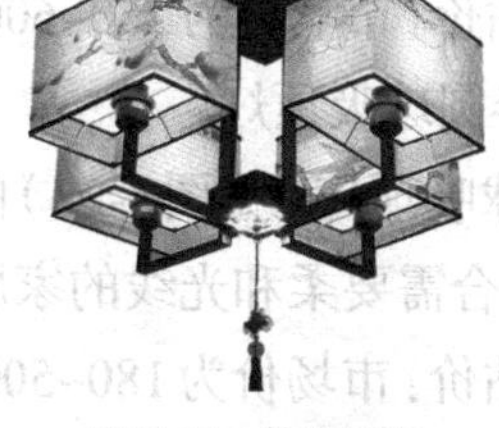

图7-21　羊皮吊灯

（5）纸吊灯

纸吊灯（见图7-22）是罩面为纸的吊灯，纸可以折叠出各种造型，因此此类吊灯非常具有个性，色彩较少。

预算估价：市场价为200~400元/盏。

（6）水晶吊灯

水晶吊灯（见图7-23）是具有代表性的西式灯具，水晶分为天然和人造两大类，其中，天然水晶的效果好但价格高，因而大多家庭会使用人造材质。

预算估价：市场价为1800~3200元/盏。

（7）玻璃吊灯

玻璃吊灯（见图7-24）的罩面部分使用玻璃，吊灯有透明、白色光面、白色磨砂等多种款式。

预算估价：市场价为180~400元/盏。

图7-22　纸吊灯　　图7-23　水晶吊灯　　图7-24　玻璃吊灯

3. 不同吸顶灯的预算

（1）方罩吸顶灯

方罩吸顶灯（见图7-25）即形状为长方形或正方形的罩面吸顶灯。造型比较简洁，适合设计在现代风格、简约风格的客厅或卧室中。

预算估价：市场价为100~700元/盏。

（2）圆球吸顶灯

圆球吸顶灯（见图7-26）的形状为一个整体的圆球状，灯体直接与底盘固定，其造型多样化，装饰效果极佳，适合安装在层高较低的客厅、过道空间中。

预算估价：市场价为250~600元/盏。

（3）半圆球吸顶灯

半圆球吸顶灯（见图7-27）的形状是圆球吸顶灯的一半，灯光分布更加均匀，十分适合需要柔和光线的家居空间。

预算估价：市场价为180~500元/盏。

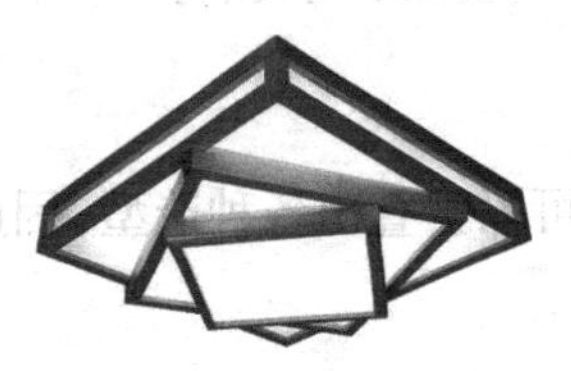

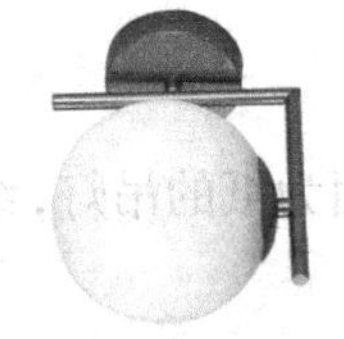

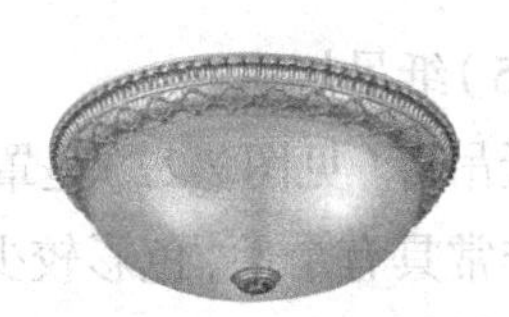

图7-25　方罩吸顶灯　　图7-26　圆球吸顶灯　图7-27　半圆球吸顶灯

4. 不同射灯和筒等的预算

（1）下照射灯

下照射灯（见图7-28）的光源自上而下做局部照射和自由散射，光源被合拢在灯罩内，其可装于顶棚、床头上方、橱柜内，还可以吊挂、落地、悬空。此种灯具的灯泡瓦数不宜过大，光线过强容易让人感觉刺眼。

预算估价：市场价为25~50元/盏。

（2）路轨射灯

路轨射灯（见图7-29）的主材为金属喷涂或陶瓷材料，其色彩可选择性较多，可用于客厅、过道、卧室或书房中，通常是多盏一起使用的。路轨适合装于顶棚下15~30cm处，也可装于顶棚一角靠墙处。

预算估价：市场价为45~75元/盏。

（3）嵌入式筒灯

嵌入式筒灯（见图7-30）需要与吊顶配合使用，嵌入吊顶内，灯光向下投射，形成聚光效果。如果想营造温馨的氛围，则可以用多盏筒灯来取代主灯。

预算估价：市场价为10~25元/盏。

（4）明装筒灯

明装筒灯（见图7-31）外表看起来是一个较短的圆柱形，这种筒灯不受吊顶的限制，即使不设计吊顶造型，也可以安装。

预算估价：市场价为35~65元/盏。

图7-28　下照射灯

图7-29　路轨射灯

图7-30　嵌入式筒灯

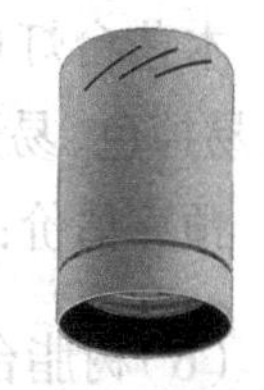

图7-31　明装筒灯

5. 不同落地灯和台灯的预算

（1）金属落地灯

金属落地灯（见图7-32）的主体以金属材质为主，包括落地灯的支架、灯罩、托盘等。金属落地灯具有良好的耐用性，且在色彩变化上有许多选择，如不锈钢金属落地灯、亚光黑漆金属落地灯等。

预算估价：市场价为300~700元/盏。

（2）木制落地灯

木制落地灯（见图7-33）以木制材料作为落地灯主体材料，具有轻便、便于移动的特点。木制落地灯适合摆放在自然气息浓厚的空间，可起到较好的装饰效果。

预算估价：市场价为260~550元/盏。

（3）铁艺台灯

铁艺灯具（见图7-34）时尚、现代、造型多样，较为百搭，价格低廉，但容易生锈。

预算估价：市场价为150~300元/盏。

图 7-32　金属落地灯　图 7-33　木制落地灯　图 7-34　铁艺台灯

（4）水晶台灯

水晶台灯（见图7-35）适合豪华装修的居室，其外观漂亮、有档次，外形尺寸大，厚重豪华，但易碎，且价格高。

预算估价：市场价为200~600元/盏。

（5）木艺台灯

木艺台灯（见图7-36）古典，造型简单，适合中式装修，价格适中，但易断裂、易掉色、易开胶。

预算估价：市场价为200~400元/盏。

（6）树脂台灯

树脂台灯（见图7-37）适合欧式风格的装修，灯体结构复杂，款式高贵优雅，但容易褪色且价格高。

预算估价：市场价为200~500元/盏。

图 7-35　水晶台灯　图 7-36　木艺台灯　图 7-37　树脂台灯

三　布艺织物的参考预算

1. 掌握搭配技巧使预算更合理

布艺织物的预算支出要合理，就应当掌握布艺织物与空间的搭配技巧，从而选择正确的布艺织物。首先应了解空间的整体色调，布艺织物的选购应与空间的色调保持一致。其中，窗帘的色调适合重一些，而床上用品的色调适合轻一些，这样可使空间的视觉感官更具纵深感。然后需要了解空间的设计风格，如田园风格的空间适合选择带碎花纹的布艺织物，欧式风格的空间适合选择镶有金边的布艺织物等，如图7-38所示。

图7-38　卧室内的床品、窗帘、地毯等搭配恰到好处，增添了卧室的温馨氛围

2. 不同窗帘的预算

（1）平开帘

平开帘（见图7-39）是将窗帘平行地朝两边或中间拉开、闭拢，以达到窗帘使用的基本目的。它是比较常用的一种窗帘，最常见的有一窗一帘、一窗二帘或一窗多帘。

预算估价：市场价为50~90元/m。

（2）卷帘

利用滚轴带动圆轨卷动帘子上下拉开、闭拢，以达到窗帘使用的基本目的，这就是卷帘（见图7-40）。它的制作材料的选择性较多，最具代表性的卷帘是罗马帘，其装饰效果极佳。

预算估价：市场价为80~150元/m。

（3）百叶帘

百叶帘（见图7-41）由很多宽度、长度统一的叶片组成，将它们用绳子穿在一起，通过操作使帘片上下开收来调光，是成品帘里最常见的样式之一，其样式简洁、大气，且易清理。

预算估价：市场价为55~110元/m。

（4）线帘

线帘（见图7-42）的特点是带有千丝万缕的数量感和若隐若现的朦胧感，能够为整个居室营造出一种浪漫的氛围，其使用灵活、限制小，还可作为软隔断使用。

预算估价：以2m长为例，市场价为15~40元/m。

图7-39　平开帘

图7-40　卷帘

图7-41　百叶帘

图7-42　线帘

3. 不同床品的预算

（1）纯棉材质床品

纯棉材质床品（见图7-43）手感好，使用舒适，花型品种变化丰富，柔软暖和，吸湿性强，耐洗，带静电少，易染色，是床上用品广泛使用的材质，但其易起

皱，易缩水，弹性差，耐酸不耐碱，不宜在100℃以上的高温环境下长时间处理，所以棉制品熨烫时最好先喷湿。

预算估价：市场价为300~600元/套。

（2）涤棉材质床品

涤棉材质床品（见图7-44）布面细薄，强度和耐磨性都很好，缩水率极小，制成产品外形不易走样，且价格实惠，耐用性能好，但舒适贴身性不如纯棉。由于涤棉不易染色，所以涤棉面料多为清淡、浅色调，适合春夏季使用。

预算估价：市场价为250~400元/套。

（3）真丝材质床品

真丝材质床品（见图7-45）外观华丽、富贵，有天然柔光及闪烁效果，使用舒适，强度高，弹性和吸湿性比棉好，但易脏污，对强烈日光的耐热性比棉差。另外，真丝的纤维横截面呈独特的三角形，局部吸湿后，对光的反射发生变化，容易形成水渍且很难消除，所以真丝面料熨烫时要垫白。

预算估价：市场价为1500~2500元/套。

图7-43　纯棉床品

图7-44　涤棉床品

图7-45　真丝床品

4. 不同地毯的预算

（1）羊毛地毯

羊毛地毯（见图7-46）的毛质细密，具有天然的弹性，受压后能很快恢复原状。羊毛地毯采用天然纤维，不带静电，不易吸尘土，具有天然的阻燃性。另外，羊毛地毯图案精美，不易老化褪色，能够吸音、保暖且脚感舒适。

图7-46　羊毛地毯

预算估价：市场价为700~1200元/块。

（2）化纤地毯

化纤地毯（见图7-47）也叫合成纤维地毯，可分为丙纶化纤地毯、尼龙地毯等，是用簇绒法或机织法将合成纤维制成面层，再与麻布底层缝合而成。该类地毯的饰面效果多样，如雪尼尔地毯、PVC地毯等，耐磨性好，富有弹性。

预算估价：市场价为150~400元/块。

（3）混纺地毯

混纺地毯（见图7-48）是由毛纤维和合成纤维混纺制成的，使用性能有所提高；色泽艳丽，便于清洗；克服了羊毛地毯不耐虫蛀的缺点；具有更高的耐磨性；能够吸音、保湿，弹性好、脚感好，性价比较高。

预算估价：市场价为200~500元/块。

（4）编织地毯

编织地毯（见图7-49）是由麻、草、玉米皮等材料经加工漂白后编织而成的，其拥有天然粗犷的质感和色彩，自然气息浓郁，非常适合搭配布艺或竹藤家具，但不好打理，且非常易脏。

预算估价：市场价为150~350元/块。

（5）皮毛地毯

这类地毯（见图7-50）是由整块毛皮制成的地毯，最常见的是牛皮地毯，分天然和印染两类。脚感柔软舒适，保暖性佳，装饰效果突出，具有奢华感，能够增添浪漫色彩，但不好打理。

预算估价：市场价为300~600元/块。

图7-47　化纤地毯

图7-48　混纺地毯

图7-49　编织地毯

图7-50　皮毛地毯

四　装饰画的参考预算

1. 利用装饰画节省装修预算

装饰画根据种类的不同、组合形式的不同，可在墙面装饰出多样的精美效果（见图7-51）。因此，可以利用装饰画的特性，减少墙面的造型，以达到节省预算支出的目的。购买装饰画时，应根据具体的悬挂空间做决定。比如，若是墙面较大的客厅空间，则适合使用，组合式的装饰画，可以弥补墙面设计单调的不足，如图7-51

图7-51　组合式的装饰画，可以弥补墙面设计单调的不足

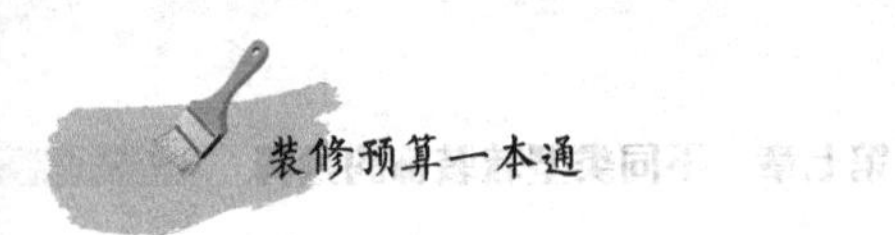

所示；若是卧室空间，则适合选择单幅的、装饰精美的装饰画。另外，选购装饰画时，保持统一的设计风格也是很重要的。

2. 不同装饰画的预算

（1）水墨画

以水和墨为原料作画的绘画方法是中国传统式绘画，也称国画。画风淡雅而古朴，讲求意境的塑造，分为黑白和彩色两种。水墨画（见图7-52）近处写实，远处抽象，色彩微妙，意境丰富，适合中式风格家居中使用。

预算估价：市场价为50~120元/幅。

（2）书法画

书法画（见图7-53）是由人书写的书法作品，经过装裱后悬挂在墙面上，也可以起到装饰画的装饰作用。此类作品都是黑白色的，根据书法派别的不同，具有不同的韵味，但总体来说都具有极高的艺术感并能营造文化氛围，很适合用在中式客厅和书房中。

预算估价：市场价≥200元/幅。

（3）水彩画

水彩画（见图7-54）从派别上来说与油画一样，同属于西式绘画方法。用水彩方式绘制的装饰画，具有淡雅、透彻、清新的感觉。它的画面质感与水墨画类似，但更厚一些，色彩也更丰富一些，其没有特定的风格走向，根据画面和色彩选用即可。

预算估价：市场价为50~350元/幅。

图7-52　水墨画

图7-53　书法画

图7-54　水彩画

（4）油画

油画（见图7-55）起源于欧洲，但现在并不仅限于西洋风格的画作，还有很多抽象和现代风格，适合各种风格的家居空间。它是装饰画中最具有贵族气息的一种。它属于纯手工制作，同时可根据个人需要临摹或创作，风格比较独特。现在市场上比较受欢迎的油画题材一般为风景、人物和静物。

预算估价：市场价为150~600/幅。

（5）摄影画

摄影画（见图7-56）是近现代出现的一种装饰画，画面包括“具象”和“抽象”两种类型。具象通常包括风格、人物和建筑等，色彩有黑白和彩色两个类型，具有极强的观赏性和现代感。此类装饰画适合搭配造型和色彩比较简洁的画框。

预算估价：市场价为80~350元/幅。

（6）木质画

木质画（见图7-57）是由各种木材经过一定的程序雕刻或胶粘而成，根据工艺的不同，总体上可以分为三类：碎木片拼贴而成的写意山水画，层次和色彩感强烈；木头雕刻作品，如人物、动物、脸谱等，立体感强，具有收藏价值；在木头上烙出的画作，称为烙画，是很有中式特色的一种画作。

预算估价：市场价为120~700元/幅。

图7-55　油画

图7-56　摄影画

图7-57　木质画

（7）镶嵌画

镶嵌画（见图7-58）是指用各种材料通过拼贴、镶嵌、彩绘等工艺制作成的装饰画，常用的材料包括立体纸、贝壳、石子、铁、陶片、珐琅等，具有非常强的立体感，能凸显个性，不同风格的家居可以搭配不同工艺的镶嵌画。

预算估价：市场价为180~400元/幅。

图7-58　镶嵌画

（8）金箔画

金箔画（见图7-59）的原料为金箔、银箔或铜箔，制作工序较复杂，底板为不变形、不开裂的整板。各种材料需经过塑形、雕刻、漆艺等工序才能形成金箔画成品。金箔画具有陈列、珍藏、展示的作用，装饰效果奢华但不庸俗，适合现代、中式和东南亚风格的家居。

预算估价：市场价为200~700元/幅。

图7-59　金箔画

五 装饰镜的参考预算

1. 利用装饰镜提升空间品质感

在家庭装修中，特别是带有缺陷的户型（例如存在面积窄小、进深过长、开间过宽等情况）中，运用镜子做装饰是最为常用的装饰手法，既能够起到掩饰缺点的目的，又能够达到装饰的作用。在公共区域如客厅、餐厅内摆放镜子，可以营造出宽敞的空间感、增添明亮度，如图7-60所示，同时还可以提升空间的时尚感和品质感，花费较少，但效果却非常出众，是提升预算价值比较好的方式。镜面的景色会随着脚步的移动而产生变幻，客厅内的每一景每一物都有可能被囊括其中。这种视觉的变幻，是固定画面的装饰画无法取代的。

图7-60 小面积空间用镜面装饰，可以增加宽敞感和明亮感

2. 不同装饰镜的预算

（1）木框装饰镜

木质边框（见图7-61）的装饰镜可以分成两种类型，一种是平框没有任何花纹的款式，另一种是带有雕刻式花纹的款式。前一种简约，后一种华丽，分别适合不同风格的居室。

预算估价：市场价为160~3000元/面。

图7-61 木框装饰镜

（2）铜框装饰镜

铜框装饰镜（见图7-62）可分为两类：一类是明亮的铜，另一类是经过做旧处理的铜。前者比较华丽，后者比较复古，具有历史感和沧桑感。此类镜框个性十足，适合有历史痕迹的风格，例如中式、欧式风格等。

预算估价：市场价为300~7000元/面。

图7-62 铜框装饰镜

（3）铁艺框装饰镜

铁的可加工性能好，所以铁艺边框的镜子造型比较多样，例如掐丝、点线面结合、块面与线结合、大块面等诸多样式，可选择性非常多，颜色以黑色和古铜色较多（见图7-63）。

预算估价：市场价为75~2000元/面。

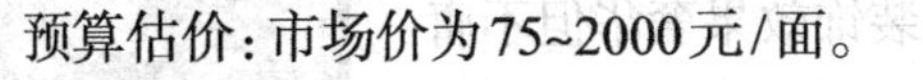

（4）不锈钢框装饰镜

不锈钢镜框（见图7-64）可以分为亮面不锈钢和拉丝不锈钢两种类型。亮

面不锈钢非常光亮，能够增添时尚而华丽的感觉，拉丝不锈钢则具有质感，显得高档、典雅。

预算估价：市场价为150~1600元/个。

（5）树脂装饰镜

树脂相框（见图7-65）原料为树脂，树脂是一种无毒害、环保型化工原料，成品具有金属的强度，具有非常好的流动性且易于成型。此类相框表面有手绘作色效果，外表雕刻为纯手工制作而成，纯手工打磨，其多运用在欧式风格的家居中。

预算估价：市场价为80~1600元/面。

图 7-63　铁艺框装饰镜　　图 7-64　不锈钢框装饰镜　　图 7-65　树脂装饰镜

六　工艺品的参考预算

1. 用工艺品提升房屋的隐形价值

在选择工艺品时首先应从家居整体风格出发，选择适合的款式与材质。其次，尽量避免购买一堆便宜货，否则不仅会拉低家居装饰的整体档次感，还会使居室显得很杂乱。可秉持“少而精”的原则，选一些做工精美的工艺品，有升值空间的款式更好，可以提升房屋的隐形价值（见图7-66）。

图 7-66　错落摆放的工艺品，提升了客厅空间的艺术感

2. 不同工艺品的预算

（1）树脂工艺品

树脂工艺品（见图7-67）是以树脂为主要原料而制成的各种造型美观的工艺品，不仅能制成各种人物、山水等样式，还能制成各种仿真效果，包括仿金属、仿水晶、仿玛瑙等。这类工艺品比陶瓷等材料抗摔，不会轻易破裂，重量轻。

预算估价：市场价为50~150元/个。

（2）金属工艺品

金属工艺品（见图7-68）是以各种金属为材料制成的工艺品，包括不锈钢、铁艺、铜、金银和锡等，款式较多，有人物、动物、抽象形体、建筑等。做旧处理的金属具有浓郁的朴实感，而光亮的金属则具有时尚感。通常来说，金属材料的工艺品使用寿命较长，对环境条件的要求较少。

预算估价：市场价为30~150元/个。

（3）木制工艺品

木制工艺品（见图7-69）有两大类，一种是实木雕刻的木雕，其造型包括各种人物、动物甚至是中国文房用具等；还有一种是用木片拼接而成的工艺品，其立体结构感更强。优质的木雕工艺品具有收藏价值，但对环境的湿度要求较高，不适合干燥的地区。

预算估价：市场价为60~200元/个。

（4）水晶工艺品

水晶工艺品（见图7-70）是指单独以水晶制作或用水晶与金属等结合制作的工艺品，水晶的部分具有晶莹剔透、高贵雅致的观赏感，有代表性的是各种水晶球、动物摆件以及植物摆件等。

预算估价：市场价为120~200元/个。

图7-67 树脂工艺品

图7-68 金属工艺品

图7-69 木质工艺品

图7-70 水晶工艺品

（5）陶瓷工艺品

陶瓷工艺品（见图7-71）款式较多样，主要以人物、动物或瓶件为主，除了正常的瓷器质感，还有一些仿制大理石纹的款式，其制作精美，即使是近现代的陶瓷工艺品也具有极高的艺术价值。

预算估价：市场价为50~200元/个。

图7-71 陶瓷工艺品

第八章 装修常用预算表

在进行装修的前后，用一些表格来记录装修的情况、费用等是很必要的，这样不仅有利于控制预算，还能对各种情况了然于心，避免被骗。本章介绍了房屋基本情况记录表、装修预期效果表、装修款核算记录表和装修款核算表。业主可以将这些表格作为参考，以便在装修时做记录。

本章要点

- 了解房屋基本情况记录表
- 了解装修预期效果表
- 了解装修款核算记录表
- 了解装修款核算表

装修是一个非常复杂的工作，需要将各种项目落实在纸面上，以表格的形式来记录。这不仅可以对最终花费心中有数，也可以避免受骗。

一 房屋基本情况记录表

房屋基本情况记录表如表8-1所示。

表8-1 房屋基本情况记录表

项目	记录	
房屋类型	○公寓 ○复式公寓 ○别墅 ○Townhouse	
层数	第 层 共 层 居住状况 ○精装修 ○毛坯房 ○二次装修	
庭院	○有 ○无 地下室 ○有 ○无 车库 ○有 ○无	
周围环境	○市区 ○郊区 ○紧邻 ○远离（主要街道、机场、地铁、铁路）	
使用面积	户型 室 厅 厨 卫	
面积与层高	房间编号 层高（m） 面积（m^2）	房间编号 层高（m） 面积（m^2）
	房间编号 层高（m） 面积（m^2）	房间编号 层高（m） 面积（m^2）
	房间编号 层高（m） 面积（m^2）	房间编号 层高（m） 面积（m^2）
	阳台 层高（m） 面积（m^2）	车库 层高（m） 面积（m^2）
	地下室 层高（m） 面积（m^2）	庭院 面积（m^2）
卫浴间	共有 个卫浴间 分别在第 层	
装修程序	墙面	○素水泥 ○已抹灰 ○已涂涂料 ○已贴壁纸或壁布
	地面	○素水泥 ○地面已有涂料 ○已铺装地板或瓷砖
	顶棚	○素水泥 ○未经装修 ○已吊顶
	上下水管	
	暖气管道	
	供热系统	○集中供热 ○独立采暖 ○成品暖气片 ○地面采暖
	空调系统	○中央空调 ○分体式空调 ○需自行安装分体式空调（已、无）预留空调口
	电路	
	电视电缆	
	网线	
	电话线	
	智能系统	○有 ○无
	门禁系统	○有 ○无
	楼梯	○粗坯 ○已经做好
	房间门	○已装 ○未装
	窗户	○已装 ○未装

二 装修预期效果表

装修预期效果表如表8-2所示。

表 8-2 装修预期效果表

整体风格色调

墙面 ○保持原状 ○涂墙面漆 ○铺壁纸、壁布 ○墙板 ○其他

地面 ○保持原状 ○(实木、复合、实木复合、竹木)地板○涂料 ○水泥地面 ○石材 ○地砖

顶棚 ○保持原状 ○重新吊顶(石膏吊顶、金属天花、PVC天花)○不吊顶

门 ○保持原状 ○重新做门 ○购买成品门安装 ○加装防盗门

窗 ○保持原状 ○更换(铝合金、木窗、PVC窗、铝包木) ○加装斜顶窗 ○加装天窗

施工方式 ○包工包料 ○包清工

房间编号									
墙面	材质								
	颜色								
	面积								
地面	材质								
	颜色								
	面积								
天花	材质								
	颜色								
	面积								
房间门									
窗									
家具									
灯具									
家用电器数量	电话								
	开关								
	电视								
	网线								
	插座								
管线改动	水								
	电								
	气								

三 装修款核算记录表

装修款核算记录表如表8-3所示。

表 8-3 装修款核算记录表

工程总造价		元	装修时间范围	
			付款日期（年月日）	工程进展情况
首付款比率	30%	元		
二期付款比率	30%	元		
三期付款比率	30%	元		
尾款比率	30%	元		

四 装修款核算表

装修款核算表如表8-4所示。

表 8-4 装修款核算表

主材费用及明细	辅材费用及明细	其他费用	税金	总计